Water, Air, Sunlight..

建築・都市環境論

水・空気・光が流れる都市づくり

自然共生フォーラム21 編

鹿島出版会

はじめに

　都市は最も巨大な人工物です。人工物は人間が考え実体化したものであり、基本的に人間のコントロール下にあるはずです。しかし、現代の都市はコントロールが思うように利かず、もはや安全で快適な生活の場とは言い難い状況になっています。その原因の一つは、「水」、「空気」、「光」の流れが都市の至るところで分断され、これが原因となって自然と人工のバランスが大きく崩れてしまったことにあると考えられます。コンクリートで覆われた都市は、雨水を地中に浸透させることなく、下水道により一気に海に放流してしまいます。このため都市の水環境は乏しく、昆虫・鳥・小動物などの生態系は極めて貧弱になっています。空気の澱みは自動車の排気ガスを都市にとどめ、光化学スモッグなどの大気汚染が生じています。太陽光はビル群に遮られ、戸外は昼でも十分な日照を得ることが難しく、植物の光合成による新鮮な空気の供給も十分ではありません。熱の澱みはヒートアイランド現象をもたらし、不快な熱帯夜が何日も続きます。

　本書の目的は、このように自然と人工のバランスを失ってしまった現代の都市を、自然共生都市に生まれ変わらせるために、都市の中で分断されてしまった「水」、「空気」、「光」の流れを繋ぎ合わせ、都市の中に豊かな流れを創り出し、安全で快適な都市に再生させる方法を提案することです。本書の内容に関して研究実績のある東京都市大学工学部、知識工学部および環境情報学部の三学部に跨るメンバーを結集し、異分野コラボレーションの効果を高めるためにメンバー間の討論の場を多く設けながら執筆を進めました。執筆に当たり想定した読者層は、これからの都市環境の担い手となる大学生・高校生と、日頃から都市の環境問題に興味を持たれている一般の方々です。このため、執筆に当たっては、できるだけ専門領域に深入りしないように、ビジュアルな表現を大事にして私たちのメッセージが読者に届くように心がけたつもりです。

　現代の都市を自然共生都市にシフトさせるためには、目には見えない「水」、「空気」、「光」といった「自然の流れ」の本質を読み取り、その上で豊かな「自然の流れ」を創り出せるように、目に見える都市やそれを構成する建築や都市インフラの機能と構造を考えていかなければなりません。そのためには、「自然の流れ」に逆らわず遮らずといったパッシブな手法を中心におき、これに「人工の流れ」を調

和させ自然の流れを豊かにするアクティブな手法を補助的に加えるという方向が好ましいと考えられます。その一方で、現状における「人工の流れ」、すなわち、人、「もの」、エネルギー、情報の流れを「自然の流れ」に調和するように変えていくことも必要となるでしょう。

　本書は10章で構成されています。1章はプロローグとして本書全体のテーマを紹介するとともに、その後に続く章の位置付けを示しています。2章から4章は都市における「自然の流れ」として「水」、「空気」、「光」の流れを扱っており、いずれも動植物にとっての視点と人間にとっての視点に分けて書かれています。5章から8章は都市における「人工の流れ」として、人、「もの」、エネルギー、情報の流れを扱っています。9章は「自然の流れ」に倣（なら）いながら「人工の流れ」をコントロールしてデザインされた建築の例を紹介しています。10章はエピローグとして、視点を地上から宇宙空間に移し、広い視野で本書のテーマを見直すという内容になっています。なお、1章のプロローグで述べられた本書の全体像と各章の関係を明確にするために、各章のはじめには短いアブストラクト的な文章が添えられています。

　本書の内容は、異分野コラボレーションが必要とされる社会的ニーズの高いテーマの一つです。そして、すべての現代都市が抱える深刻な問題を打開するための私たちのメッセージでもあります。日本の都市だけでなく、風土の似た東アジア地域の都市も含み、本書が少しでも様々な問題を抱えた現代都市の再生に貢献することができれば著者らの望外の喜びです。

2009年7月

自然共生フォーラム21
コーディネーター　**濱本 卓司**

目　次

はじめに

Ⅰ　プロローグ

1章　自然の流れと人工の流れ……………………………………3
1-1　都市の健康診断……………………………………4
(1)　都市の利便性とリスク……………………………4
(2)　都市リスクの分類……………………………………5
(3)　生活阻害リスクの現状と対策……………………7
(4)　自然破壊リスクの現状と対策……………………9
1-2　都市ネットワークの「流れ」……………………10
(1)　人工ネットワーク……………………………………10
(2)　自然ネットワーク……………………………………12
1-3　「流れ」から見た都市と建築……………………12
(1)　都市の「流れ」………………………………………12
(2)　都市の建築……………………………………………14
1-4　「流れ」のモニタリング…………………………16
1-4-1　自然の流れ……………………………………17
(1)　水の流れ………………………………………………17
(2)　空気の流れ……………………………………………17
(3)　光の流れ………………………………………………18
1-4-2　人工の流れ……………………………………18
(1)　人の流れ………………………………………………18
(2)　「もの」の流れ………………………………………18
(3)　エネルギーの流れ……………………………………19
(4)　情報の流れ……………………………………………19

1-4-3　モニタリングのためのツール……………………………………20
1-5　「流れ」のモデリング………………………………………………………21
　　　(1)　物理モデルと生態系モデル………………………………………21
　　　(2)　「流れ」のシミュレーション……………………………………22
　　　(3)　「流れ」の評価……………………………………………………26
1-6　ガイドライン作りに向けて…………………………………………………27

II　自然の流れを読む

2章　水の流れ — 31

2-1　動植物にとっての水…………………………………………………………32
　2-1-1　川は生きている………………………………………………………32
　2-1-2　動植物から見た都市河川……………………………………………33
　　　(1)　河原の植物…………………………………………………………33
　　　(2)　魚と両生類…………………………………………………………36
　　　(3)　水生昆虫……………………………………………………………37
　2-1-3　動植物と共生できる都市河川を取り戻そう………………………39
　　　(1)　生物を育む河川の条件……………………………………………39
　　　(2)　新しい河川管理の方法……………………………………………41
　　　(3)　鶴見川の事例………………………………………………………41
2-2　人間にとっての水……………………………………………………………43
　2-2-1　現代都市における水利用・循環システム…………………………43
　　　(1)　現在の水供給・処理システム……………………………………43
　　　(2)　下水処理水の利用…………………………………………………44
　2-2-2　水の流れる自然共生都市を創ろう…………………………………47
　　　(1)　水の流れが見える都市……………………………………………47
　　　(2)　高度処理システム…………………………………………………48
　　　(3)　自然システムの有効利用…………………………………………50
　2-2-3　自然共生水空間の創造と用水供給・排水処理の融合……………51

3章　空気の流れ ——————————————— 53

3-1　動植物にとっての空気 ················· 54
3-1-1　日本を取り巻く空気の流れ ················· 54
3-1-2　植物と風 ················· 54
(1)　植物のガス交換 ················· 54
(2)　葉の周りの流れ ················· 55
(3)　植物の風通し ················· 56
3-1-3　都市に緑が必要なわけ ················· 56
(1)　熱環境の改善 ················· 56
(2)　緑被による砂塵の防止 ················· 58
3-1-4　動植物による風の利用 ················· 59
(1)　スギ花粉 ················· 59
(2)　タンポポ ················· 60
(3)　渡り鳥 ················· 61
3-1-5　都市における樹林の効用 ················· 63
(1)　樹林による風の制御 ················· 63
(2)　都市を囲む緑のネットワーク ················· 64
(3)　二酸化炭素の固定 ················· 65
3-1-6　緑の多機能性 ················· 65

3-2　人間にとっての空気 ················· 66
3-2-1　空気と健康 ················· 66
(1)　人体と住まい ················· 66
(2)　開放型住居 ················· 66
(3)　閉鎖型住居 ················· 67
3-2-2　室内の空気環境 ················· 67
(1)　内部環境と外部環境 ················· 67
(2)　汚染物質の発生 ················· 67
(3)　建物の気密性能向上とシックハウス ················· 69
(4)　建材からの化学物質などの放散 ················· 69
(5)　レジオネラ菌、MRSA、SARS ················· 70
(6)　自然換気と機械換気 ················· 70
3-2-3　建物内の風通し ················· 71

	(1) 自然換気の駆動力	71
	(2) 気象データなどの情報収集	72
	(3) 自然換気用開口の配置計画	72
	(4) 建物内部の換気経路の確保	73
	(5) 自然換気の事例	73
	(6) 空気の流れを知る技術	75

3-2-4 都市など広域の空気の流れ ……75
    (1) ヨーロッパの事例 ……75
    (2) 日本の事例 ……76

4章 光の流れ —— 81

4-1 動植物にとっての光 ……82
4-1-1 光から熱への流れ ……82
    (1) 日射 ……82
    (2) 透過・吸収・反射 ……83
    (3) 熱伝導 ……84
    (4) 対流 ……84
    (5) 放射 ……84
    (6) 蒸発 ……85
    (7) 結露 ……86
4-1-2 植物と光 ……86
    (1) パッシブシステムとアクティブシステム ……86
    (2) 明反応と暗反応 ……87
    (3) 光合成 ……88
    (4) 蒸発 ……89
4-1-3 動物と光 ……91
    (1) 光がつなぐ食物連鎖 ……91
    (2) 細胞の中の光 ……91
    (3) 動物からの発熱 ……92

4-2 人間にとっての光 ……94
4-2-1 自然照明と人工照明 ……95
    (1) 昼光照明と電灯照明 ……95

（2）照明のデザイン･････････････････････････････････････96
　4-2-2　照明の機能･･97
　　（1）明視照明･･97
　　（2）雰囲気照明･･98
　4-2-3　直接照明と間接照明･･････････････････････････････････98
　4-2-4　照明の総合化･･99
　4-2-5　光環境と生活のリズム ― 太陽のリズムと月のリズム･････101
　4-2-6　光環境と明るさ感の後得性････････････････････････････103

トピック：クールルーフによるヒートアイランド緩和･･････････････107
　（1）クールルーフとは････････････････････････････････････107
　（2）クールルーフによる個人の利益と公共の利益････････････110
　（3）クールルーフによるヒートアイランド緩和効果に関する測定例･･･110
　（4）クールルーフ化による効果と人工排熱量との比較････････112
　（5）日本におけるクールルーフ材（高反射率塗料）･･････････113
　（6）クールルーフの適材適所････････････････････････････114

Ⅲ　人工の流れを変える

5章　人の流れ　　119

5-1　大空から見た人の流れ･･････････････････････････････････････120
5-2　これからの交通システム･･････････････････････････････････121
5-3　人の流れを担う現代交通システム･･････････････････････････122
　　（1）交通のシステム化････････････････････････････････････122
　　（2）交通システムとエネルギー、空間、環境問題････････････122
　　（3）安全な交通システムの構築････････････････････････････125
　　（4）交通システムの連携による効率化･･････････････････････126
5-4　人の流れをモニタリングする技術･･････････････････････････127
　　（1）GPSによる測位技術･･････････････････････････････････127
　　（2）ICタグ技術･･128

5-5	人の流れの未来像 — ユニバーサル社会に向けて……………………128
5-6	街づくりには利用者以外の視点も大切…………………………………129
	(1) 生活圏の分断………………………………………………………129
	(2) 人が出会える街路に………………………………………………130
	(3) ストリート・キャニオン…………………………………………131
	(4) 暗渠を開放水面に…………………………………………………131

6章　「もの」の流れ ─────────────────────── 133

6-1	都市における「もの」の流れ……………………………………………134
6-2	商品の流れ ─ 動脈物流…………………………………………………134
	(1) 眠らない都市………………………………………………………135
	(2) 物流の経済学………………………………………………………136
	(3) 物流の工夫 ─ 一括物流…………………………………………136
	(4) 物流の工夫 ─ 共同集配…………………………………………136
	(5) 物流の工夫 ─ ミルクラン方式…………………………………137
	(6) 自動車に代わるシステム…………………………………………138
	(7) 人と「もの」の流れの融合………………………………………138
6-3	不要物の流れ ─ 静脈物流………………………………………………139
	(1) 廃棄するための流れ………………………………………………139
	(2) リユースのための流れ……………………………………………140
	(3) リサイクルのための流れ…………………………………………140
	(4) リユースとリサイクルの経済学…………………………………141
6-4	「もの」を完全に消費する試み…………………………………………142
	(1) 生ゴミ燃料電池……………………………………………………143
	(2) 生分解性プラスチック……………………………………………143

7章　エネルギーの流れ ────────────────────── 145

7-1	エネルギーの基礎知識……………………………………………………146
	(1) エネルギーの流れ…………………………………………………147
	(2) エネルギーの変換…………………………………………………147
	(3) 熱を利用するむずかしさ…………………………………………148

7-2	都市に供給されるエネルギー	149
	(1) 化石燃料	149
	(2) 石油	150
	(3) 天然ガス	151
	(4) 都市ガス	151
	(5) 電力	151
	(6) 原子力	153
7-3	都市で消費するエネルギー	153
	(1) 交通機関のエネルギー	153
	(2) 冷暖房のエネルギー	154
	(3) 電気製品のエネルギー	155
7-4	都市で創り出すエネルギー	155
	(1) 太陽熱	155
	(2) 太陽電池	156
	(3) コジェネレーション	156
	(4) 雪氷エネルギー	157
	(5) バイオマス	157
	(6) 燃料電池	157
	(7) 風力発電	158
	(8) 廃棄物発電	158
	(9) 地熱の利用	158
	(10) 河川や海洋のエネルギー	159
	(11) 新しい流れ	159

8章　情報の流れ —————————————— 161

8-1	スモールワールド	162
8-2	都市における情報の流れ	163
	(1) 21世紀の情報都市	163
	(2) 情報通信サービスの変遷	163
	(3) ブロードバンド	165
8-3	情報通信技術の時間的な発展と空間的な広がり	166
	(1) アクセス系通信	166

| | (2) ワイヤレス通信 | 167 |

8-4 ユビキタス社会の到来 … 170
- (1) 環境・福祉への適用 … 170
- (2) センサネットワーク … 171

8-5 都市における情報化の課題と解決策 … 173

8-6 情報の流れを利用した街づくり … 174
- (1) ワイヤレス・センサネットワーク … 174
- (2) リモートセンシング … 175
- (3) 空間情報システム … 176
- (4) モデリング、シミュレーション、可視化 … 176

Ⅳ 自然と人工の流れの調和

9章 流れのデザイン —— 181

9-1 環境共生住宅の試み … 182
9-1-1 バナキュラー建築 … 182
9-1-2 デザイン・プロセス … 182
- (1) プレ・デザイン … 183
- (2) デザイン … 184
- (3) ポスト・デザイン … 185

9-2 屋久島環境共生住宅 … 185
9-2-1 プレ・デザイン … 185
- (1) 南の島 … 185
- (2) 場所性の発見 … 186
- (3) 環境との共生 … 187
- (4) フェノロジー・ガイド（重ね暦） … 187
- (5) 永田の集落 … 189
- (6) 暮らしの空間構造 … 190
- (7) 土地の履歴 … 191

9-2-2 デザイン … 191

		(1) 南の家	191
		(2) 木材流通	200
	9-2-3	ポスト・デザイン	200

9-3 深沢環境共生住宅 … 201
9-3-1 プレ・デザイン … 201
 (1) 戦災復興と建て替え … 201
 (2) 原風景と生活史 … 203
 (3) 制度の隙間 … 203
 (4) 公営住宅建て替えプロジェクト … 204
 (5) 土地柄と人柄の発見 … 205
9-3-2 デザイン … 209
 (1) 生命の空間 … 209
 (2) 緑の効用 … 210
 (3) 多孔質な空間 … 211
 (4) 時の重層 … 212
 (5) 環境共生のための要素技術 … 214
9-3-3 ポスト・デザイン … 216

V　エピローグ

10章　宇宙の中の都市　225
10-1　昼も夜も輝く地球 … 226
10-2　現代都市の立地条件 … 227
10-2-1　都市の自然環境 … 227
10-2-2　地球のテクトニクスと都市 … 228
 (1) 安定大陸と変動帯 … 228
 (2) 大陸移動と都市 … 230
 (3) 氷期―間氷期サイクルと都市 … 232
10-3　地球の水と空気の循環システム … 235
 (1) 気候帯 … 235

(2) 大気大循環…………………………………………………*236*
　　(3) 海流大循環…………………………………………………*238*
　　(4) 河川水………………………………………………………*239*
　　(5) 地下水―地盤の問題………………………………………*240*
　　(6) 水がつなぐ都市……………………………………………*241*
10-4　太陽からの光の流れ………………………………………*241*
　　(1) 太陽放射と気候変動………………………………………*241*
　　(2) 地球温暖化問題……………………………………………*242*
　　(3) ヒートアイランド現象……………………………………*244*

むすび
索　引
著者紹介

I
プロローグ

1章　自然の流れと人工の流れ
　1-1　都市の健康診断
　1-2　都市ネットワークの「流れ」
　1-3　「流れ」から見た都市と建築
　1-4　「流れ」のモニタリング
　1-5　「流れ」のモデリング
　1-6　ガイドライン作りに向けて

1章 自然の流れと人工の流れ

私たちの住む街は、安心でき快適な街といえるのでしょうか。もしそうでないとしたら、それはどうしてなのでしょうか。私たちの街はこれまでどのように変化してきたのか、そしてこれからどこに行こうとしているのでしょうか。水、空気、光がつくる「自然の流れ」と人、「もの」、エネルギー、情報がつくる「人工の流れ」をモニタリングしモデリングする科学的なアプローチを通して、「流れの解明」と「流れのデザイン」を二つの柱とする建築・都市づくりを提案します。

1-1　都市の健康診断

(1)　都市の利便性とリスク

　都市はダイナミックに変化し続け、いつも新鮮で多くの人を惹きつけています。色々な職業に就くチャンスがあり、それを選択できる自由があります。都市は24時間活動していて休むことを知りません。デパートやコンビニエンスストアで欲しいものはいつでも何でも手に入ります。インターネットやモバイル通信を使っていつでも誰とでも連絡でき欲しい情報が得られます。様々な交通機関を使っていつでも好きなところに移動できます。病気になったとき自分で病院や医者を選ぶ自由もあります。映画・演劇、スポーツ、コンサート、展覧会など都市での楽しみは選り取り見取りです。都市における利便性の追求は尽きることがありません。都市で生活すれば様々な利便性の恩恵にあずかれるのです（図1-1）。

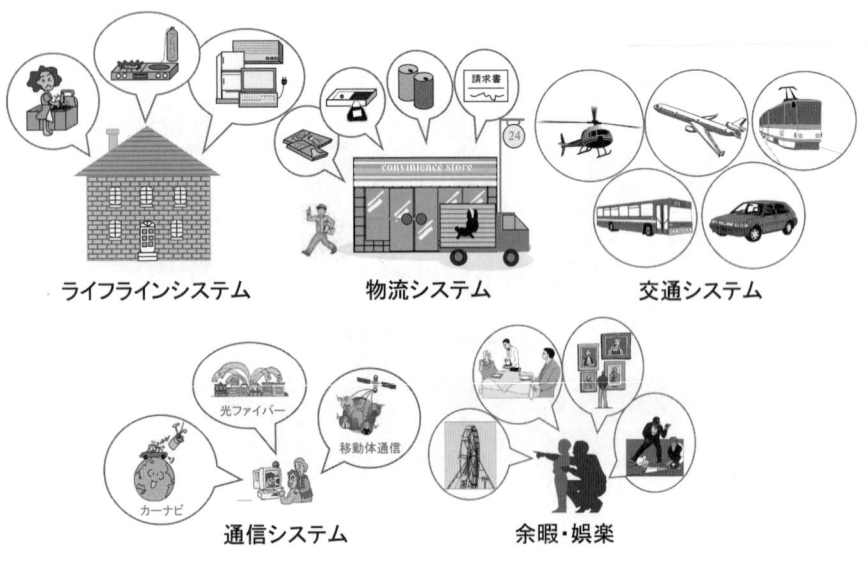

図1-1　都市の利便性

　しかし、その利便性の裏で、多様な都市のリスクが顕在化してきています。空間的に限定された都市への人口集中と資本集中の結果、超高層化、大深度化、オープンスペースの狭小化が目立ち、都市中心部の生活は自然から大きく隔たりつつあります。例えば、臨海地域における最近の高層ビル群による大規模開発は、都市への海風の流れを遮断し、ヒートアイランドを加速化しています。都市の空間

を広げるために、海岸での埋め立てや丘陵での斜面造成など大規模な自然破壊が繰り返されています。交通システムの高密度化、立体化、高速化、大量輸送化が進み、音や振動の騒々しい環境に満ち溢れています。物流システムは大量生産、大量消費、大量廃棄を当然のこととして回転しており、大気、水質、土壌の汚染を引き起こしています。膨大なエネルギーを消費する都市は、次世代の生活環境を深く考えずに化石燃料や原子力を利用し続け、都市中心部だけでなく周辺部でも熱環境や光環境の悪化を招いています。さらに、少子化、高齢化、家庭崩壊、少年非行などが目立つようになり、都市の活力は徐々に失われつつあります。

大地震が都市を襲うと、被災直後の人命や財産の喪失だけでなく、長期間にわたり都市機能が広域に麻痺して多くの人々が不便な生活を強いられるようになります。集中豪雨による低地帯の洪水、地下街・地下鉄・地下室の冠水、強風による飛来物や落下物による事故など、地震以外の自然災害のリスクもあります。都市の中に点在する化学プラントや原子力施設などの危険施設は、いったん事故が起こると周辺への影響は極めて甚大です。交通事故、犯罪、火災などに遭遇するリスクも都市では大きくなります（**図1-2**）。阪神淡路大震災（1995年）やワールド・トレード・センター航空機衝突テロ（2001年）は、都市の安全性に大きな疑問を投げかけました。利便性追求の裏で、都市の安全性だけでなく、快適性、そして自然共生も確実に失われつつあります。都市の健全な活動は変調をきたし、都市機能が十分には発現されにくくなっているのです。

図1-2　都市のリスク

(2) 都市リスクの分類

都市のリスクは、大きく安全性にかかわるリスクと環境にかかわるリスクに分

けることができます。安全性にかかわるリスクはさらに自然災害リスクと人為災害リスク、環境にかかわるリスクは生活阻害リスクと自然破壊リスクに分けられます。これらのリスクは人間、人工環境、自然環境の三者間の関係により、以下のように定義することができるでしょう（図1-3）。

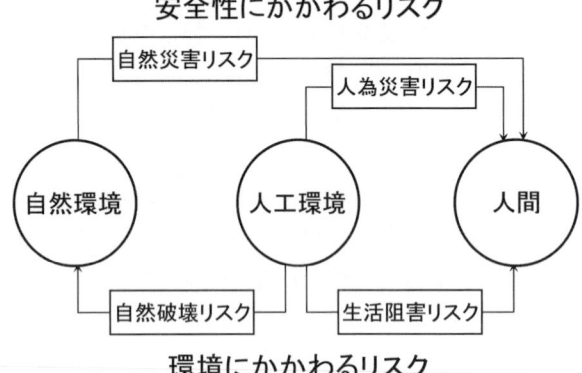

図1-3 都市リスクの分類

① **自然災害リスク**：都市で生活する人間の生命・財産を短期的あるいは長期的に脅かす安全性にかかわるリスクのうち、自然環境が人間に及ぼすリスクを自然災害リスクと呼ぶことにします。自然災害リスクには、地震、津波、高潮、暴風、突風、豪雨、大雪、雹、落雷などがあります。
② **人為災害リスク**：都市で生活する人間の生命・財産を短期的あるいは長期的に脅かす安全性にかかわるリスクのうち、人工環境が人間に及ぼすリスクを人為災害リスクと呼ぶことにします。人為災害リスクには、火災、爆発、有害物質の漏洩、交通事故、犯罪、テロなどがあります。
③ **生活阻害リスク**：人工環境が人間に及ぼす環境にかかわるリスクのうち、都市で生活する人間の日常生活を生理的あるいは心理的に脅かすリスクを生活阻害リスクと呼ぶことにします。生活阻害リスクには、日照不足、光害、景観破壊、ヒートアイランド、大気汚染、水質汚濁、土壌汚染、悪臭、騒音、振動などがあります（図1-4）。
④ **自然破壊リスク**：人工環境が自然環境に及ぼす環境にかかわるリスクのうち、人間とともに都市で生きている動植物（生態系）の生命を脅かすリスクを自然破壊リスクと呼ぶことにします。自然破壊リスクには、緑地・水辺消失、生息地分断、水質汚濁、土壌汚染、大気汚染、ヒートアイランド、地下

水枯渇、海洋汚染などがあります（図1-5）。
　本書は、このうち③と④の都市における環境にかかわるリスクを主に扱っています。

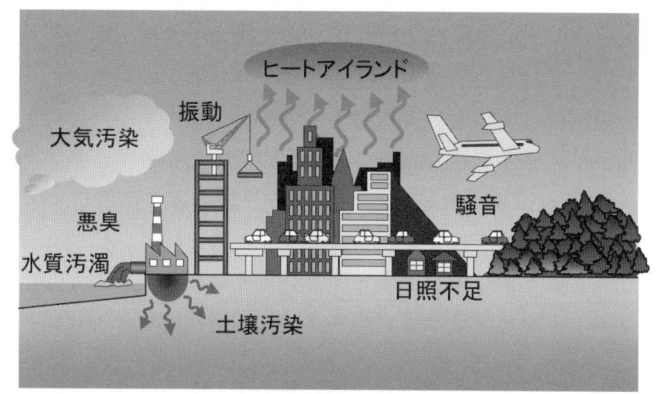

図1-4　生活阻害リスクの種類

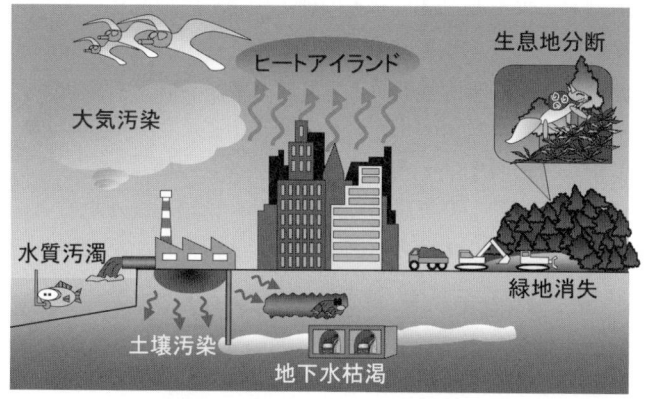

図1-5　自然破壊リスクの種類

(3)　生活阻害リスクの現状と対策

　大気汚染、水質汚濁、土壌汚染、騒音、振動、地盤沈下、悪臭は典型七公害と呼ばれ、1967年の公害対策基本法、1997年の環境基本法の制定を経て、発生源に法的規制をかけることによりリスクの低減を図ってきました。公害は、科学技術と経済の発展による近代化にともなって発生し、人間の生命や健康に被害をもたらしました。熊本県水俣湾で発生（1953年）した水俣病、新潟県阿賀野川で発生（1964年）した新潟水俣病、三重県四日市で発生（1961年）した四日市喘息、

富山県神通川で発生（1912年）したイタイイタイ病は四大公害病として有名です。

公害の発生源となる工場、事業所、化学・石油プラント、工事現場などでは、自ら遵法性の確保、環境レベル測定と実態把握、有資格者の育成・配置、有害物質漏洩のチェック、環境事故の未然防止、環境設備の設置・構造基準化、埋設配管の地上化、有害原材料の削減・全廃などによりリスクの発生の防止に努めています。一方、規制側も典型七公害に対する遵法性を監視するために広域モニタリングを実施し、リスクが発生した場合の原因の究明と指導や、東京都のディーゼル車規制（2003年）にみられるような新たな規制を課すことにより、リスクの拡大・拡散の防止に努めています。このような対策を経て、高度成長期に比べると、公害のリスクは大幅に低減されてきているといえます。しかし、突発的な事故や作業ミスによる環境汚染は後を絶ちません。不法投棄など規制を遵守しない行為も数多く、現状以上に公害のリスクを低減するにはさらなる方策が必要です。

ヒートアイランドは、リスクの発生側と受け側とが明確には区別できないという点で典型七公害とは異なる一面を持っています。現在、公園や街路樹の緑を増やして蒸発散効果を促進したり、ビルの屋上緑化や壁面緑化によりコンクリートの蓄熱効果を低減したり、ビル壁面・屋上でのアルベド効果を高めて太陽光を反射したり、オフィスや工場の勤務時間短縮や省エネによりエネルギー消費を低減したり、といった様々な対策の集積によりヒートアイランドのリスク低減を試みています。しかし、高層オフィスや高層マンションの建設ラッシュにみられるように、都市の人と「もの」の集中の加速化や増え続ける交通量の前にヒートアイランドの勢いは衰えを知りません（図1-6）。

典型7公害

ヒートアイランド

図1-6　生活阻害リスクの対策

(4) 自然破壊リスクの現状と対策

　都市における生態系は極めて貧弱です。建物や道路により都市はコンクリートやアスファルトで覆われ、生態系を育む大地が露出している場所が極めて限定されています。雨水を大地に十分浸透させることもできず、わずかに地表面に残された水路の水質も劣悪です。

　都市における自然破壊リスクの低減は、第一に生物の生息・生育地を保全・創出し、第二に生息・生育環境を改善し、第三に孤立・分散化された生息・生育地を連結することによりなされます。第二の生息・生育環境の改善を行うには、生活阻害リスクの低減策と同様に、発生源に対する法的規制と地方自治体の監視により最低限のレベルを確保することに加えて、住民の自発的参加に頼らざるを得ません。

　第一の生息・生育地の保全・創出と第三の生息・生育地の連結に関しては、ドイツなどですでに実績のあるエコロジカル・ネットワーク、あるいはビオトープ・ネットワークの考え方が注目されています（**図1-7**）。これは、広域レベル、都市レベル、地区レベルの三段階で生態系ネットワークを構築しようとするもので、広域レベルでは都市郊外から市街地へと生物の移動を導き、都市レベルでは市街地内部の生物多様性を維持するために生息・生育空間を適切に配置し、地区レベルではより詳細に樹林、公園、農耕地、私有地、河川、湖沼などを繋ぐ回廊を確保することを基本としています。最も効果的な生態系ネットワークの構築は、高次消費者（タカ、フクロウ、キツネなど）が生息可能な生物空間をできるだけ広くかつ円形に近い形（外部からの干渉の最小化のため）で確保し、それを生態系的回廊で相互に繋ぐことです。しかし、わが国の大都市周辺では、このような高次消費者はすでに姿を消しており、どの程度のエコロジカル・ネットワークあるいはビオトープ・ネットワークを構築すればよいのかは今後の課題です。すでに先進的な取り組みは始まっていますが、これが本格的な動きに繋がるかどうかは、より広い視点から建築・都市づくりのガイドラインを構築することにかかっているといっても過言ではありません。

図1-7　自然破壊リスクの対策

1-2　都市ネットワークの「流れ」

(1)　人工ネットワーク

　人間は二足歩行が引き起こした脳の急速な進化とともに、ほかの生物に別れを告げ、徐々に自然ネットワークへの依存度を弱め、強固な人工ネットワークをつくり上げてきました。いまや、私たちの生活は自然ネットワークから遠く離れて構築された人工ネットワークの上に築かれています。それが最も顕著なのが大都市での生活です。私たちの生活は、ハード・ソフト両面で人工ネットワークが密に張り巡らされた都市空間で発現する様々な都市機能に大きく依存しています。

　都市機能を発現させる人工ネットワークを形成する諸システムを、以下のような「利便性のネットワーク」、「安心のネットワーク」、「生活のネットワーク」の三つのグループに分けてみましょう。

(a)　利便性のネットワーク
　① ライフライン・システム：電気、上水道、ガスなど
　② 情報通信システム：放送、電話、郵便、新聞、インターネットなど
　③ 交通システム：鉄道、道路、船舶、飛行機など
　④ 物流システム：食料、衣料、家具など

⑤　処理システム：ゴミ、下水道、産業廃棄物など
　⑥　金融システム：銀行、証券会社、保険会社など
(b)　安心のネットワーク
　①　人権擁護システム：裁判所、役所など
　②　安全保障システム：警察署、消防署など
　③　健康維持システム：病院、保健所など
　④　福祉提供システム：役所、養護施設など
(c)　生活のネットワーク
　①　休息システム：個人住宅、集合住宅、寮など
　②　育児システム：幼稚園、保育園など
　③　教育システム：小・中・高・大学、専門学校など
　④　勤労システム：企業、事務所、工場、店舗など
　⑤　余暇システム：公園、遊園地、スポーツ施設、レストラン、酒場など
　⑥　文化システム：美術館、図書館、劇場、コンサートホールなど
　都市機能とは、このような輻輳する人工ネットワークの集積が創り出す現象です。そして、このネットワークの中を人、「もの」、エネルギー、情報が絶えず流れています（**図1-8**）。

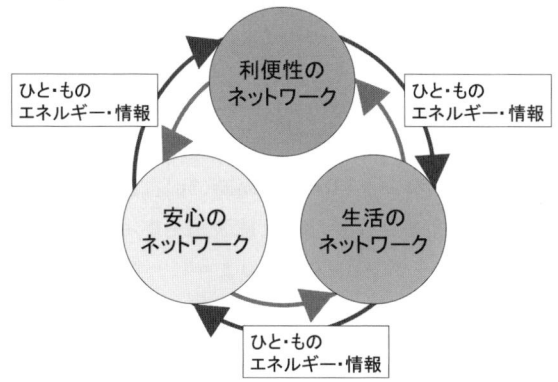

図1-8　人工の流れ—ひと・もの・エネルギー・情報

　都市には多様な機能があります。都市機能を発現させているのは、都市活動の集積化・効率化を目指して構築されてきた人工ネットワークです。人工ネットワークは、都市生活に必要な「利便性のネットワーク」、「安心のネットワーク」、「生活のネットワーク」の複合体です。都市の人工環境は、高度成長期にはもっぱら「利便性のネットワーク」を重視して構築され、都市で生活する人々は実際に多くの

恩恵を受けてきました。しかし、利便性の一方的な追求が「安心のネットワーク」や「生活のネットワーク」の相対的な脆弱化を招いていることも否めません。阪神淡路大震災やワールド・トレード・センター航空機衝突テロのような突発的な出来事や、地球環境問題に代表される累積的な出来事は、こうした傾向が顕在化した例ともいえるでしょう。

(2) 自然ネットワーク

　健全な都市機能を常時発現させるには、三つのネットワークに潜む都市のリスクを見つけ出し、弱点を補強し、頑健性と柔軟性を併せ持った都市を創出することが必要です。今求められているのは「利便性のネットワーク」に偏ることなく、強靭な「安心のネットワーク」や「生活のネットワーク」を構築し、バランスのとれた住み心地の良い都市を創り上げることです。循環型社会、長寿命化、自然共生など、すでにその試みは広く展開されています。しかし、建築、都市、環境の各分野において、個々の動きは見られるものの、それらが必ずしも同じベクトルの方向に動いているとはいえません。

　高度成長期、都市の人工ネットワークは少なくとも私たちの生活にとって好ましいもの、あるいは将来を約束するものと考えられていました。しかし、20世紀が終わろうとする頃からようやく、このままの形で人工ネットワークを構築し続けることに対し、徐々に抑止力が強まってきました。このような抑止力が作用するようになった理由を考えてみましょう。それは、人工ネットワークの構築のみに気を奪われ、人間がその一部であり、そこから離れて生きていくことのできない自然ネットワークから離脱しかかっていること、さらに人間の存続にも影響を与えかねない自然ネットワークの破壊を同時に引き起こしていることにやっと気づいたからにほかなりません。また、阪神淡路大震災、インド洋大津波（2004年）、ハリケーン・カトリーナ（2005年）のように、ひとたび自然ネットワークに大きな揺らぎが起こると、長い時間をかけて築き上げてきた人工ネットワークが予想外に脆く壊れてしまうことを教訓として学んだからでもあります。

1-3 「流れ」から見た都市と建築

(1) 都市の「流れ」

　図1-9は横浜市の緑の変遷を、1960年、70年、80年、90年と10年ごとに示したものです。緑が都市の成長により急速に侵食されていることがわかります。このような急激な都市化とともに、人だけでなく生態系に悪影響を与えるヒートア

イランドや大気汚染・水質汚染・土壌汚染などの深刻な環境リスクが生じるようになりました。

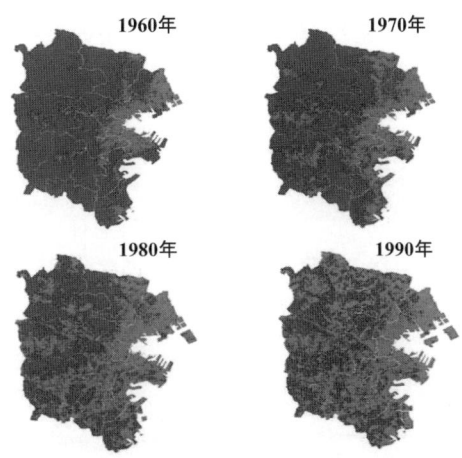

図1-9　横浜市の自然と人工の変遷

　その原因として、水の流れ、空気の流れ、そして光から熱への流れが、都市化の進展により至るところで分断され、自然の循環が弱められていったことが考えられます。図1-10は環境学者の宿谷正則氏による水・空気・光の循環のイメージです。宇宙―地球―地域―都市―建築―人間の入れ子構造を流れていく水、空気、光、熱を表現しています。これからの都市を活力に満ちたものとしていくためには、自然の流れを分断している原因を明らかにし、流れの本質を解明した上で、豊かな流れを取り戻すための都市のあり方を考えることが必要です。

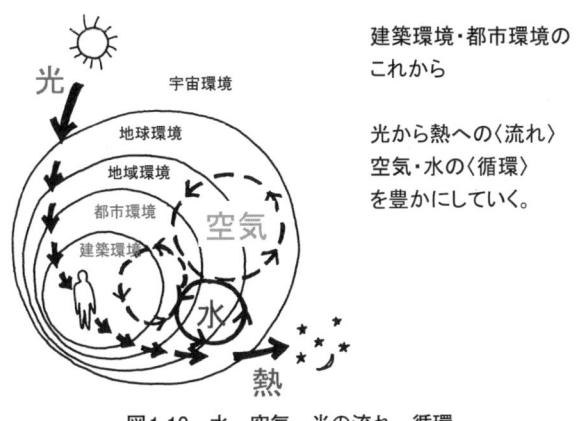

図1-10　水・空気・光の流れ・循環

このような自然の流れ、あるいは循環にならう技術、そのための科学を創出するには、「流れの解明」と「流れのデザイン」を二つの柱として考えると見通しがよくなるように思われます。すなわち、空気、水、光といった目には見えない流れ"Invisible flow"の解明により、目に見える建築と都市の形"Visible form"を創り出す理論と技術を追求するという視点です（**図1-11**）。

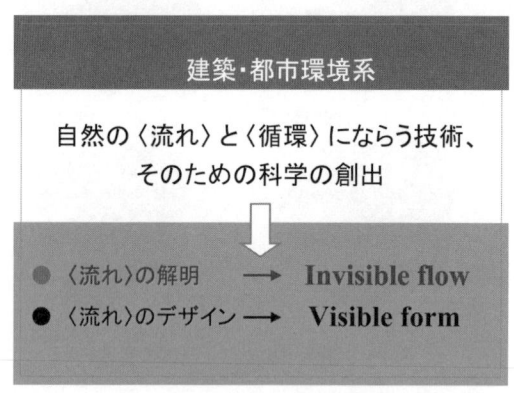

図1-11　「見えない流れ」を読み「見える形」をつくる

(2)　都市の建築

　人は自然の一部です。自然があって初めて人は生きられます。自然がなければ人は存在できません。しかし、自然は人を育む母の顔だけでなく、ときには厳しい父の顔になります。父の顔とは地震、津波、暴風、豪雨、豪雪、噴火などです。このように自然が怒り狂っている間、人はしばらくの間安全な場所に身を置いてこの状態をやり過ごす以外に手がなくなります。自然のなかにただ身を任せていたのでは命の保証はありません。自然が母の顔をしているときはありがたくその恩恵にあずかり、父の顔をしだしたらそっと安全な場所に隠れてきたのです。その場所が住まいであり建築です。

　自然が母の顔をしているときは外部空間を内部空間に呼び込み、父の顔をしているときは外部空間が内部空間に入ってこないように遮ります。こうして自然がどんな状態であるかにかかわらず、内部空間に母親の胎内のような恒常性（ホメオスタシス）を保持させようとします。そのために外部空間と内部空間の境界に置くもの、それが建築です。建築には二つの役目があります。一つは日常時において内部空間を外部空間に繋ぐ役目であり、母なる自然に対する積極的な働きかけといえます。もう一つは地震のような非常時に安全性を確保する役目で、これは父なる自然に対する守りとしての役割です。

元来、建築とはそのようなものとしてあったはずです。図1-12に、人と自然の関係の時代的変遷を概念的に示します。原始時代、何の遮るものもなく恵み深き自然と、しかしときに何の前ぶれもなく牙をむく自然とに、じかに接している時代がありました。そのうち、厳しい自然とは少し距離を保つために薄い壁を築き始めました。自然のなかにある木や石や土を使って、ロー・テクノロジーで壁をつくりました。その時代は比較的長く続きました。日本でいえば、江戸時代が終わるまではこうした状態だったといえるでしょう。

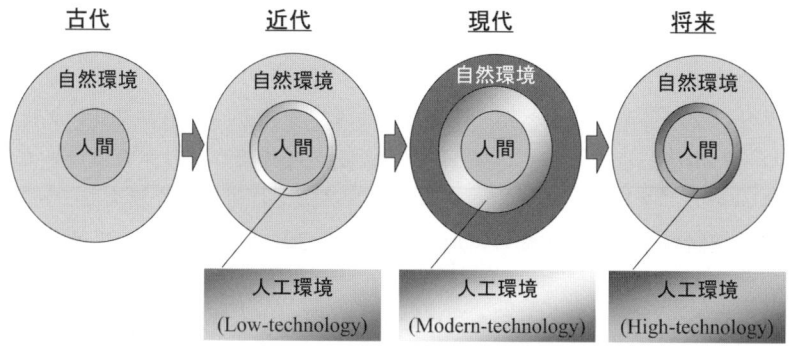

図1-12　自然環境と人工環境の中の人

しかし、18世紀の産業革命以後、少し状況が違ってきました。モダン・テクノロジーの時代に移行したのです。日本では明治維新以後この時代に入り、それは今日まで続いています。人と自然の間の薄い壁は徐々に厚みを増し、気がつけば人と自然の距離が大きく隔たっていました。自然の一部だったはずの人が、自然を征服しようとして薄かった壁を徐々に厚くしたのです。20世紀も終わる頃、人はようやくその愚行に気づきはじめました。地球環境問題が急に声高に叫ばれるようになりました。厚くしすぎた壁を昔のように薄くして、人と自然との距離をもっと近づけなければいけないと考えるようになったのです。

しかし、一度進んだ時間を後戻りすることはもうできません。人と自然の壁を薄くしなくてはいけないことはわかっていても、もう私たちは江戸時代に戻ることはできないのです。それではどのようにして壁を薄くすればよいのでしょうか。これが21世紀の建築と都市に与えられた大きな課題であると考えます。モダン・テクノロジーをそのまま使い続けることはもうできません。ロー・テクノロジーの世界に戻ることも現実的ではありません。科学技術はこれからも進化します。それも質的に変化して、ハイ・テクノロジーの時代がやってきます。ロー・テク

ノロジーを大事にしながら、このハイ・テクノロジーも上手に取り込んで壁を薄くすることを考えなくてはなりません。科学技術の発展を否定するのではなく、これを地球環境問題の解決に上手に使っていく知恵がこれからの建築と都市に求められているのです。

1-4 「流れ」のモニタリング

「流れの解明」の第一段階は、「流れ」のモニタリングです。都市における空気、水、光の流れのモニタリングは、広い空間と長い時間が対象となります。このような視点に立つと、図1-13に示すように、宇宙からのモニタリングと地上でのモニタリングを併用することが必要となります。宇宙からのモニタリングは流れのグローバルな振る舞いをモニタリングし、地上でのモニタリングはローカルな振る舞いをモニタリングします。モニタリングにより得られた膨大なデータは、都市の時空間の変化を見るために地理情報システム（GIS）を用いて統合管理します。

流れは動的な現象（ダイナミクス）です。時間的にも空間的にも常に変化しています。したがって、モニタリングは流れの変化を察知し、豊かな流れを維持するために継続的に行われる必要があります。好ましくない流れが生じ、何らかの対策を立てて流れを変えようとしたとき、その流れが実際に好ましいものであるかどうかを判断するためにもモニタリングは利用されます。このようなリアルタイムのモニタリングは流れのモデリングの方法に大きな影響を与えることになります。

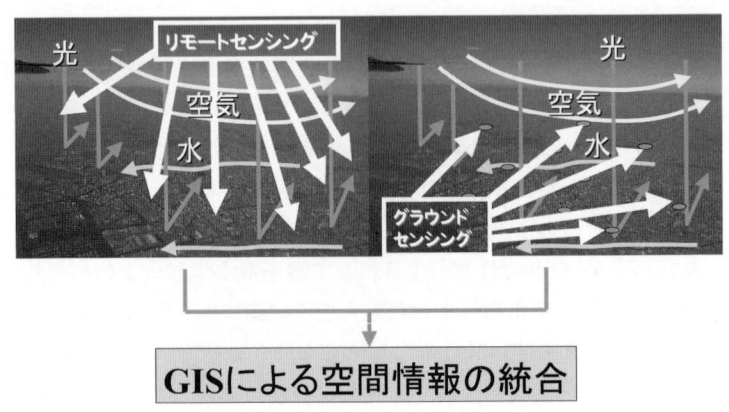

図1-13　自然の流れのモニタリング

1-4-1 自然の流れ
(1) 水の流れ

　エジプト、メソポタミア、インド、中国の四大文明は、いずれもナイル川、チグリス・ユーフラテス川、インダス川、黄河という大河の恩恵を受けて成立しました。しかし、ミシシッピ川やアマゾン川など、大河があっても文明が起こらなかった場所は数多くあり、マヤやインカのように大河はなくても文明が起こった場所もあります。都市の成立に必要なのは、川そのものというよりは降雨や地下水を含めた広義の水の流れです。

　大地の上で水の流れがはっきり確認できるのは川です。しかし、目には見えないけれど地下水として大地の下にも水の流れはあります。さらに、大気中の水の流れは、水蒸気、雲、雨、雪、雹、霞、霧などに形を変えて私たちを取り巻いています。海に出れば海流という地球規模の流れもあります。自然の流れの一部を人間が上下水道や灌漑用水として利用する流れもあります。

　水がどのように流れていくか、飲める水か、どんな生物が生息しているか、有害物質は含まれていないか、といった様々な観点から水の流れをモニタリングします。水の流れには、川のような水平方向の流れ、湧昇流のような上下方向の流れ、さらに渦巻き、澱（よど）みなどがあります。これらの水の動きを把握するには、流速計や流向計で直接計測するか、浮遊物の追跡などから間接的に読み取る必要があります。

(2) 空気の流れ

　野外の空気の流れが風です。風には、春の野原で感じるそよ風のように快適なものから、初秋にわが国を襲う台風のように人命を脅かす危険なものまで様々です。しかし、どんな風でも結局のところ空気の流れの時間的・空間的変化の違いにすぎません。野外とは別に、建物や地下街などでは空気の流れが人工的に創り出されます。このような閉鎖空間では、空気の流れがないと新鮮な空気が補給されず、人だけでなくあらゆる生物は生命を維持できません。

　外部空間と内部空間を空気がどのように流れていくか、そのときの空気は新鮮か、空気の温度や湿度はどの程度か、有害物質は含まれていないか、といった様々な観点から空気の流れをモニタリングします。空気の流れには、水と同じように、水平方向の流れ、上下方向の流れ、旋回、澱みなどがあります。これらの空気の動きを把握するには、風速計や風向計で直接計測するか、樹木の揺れや煙の流れなどから間接的に読み取る必要があります。

(3) 光の流れ

　光の流れという表現は少し文学的すぎるかもしれません。物理的には、光と熱とは密接な関係があり不可分です。光と熱を統一的に扱うために、エネルギー、エントロピー、エクセルギーといった概念が使われます。

　昼間の光の源は太陽です。夜間でも月や惑星の輝きは太陽光の反射です。自然光は、様々な周波数を持つ光の波動の集合です。可視光の周波数の変化は色彩の変化となって私たちに知覚されます。私たちの目で見える可視光だけでなく、目には見えない紫外線や赤外線も光の仲間です。この目に見えない光も、私たちの生命や健康にかかわる大切なものです。

　現代都市における夜間の光は人工的な光で満ち溢れています。夜間の光の使い方は、国によっても地方によってもかなり違いがあります。夜間の光は、現在、ほとんど化石燃料か原子力によってつくられています。夜間、ビルから漏れる明かり、繁華街のネオンサイン、道路のヘッドライトの帯などは都市活動のバロメーターでもあります。

　光の流れのモニタリングでは、照度計や輝度計などで光の明るさを直接測るだけでなく、光が人体や動植物に与える影響を評価することも重要です。また、光と密接に関係する熱の流れ、すなわち放射、伝導、対流の状況を把握するために、温度計や赤外線カメラで熱の状態量を計測しておくことも必要です。

1-4-2 人工の流れ
(1) 人の流れ

　人の流れは都市の形態と密接に関係しています。都市における人の流れは交通システムをモニタリングすることにより把握できます。交通システムは都市の陸、海、空に広がっています。都市には交通センターや監視センターがあり、鉄道、道路、航空、航路などをリアルタイムで監視しています。流れは時代とともに徐々に変化しますが、季節、週、日のサイクルによっても変化しています。都市の鉄道は郊外から都心部へ人的資源を大量輸送するために、朝晩ラッシュアワーを繰り返しています。道路では、自宅から最寄り駅までの公共交通利用と自宅から直接目的地に向かうマイカー利用の比率なども大切なモニタリング項目です。

(2) 「もの」の流れ

　現代の陸域中心の物流システムは道路輸送と鉄道輸送が中心ですが、江戸時代には海を利用した物流システムが盛んでした。今でも外国との貿易となると海の物流の占める割合は飛び抜けています。「もの」といっても食料、衣料、工業製品、建

設資材など様々です。原材料の調達、製造、販売を経て、「もの」は生産者から消費者の手に移ります。この過程は情報化時代に入り以前に比べるとずっと合理的に管理されるようになっています。「もの」の動きは、時期を待ってひとまとめにして運ぶ大きな動きよりも、きめの細かい小さな動きへと変化してきています。「もの」の流れに関しては、消費した後の廃棄物処理やリサイクルを含めることが重要です。情報化時代の現在、「もの」の流れは個別にはコンピュータ管理されています。これからは「もの」の流れの全体像を把握する技術が必要になります。電子タグの利用などユビキタス社会ではこうしたことも可能になると考えられています。

(3) エネルギーの流れ

エネルギーの流れを支えるのはライフライン・システムであり、そこを流れるエネルギーは電気会社やガス会社によりリアルタイムで管理されています。

都市におけるエネルギーは電気が中心です。電気は作り方によって、水の流れを利用した水力エネルギー、石油や石炭を使う化石エネルギー、ウランの核分裂を利用する原子力エネルギー、風、太陽、地熱、波、潮流などを利用した自然エネルギーに分けられます。電気の作り方は、都市に豊かな流れを創り出す上で重要です。水力エネルギーは生き物の生息環境を大きく阻害し、化石エネルギーは二酸化炭素を排出して地球の温暖化に拍車をかけ、原子力エネルギーは核燃料サイクルや廃棄物処理に関する安全管理に不安が残り、次世代のお荷物になる可能性があります。一方、クリーンエネルギーとして期待されている自然エネルギーも、コスト的にはまだ多くの課題を残しています。

電気エネルギーは、それがどのようにつくられたかというところまで遡（さかのぼ）ってモニタリングする必要があります。電気が消費者に送られた後は、その電気がどのように使われているか、すなわちエネルギー消費の状況をモニタリングすることが重要です。いつ、どこで、どのようにエネルギーが消費されているかのモニタリングです。

都市における第二のエネルギーはガスです。ガスは電気と違い貯蔵しておくことができるという利点がありますが、爆発や火災というリスクもあります。ガスもまた、どのようにつくられ、どのように運ばれ、どこで蓄えられ、どのように消費されるかをモニタリングしておく必要があります。

(4) 情報の流れ

都市における情報の流れは、新聞・雑誌・書籍、ラジオ、テレビなどのマスコミュニケーション、手紙、電話・電報などの個人レベルのコミュニケーション、その両方が可能なインターネットによるコミュニケーションなどによって生じま

す。それぞれの情報の流れは、天候障害、電波障害、ウイルス問題などによって妨害されます。このような目に見えない情報の流れを直接モニタリングすることは容易ではありません。さらに難しいのは情報の質です。都市の情報量は膨大です。しかし、その多くは意味のない情報です。同じ情報でも受け手により価値がある場合もない場合もあります。このような情報の流れをどのようにモニタリングするかという方法だけでも極めて難しい問題といえます。

1-4-3 モニタリングのためのツール

自然の流れと人工の流れを把握するためのツールには、従来から用いられている様々なセンサ技術とともに、以下のような新しい技術（**図1-14**）の導入が進んでいます。

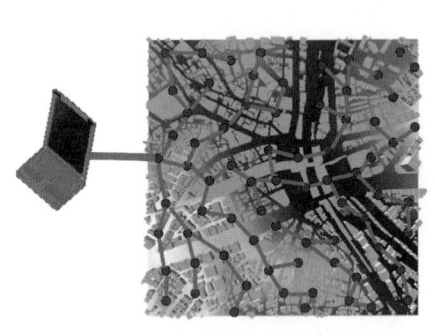 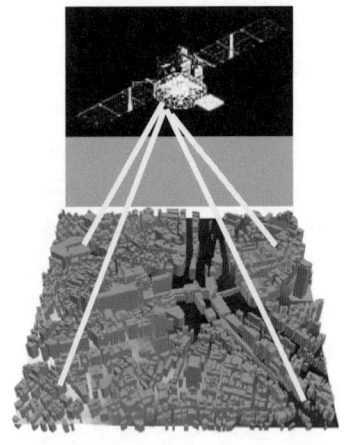

広域ワイヤレスモニタリング　　　　　リモートセンシング

図1-14　モニタリングの新しい技術

① **リモートセンシング**：都市の流れのグローバルな振る舞いを人工衛星によりモニタリングするために使います。
② **センサネットワーク**：都市の流れのローカルな振る舞いを多数のセンサをワイヤレスで繋いでモニタリングするために使います。
③ **地理情報システム（GIS）**：モニタリングした膨大なデータを三次元空間データベースとして収集管理するために使います。
④ **全地球測位システム（GPS）**：モニタリングする場所の空間と時間の把握のために使います。

1-5 「流れ」のモデリング

(1) 物理モデルと生態系モデル

都市の中の「自然の流れ」を豊かにするには、現状を把握した上で、効果的な対策を立てる必要があります。そのためには、モニタリングで得られた知見をもとに「流れのモデリング」を行い、流れを予測する技術を確立することが必要になります。例えば、図1-15に示すように、水の流れ、空気の流れ、光と熱の流れ、生態系の変化、都市活動などについて個別にモデルを構築した後、これらの相互作用を考慮して統合し、全体モデルを構築することが考えられます。

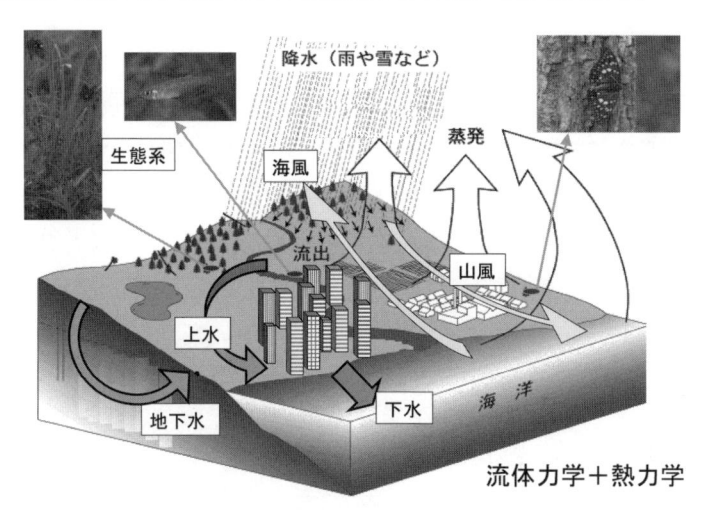

図1-15　自然の流れのモデリング

自然の流れと人工の流れの相互作用を扱うには、以下のモデリングが特に重視されるべきだと思います。

① 熱力学的モデリング
② 流体力学的モデリング
③ 生態学的モデリング

①と②は物理モデルであり、両者を結合した高度なモデリングが必要になるという学問的に難しい問題はありますが、現在の科学技術のレベルから見れば可能です。③は、自然の流れが豊かになれば結果として人を含む生態系も豊かになるはずだという観点からモデルに組み込まれます。どのような自然の流れが生態系を豊かにするのかという因果関係に関する基礎データの蓄積が不可欠です。この

ような総合的なモデリングに基づいて、将来の都市のあり方を予測するには、ネットワークモデルを構築してシミュレーションを行う方法が有望だと考えられます。モデリングの際、流れの相互作用、複雑系としての扱い、生命体としての扱いなどに十分配慮することが必要になるでしょう。

　従来の都市は、「人工の流れ」のみを念頭において形成されてきました。これからの都市は、「人工の流れ」ができる以前からそこにあった「自然の流れ」を十分考慮して構築していかなければなりません。都市を構成する要素、すなわち建築物や都市インフラもまた「自然の流れ」を念頭において造らなければいけません。モデリングから得られる結果は、このような問題に答えられることが要求されます。

(2)「流れ」のシミュレーション

　モデリングの後、三次元空間に時間軸を加えた四次元の「流れのシミュレーション」を行う必要があります。シミュレーションは、**図1-16**に示すように、「建築・都市のモデリング領域」、それを取り囲む「水の流れのモデリング領域」、さらにそれを取り巻く「空気の流れのモデリング領域」の3層のモデリング領域を設定し、これらを統合した形で行うことになります。

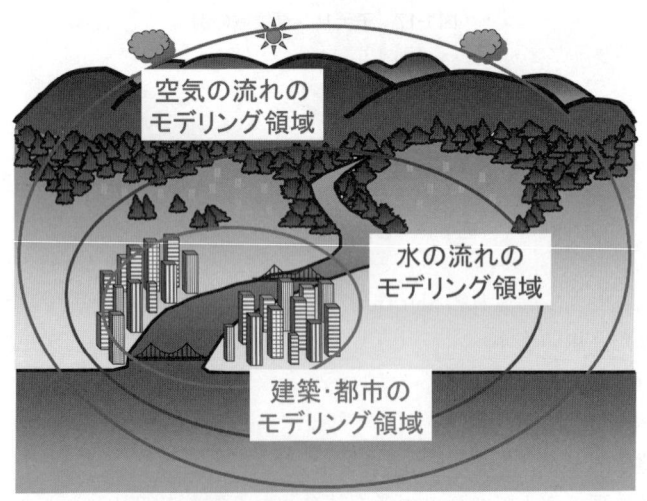

図1-16　自然の流れのシミュレーション

　例えば、ケーススタディの対象領域を、多摩川と鶴見川流域の都市域と考えます。このとき「水の流れのモデリング領域」は**図1-17**のようになるでしょう。「空気の流れのモデリング領域」は、これよりさらに広く、東京都心部を中心とした

関東地方全域を含むようなスケールになるでしょう。

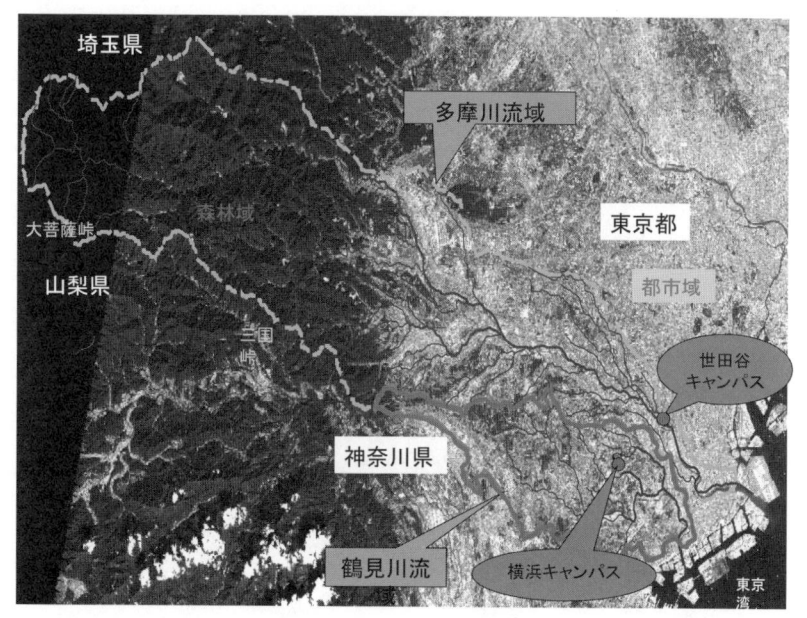

図1-17　モデリング領域の例

　現在の技術レベルを超える新たな技術開発も必要になると思います。自然の流れ・循環にならった建築と都市をつくるには、その形態、構造、素材が自然の流れに適応できるものでなければなりません。特に、**図1-18**に示すように、バイオメカニクス、バイオマテリアル、バイオセンサなどの生体工学的な発想は、自然共生都市の創生に有効であると思われます。システムレベルでは、自然の流れに逆らわない適切な形態と配置、人工の流れの速度を緩めるための長寿命化と再利用、自然の流れに適応するためのモニタリングと分散制御などが重要になりそうです。素材レベルでは、自然素材の見直し、多孔質材料の積極的導入、ライフサイクルを考慮した素材選びなどが重要項目となるでしょう。しかし、一番大切なのはこのような高度の技術を何のために、そしてどのように使うかというフィロソフィーです。

　「もの」という側面から建築・都市を見たとき、**図1-19**に示すような新しい構造システムと新素材の開発は重要な課題になるでしょう。建設資材の廃棄量は日本の全産業廃棄物の約20％を占め、残念なことに第一位になっています。まずは真摯にこの問題に目を向けることが必要です。

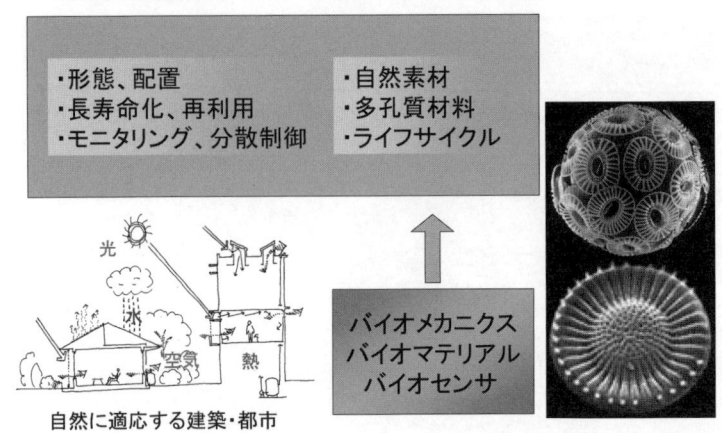

図1-18　自然の流れを良くする技術開発

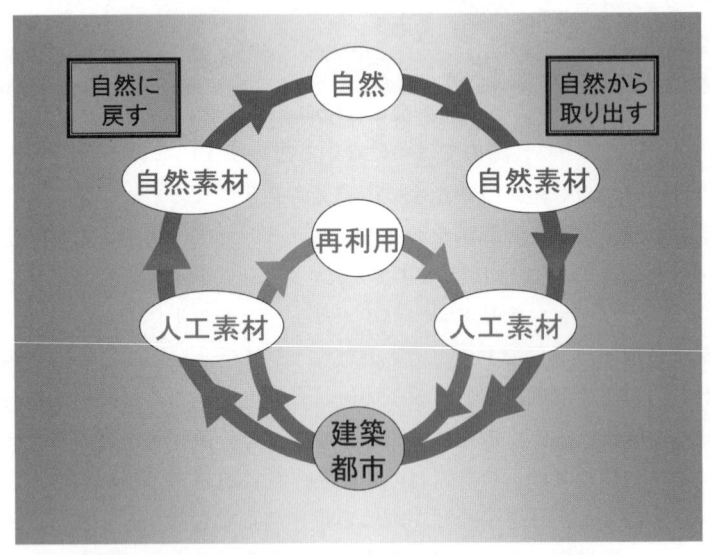

図1-19　建築・都市づくりを自然循環システムに組み込む

　現在、建築・都市を造る素材は、石、土、木といった自然素材とコンクリートや鉄といった人工素材に分けることができます。いずれも、もとはといえば自然のなかから取り出してきた素材ですが、人工素材は強度を上げたり機能性を高めたりするために加工されています。ほとんど加工されていない自然素材は比較的

容易に自然の循環システムに組み込むことができますが、人工素材となるとそうはいきません。建築や都市インフラを解体した後、人工素材をいったん自然素材に戻した上で自然の循環システムに乗せなければなりません。自然素材に戻さない場合は、人工素材の再利用を図り自然のなかから新たに取り出す量を極力減らす必要があります。

　これまでの構造システムは「造る」ことしか考えていませんでしたが、これからは「壊す」こともあらかじめ考えて「造る」必要があるでしょう。建築や都市インフラの長寿命化のためには、素材の耐久性を高めることが必ずしもよいとは限りません。人間という生命システムは60兆個もの細胞で構成されていますが、システムを維持するために個々の細胞は絶え間なく生死を繰り返しています。建築や都市インフラもまた都市の中で新陳代謝を繰り返しています。このようなことを考えると、耐久性が高くいつまでも変化しない素材も結構ですが、あえて自然に還りやすい新素材を開発し、構造システムの状態を常時監視しながら、適宜付け加えたり削除したり、また取替えにより更新したりしながら建築・都市というシステムを維持していくことも一つの方法と考えられます。

　このような高度な技術を開発し、建築・都市そのものが自然の循環に組み込まれるように変えていくことは簡単なことではありません。長い道のりが必要とされるでしょう。しかし、諦めてはいけないと思います。このような努力が、建築を救い、都市を救い、地球を救い、そして私たち人類を救う道に繋がるからです。

　流れのモデリングとシミュレーションによる検討は、最後には「流れのデザイン」に反映されなければなりません。ここでは、豊かな空気、水、光の流れを創り出すために、様々な技術要素をいかに統合化すべきかという問題と、どのような新たな技術要素の開発が必要になるかという問題に直面することになるでしょう。**図1-20**は、建築家の岩村和夫氏が、豊かな空気、水、光の流れを創り出すために設計した建築の一例で、2001年にユネスコの国際建築賞を受賞した作品です。光を取り入れるためのセットバック、屋上緑化、ビオトープの形成、風を通すための建物配置など様々な環境共生住宅の試みが見られます。さらに、目では見えませんが、土地固有の微生物を維持するために、建設段階の廃土をいったんほかの場所に移動した後、竣工後再び元の場所に戻すといったことまで考えられています。このように、マクロからミクロに及ぶ広い視野で現時点における知見と技術を統合し、地道に豊かな空気、水、光の流れを創り出していく努力が大切です。

図1-20　自然の流れのデザイン

(3)「流れ」の評価

最後に、「流れ」の評価を行います。図1-21に示すように、シミュレーションの結果、都市活動による人工的な流れがそれを取り巻く自然の流れに与える影響を調べ、建築・都市のありようが自然の流れに適応しているかどうかを評価します。人工の流れと自然の流れが調和していれば問題ないのですが、そうでない場合はよりよい解決策を目指して見直しを図ることが必要になります。

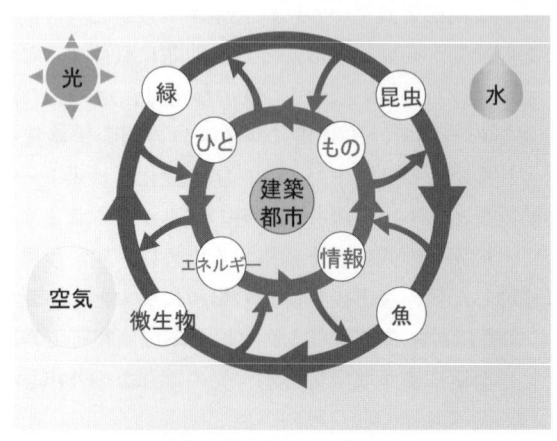

図1-21　自然の流れと人工の流れのバランス

宇宙的視点に立てば、私たちの地球は太陽光を取り入れて温熱を宇宙に捨てる開放系であり、その系の中で水と空気は循環し、その循環があって人間を含む生態系の生命活動は持続しています。人間以外の生命体は循環に逆らわず素直に生きていますが、人間だけは循環に逆らうような行為をし、結果的に自分だけでなく、周囲の生態系全体に迷惑をかけています。その程度は建築が密集する都市になるほど顕著になります。個々の建築と群の建築（都市）の双方向の対策によりこの問題に立ち向かう必要があります。

本書が目指している次世代都市の目標は、図1-22のように、わざわざ田舎に出かけていかなくても、都市の中で安心して日光浴ができ、森林浴ができ、水浴ができる環境を創生することにあります。すなわち、明るい光に溢れ、新鮮な空気で満たされ、清らかな水が流れる環境を都市に取り戻すことです。「浴」ということは、何もせずそこにいるだけで自然の恵みを享受できる状況です。

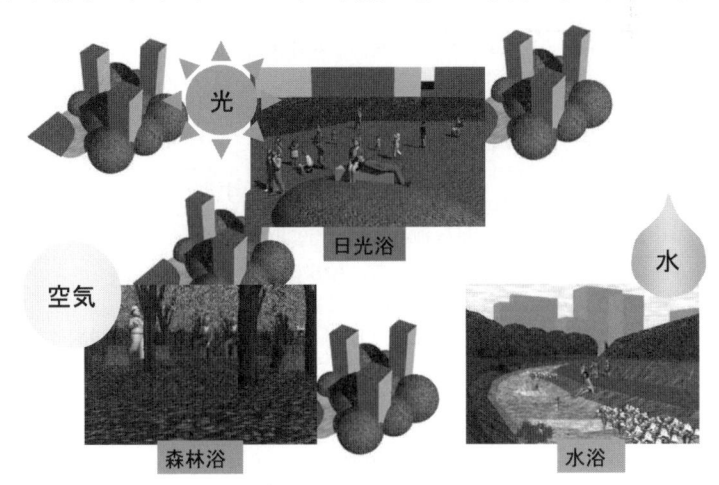

図1-22　次世代都市の目標

1-6　ガイドライン作りに向けて

これまで、都市を構成する個々の建築は、内部と外部をはっきりと分け、内部だけが快適であればよいという考えでつくられてきました。しかし、このような形で建築の外部をおろそかにしてしまったことが、今、都市環境問題という大きなつけとなって私たちに戻ってきているのです。これからの建築と都市は内部も外部もともに快適でなければいけないのです。都市に自然を蘇らせるために、私たちは「流れの解明」と「流れのデザイン」をふたつの柱として、最終的には「流

れ」を豊かにする建築・都市づくりのガイドラインを作り上げることを目指しています。

(濱本卓司)

参考文献
1) 岩村和夫：建築環境論、鹿島出版会、1990
2) 宿谷正則：自然共生建築を求めて、鹿島出版会、1999
3) 神田順、佐藤宏之（編）：東京の環境を考える、朝倉書店、2002
4) 中村英夫（編著）：東京のインフラストラクチャー、技法堂出版、1997
5) 福岡義隆（編著）：都市の風水土、朝倉書店、1995
6) Ermer, K.ほか（原著）：環境共生時代の都市計画、技報堂出版、1996
7) 都市緑化技術開発機構：都市のエコロジカル・ネットワーク、ぎょうせい、2000
8) 日本生態系協会：ビオトープ・ネットワーク、ぎょうせい、1994
9) エントロピー学会（編）：循環型社会を問う、藤原書店、2001
10) エントロピー学会（編）：循環型社会を創る、藤原書店、2003
11) 山田国広：水の循環、藤原書店、2002
12) 日本地下水学会（編）：雨水浸透・地下水涵養、理工図書、2001
13) 駒村正治ほか：土と水と植物の環境、理工図書、2000
14) 杉山恵一、進士五十八（編）：自然環境復元の技術、朝倉書店、1992
15) 市川嘉一：交通まちづくりの時代、日本経済新聞社、2002
16) 谷口栄一、根本敏則：シティロジスティクス、森北出版、2001
17) 石井一郎（編著）：廃棄物処理、森北出版、1997
18) 齋藤武雄：地球と都市の温暖化、森北出版、1992
19) 通産省工業技術院資源環境技術研究所（編）：地球環境・エネルギー最前線、森北出版、1996
20) 通産省工業技術院資源環境技術研究所（編）：エコテクノロジー最前線、森北出版、1998
21) 棚澤一郎（監修）：エコ・エネ都市システム、省エネルギーセンター、1999
22) 尾島俊雄：ヒートアイランド、東洋経済新聞社、2002
23) 都市情報研究会（編）：インテリジェントシティ戦略、ケイブン出版、1990
24) 坂村健：「ユビキタス社会」がやってきた、日本放送出版協会、2004
25) 村井俊治ほか（編）：リモートセンシングから見た地球環境の保全と開発、東京大学出版局、1995
26) 安藤繁ほか（編著）：センサネットワーク技術、東京電機大学出版局、2005
27) Johnston, C.A.（原著）：GISの応用—地域系・生物系環境科学のアプローチ、森北出版、2003
28) 岡部篤行：空間情報科学の挑戦、岩波書店、2001
29) 槌田敦：熱学概論——生命・環境を含む開放系の熱理論、朝倉書店、1992

II
自然の流れを読む

2章　水の流れ
    2-1　動植物にとっての水
    2-2　人間にとっての水

3章　空気の流れ
    3-1　動植物にとっての空気
    3-2　人間にとっての空気

4章　光の流れ
    4-1　動植物にとっての光
    4-2　人間にとっての光

トピック：クールルーフによるヒート
    アイランド緩和

2章 水の流れ

　街の中で「水の流れ」を目にする機会はなかなかありません。急速な都市化とともに、目に見える「水の流れ」は姿を消していきました。それでも蛇口をひねると水はすぐ現れ、たちどころにシンクの中に消えていきます。このように、都市の水は私たちの住まいにまで入り込み、利用されて捨てられる運命にあるのです。その一方で私たちを横目にただただ流れていく水があります。しかし、こうした水こそ私たち以外の都市の住民である動植物にとってはかけがえのないものなのです。動植物を含むすべての都市の住民が満足できるような「水の流れ」とはどのようなものなのでしょうか。

2-1　動植物にとっての水

2-1-1　川は生きている

　水は地球をくまなく循環しています。地面や海洋から蒸発した水は大気中で水蒸気となり、雲を形成し、やがて降雨となって地上に降り注ぎます。森林に降った雨は、木の幹や地表の枯葉を伝ってゆっくりと地面から吸収され、地下水に入ります。地下水の一部は湧き水として再び地上に現れ、小川を形成します。舗装道路や都市に降った多くの雨は、地面には浸透せず、直接河川へ運ばれます。日本では、生活排水や下水も多くは処理された後、河川に流されています。このようにして河川に集められた水は、さらに大きな流れとなり、海に注ぎ込みます。海に運ばれた水は再び蒸発し、地球規模の水循環が形成されることになります（図2-1）。

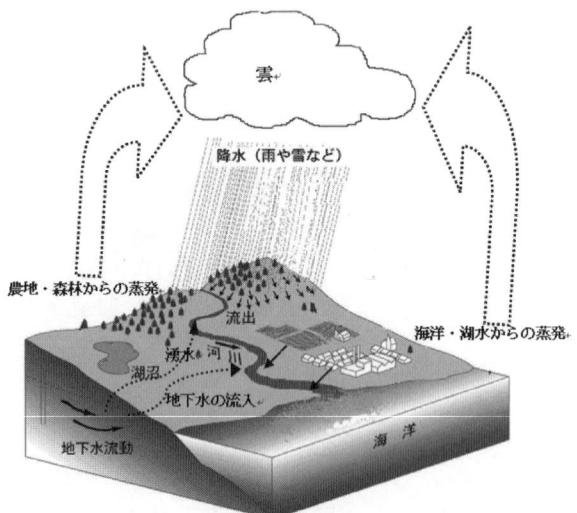

図2-1　水の循環

　「川は生きている」といわれます。雨や春の雪融け水などによって川の水量は絶えず変化します。それにともなって、川の流れる速さ、川幅、上流からの土砂の供給量が変化します。その結果、流路や河川敷の面積、河川景観も絶えず変わっているのです。しかし、日本の河川の多くは、治水（ダム、堰、護岸の建設など）によって河川の安定化が図られ、利水（飲み水、農業・産業用水としての取水など）によって水量の減少が目立つようになりました。かつての水の自然な流れ、土砂の流れは失われ、「川は生きている」とはいえない状況が生じつつあります。

その傾向は特に都市の河川で著しくなっています。

　河川の変化は、そこに棲む動植物にどのような変化をもたらしているのでしょうか。現在の都市河川の姿や変貌を、そこに生きる植物、魚類、両生類、水生昆虫の目から見てみることにしましょう。生物の視点から都市河川を眺めてみると、水の流れを制限された川は、多くの生物にとって好ましい棲み場所ではなくなっています。その証拠に、かつては豊かだった多くの生物の姿が大幅に減少していることに気づかされます。それと同時に、私たち人間も川に近づき、川に親しむことを忘れはじめていることに思い当たります。

　鳥や魚などの生物が棲める豊かな水環境を残すための努力や施策は、人間にとっても好ましい水環境を維持することにつながります。豊かな河川空間からは豊かな心が育まれます。安全でおいしい飲み水は私たちの健康を維持する上で不可欠です。河川が本来持っている多くの恵みを次世代へと受け渡すことは、私たちの世代の大きな責任です。

　ここでは、水の流れのある豊かな河川、生物と共生できる河川の環境を保全しつつ、治水・利水にも配慮したバランスのとれた河川環境のあり方について考えてみたいと思います。また、豊かな河川環境を取り戻すために、首都圏の都市河川で実際に試みられている事例についても紹介します。

2-1-2　動植物から見た都市河川

　長い進化の歴史のなかで、河川の持つ特性に適応してきた生物は、河川本来の特性が変化したり消失したりしてしまうと、その生育・生息適地を狭められ、数が減少し、絶滅危惧種になってしまうことも少なくありません。ここでは、都市河川の代表である多摩川の河川敷に生育する動植物を例にとって考えてみたいと思います。

(1)　河原の植物

　河川敷には、洪水や増水などの河川の攪乱を、ほかの植物との競争に勝つための生存戦略として選びとった植物が多く生育しています。河川敷の丸石河原に生育するカワラニガナを例に見てみましょう。カワラニガナはキク科の植物で、その学名に多摩川の名前をもつ日本に固有な植物です。かつては多摩川でごく普通に見られた植物でした（**写真2-1**）。しかし、その多摩川でも、生育地の減少にともない、カワラニガナの個体数が急速に減少し、現在では多摩川全域でも10前後の個体群しか見られません[1]。環境省のレッドデータリストでも絶滅危惧種に挙げられ、全国的にも激減しています[2]。

写真2-1 多摩川のカワラニガナの生育地、丸石河原の景観（A）とカワラニガナの開花個体（B）

　カワラニガナは増水や洪水により形成された丸石河原にいち早く生育し、周りの植物が生育する頃には、新たに形成された丸石河原に生育地を広げることで繁殖してきました。しかし、洪水や増水を防止するための護岸工事、護岸と川底をコンクリートにする三面張り河川、さらに河川の直線化が河道や河川敷を固定化し、丸石河原の形成頻度を減少させてしまいました。また、次の洪水や増水が起こるのに時間がかかるため、丸石河原が新たに形成されても、その間に丸石河原の植生は草本、灌木、木本へと遷移が起こり、カワラニガナの生育適地はほかの植物によって占領されてしまうようになりました（**写真2-2**）。その結果、多摩川河川敷のかつての丸石河原は、草地化（A）、灌木化（B）、樹林化（C）が進行し、カワラニガナの生育適地は大幅に減少しています。

写真2-2　カワラニガナの生育地の不適地化

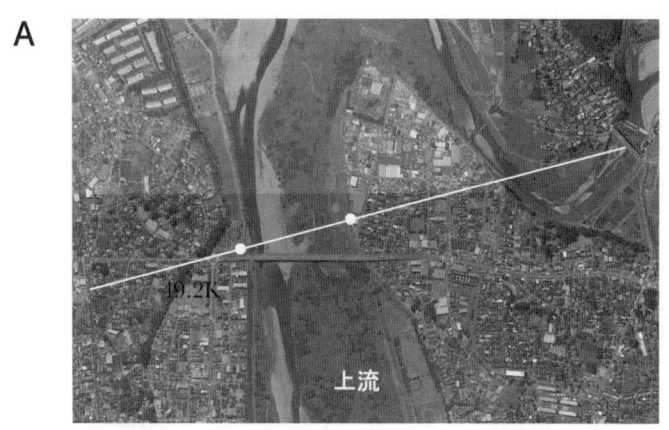

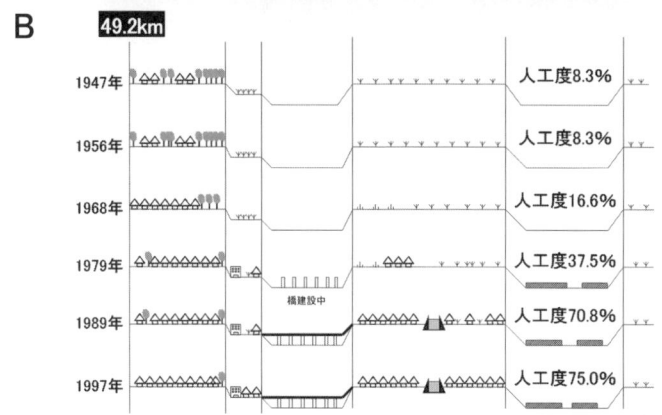

図2-2 拝島地区における基準断面上の人工的土地利用率の経時的変化（1947～1997）
A：航空写真による基準断面（河口より49.2km）を示す（下側が上流）。
B：河口より49.2kmの基準断面上の住宅、橋、道路などの人工的土地利用物の基線全長に対する割合を図中に％で表示してある。

　治水と利水による河川の流量の減少も、カワラニガナの生育適地の減少を招いています。ダムや堰の建設は、河川流量を安定化させるとともに、上流からの丸石の供給量を減少させ、その結果、丸石河原が形成されにくくなりました。多摩川では、かつては建設資材として大量の河原石や砂利が採取されていましたが、現在ではこれらの採取は中止されています。しかし、飲料水や農・工業での水利用の増加は水量の減少をもたらし、丸石河原を形成する頻度が低下しています。
　多摩川流域の人口増加とそれにともなう人間活動も、カワラニガナの減少に拍車をかけました。多摩川流域の人口増加にともなう水質の富栄養化は、外来種やカワラニガナの競争種が丸石河原に侵入することを容易にしてしまいました。土

地利用の都市化の進行も、カワラニガナの生育適地を狭めました。**図2-2**に、カワラニガナの4個体群がまだ存在する多摩川上流部拝島地区における沿川断面の人工的な土地利用率の経時的変化を示します。沿川の人工的な土地利用率は、1947年には8.3％でしたが、1979年には37.5％、1997年には75.0％に増加しています。このような人工的な土地利用への転用とそれにともなう多様な人間活動の拡大は、カワラニガナの生育適地を急速に減少させたと考えられます。**図2-3**に、カワラニガナの減少をもたらした多様な原因とそれにともなうカワラニガナの減少のプロセスをまとめました。

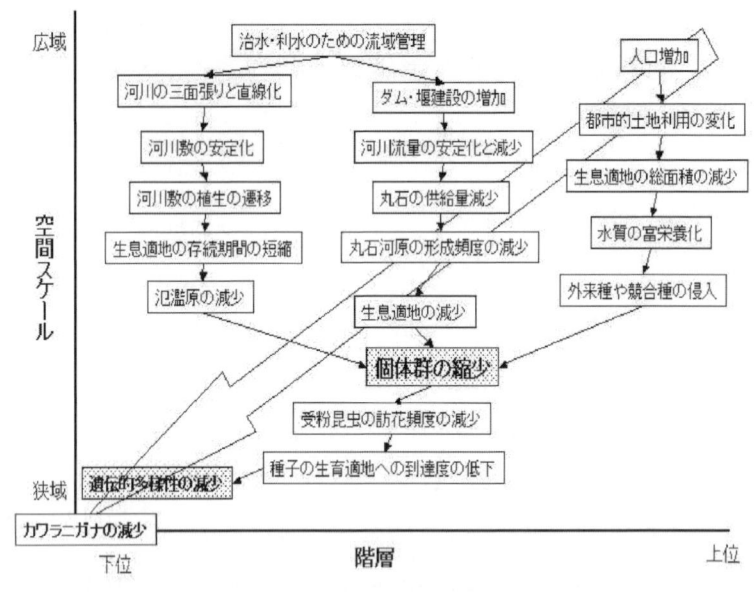

図2-3 カワラニガナの減少の主な原因

(2) 魚と両生類

　回遊魚は産卵、成長のために川を移動しなければなりません。サケは、産卵のために海から生まれ育った河川に帰ってきて、川を遡り上流部で産卵し、その一生を終えます。河川に堰やダムなどの落差があると、サケの遡上は妨げられてしまいます。

　オオサンショウオは西日本の渓流に生息している世界最大の両生類であり、「生ける化石」とも呼ばれ、特別天然記念物に指定されています。オオサンショウオは一生を河川で過ごし、成長段階に応じて源流から下流までの長距離を移動しながら成長します。オオサンショウオは、源流部の湧き水のある場所で産卵し、孵

化した幼生は流されながら中流域へ移動して定住します。日中は定住場所の川岸の岩穴や水草の茂みで休息しています。成熟した個体は、体長が30cm以上になると最上流部へ移動して定住生活に入ります。夏季の繁殖期になると、源流域にある巨大な「ヌシ」（体長1m前後、体重2kg）の住む繁殖穴に多くのメスとオスが集合し、産卵後は再び元の定住場所に戻っていきます。

このように、オオサンショウオの誕生には湧き水が必要で、成長して一生を終えるには連続的な川の流れが必要です。治水のための砂防ダムや堰の建設は幼生の流下や成熟個体の遡上を妨げてしまいます。護岸工事や林道の建設によって巣穴がつぶされることも多くあります。貯水ダムは、水の放流によって水位を激しく変化させるため、オオサンショウオは巣穴を放棄したり、繁殖穴で卵が干上がってしまうこともあります。産卵や成育に多様な環境が必要なオオサンショウオは、河川の分断化、人間による河川の人工改変などにより、その生存が脅かされています。

(3) 水生昆虫

河川には多様な水生昆虫が生息しています。川に棲む多くの魚や水鳥は水生昆虫を餌としており、水生昆虫は河川生態系において重要な役割を担っています。カゲロウ、カワゲラ、トビゲラなどの代表的な水生昆虫は、エラ呼吸が可能な流れのある環境でないと生息できません。川に流れがあると、大気中の酸素が川の中に容易に溶け込み、川底の石の下や礫に潜って生活している水生昆虫に酸素が供給されます。また、流れにより運ばれる豊かな餌は、水生昆虫の成長を促します。河畔林から供給される落ち葉や枯葉は、水生昆虫の餌、隠れ場、産卵場所として重要な役割を担っています。また、川に棲む多様な水生昆虫は、それぞれ異なる多様な河川環境を上手に棲み分けて生活しています。

自然な川は、川の流れにより絶えず曲がり蛇行しており、直線部分はほとんどありません。この川の曲がりは川岸を削り、深く流れの澱んだ淵、流れの速く波立った浅い早瀬などの多様な河川環境を形成しています。このような流れと曲がりのある川は、多様な環境に適応した多様な水生昆虫を養うことができるのです。

水生昆虫は、日本では古くから河川の水質を知るためのバロメーターとして用いられてきました。しかし、最近では、水質だけでなく、河川の健康度や保全度を示す総合的な指標としても用いられています。河川の各地点に棲む水生昆虫の種類数、種組成、汚濁に対する耐性、生活様式などの特性をパラメータとして用いることにより、河川の健康度、河川への人為的な影響の大きさなどを総合的に評価することができます。

その一つが、IBI（Index of Biological Integrity：生物保全度指数）を用いて都市の河川の健康度や保全度を数値で定量的に示す評価方法です[3),4)]。**図2-4**は、東京都の主要河川の健康状態をIBIにより評価し、その健康状態を5段階で示したものです。同じ河川では上流ほど健康度が高く、下流に行くほど低くなっています。このことは、河川に及ぼす人為的な影響が増すほど、河川の健康度は低下することを物語っています。

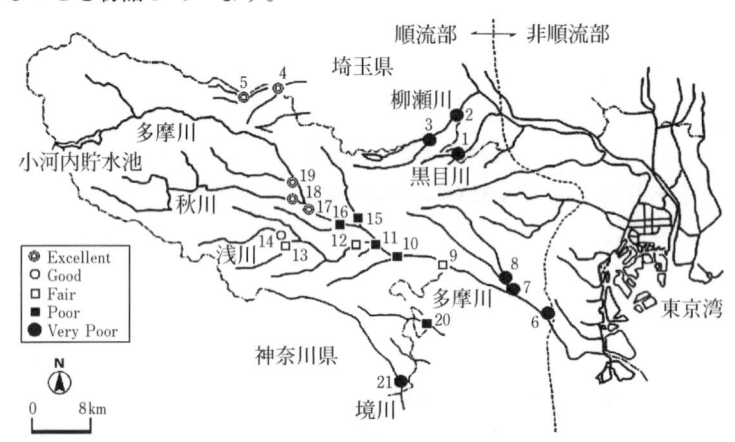

図2-4　IBIによる東京都の主要河川の健康度の評価

IBIは、森林などの自然的な土地利用率が高いほど大きな値を示します。逆に、工業・商業用地、宅地、舗装道路などの面積を合計した人工的な土地利用率が高いと小さな値になります（**図2-5**）。このことは、水生昆虫が河川の健康度や水質を知るためのバロメーターとなることを示しています。また、多様な水生昆虫の成育を可能にするには、成育地周辺の陸地が自然豊かで健全な状態に保たれていることが必要なことも示唆しています。

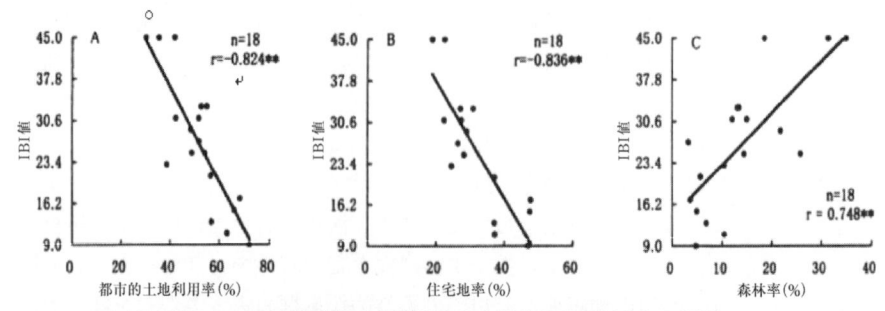

図2-5　IBIと都市的土地利用率と自然的土地利用率との関係
水生生物を採取した河川地点の上流半径5kmの半円内の土地利用率とIBIの関係を示している。

2-1-3 動植物と共生できる都市河川を取り戻そう

　動植物の視点に立って川を眺めてみると、現在の河川の姿は本来の河川とは異なる姿に変えられていることがわかります。私たち人間は、河川の氾濫・洪水・土砂崩れなどの災害から身を守るために、河川の持つ自然を奪ってきました。また、飲み水・農業・工業に用いるために、多くの水を河川から奪ってきました。その結果、本来の河川の姿や健全な働きが失われつつあります。このような人間による所作の反省に立って、1997年には河川法が改正され、河川の利水と治水に加え、河川環境の整備とその保全が法律に盛り込まれることになりました。これからは、治水・利水・河川環境の保全の三つをバランスさせた河川環境の考え方や河川管理手法が鍵を握る時代になります。これまで配慮されてこなかった「豊かな生物の賑わいを河川に取り戻すこと」を最優先に考えることが求められているのです。

(1) 生物を育む河川の条件

　豊かな生物が生存する上で欠かすことができない要件を考えてみることにしましょう。

　第1に、河川で生物が生存するためには、川が流れていることが必要です。ダム湖における渇水対策や洪水防止のための貯水、飲み水や工業用水のための取水などにより、水が全くなくなってしまった河川もあります。河川から水がなくなれば、多くの魚類や水生生物は生存できずに姿を消してしまいます。これらの河川には、川の流れを取り戻すことがまず必要です。

　多摩川には7つの下水処理場がありますが、現在では下水処理水を再生水として多摩川に戻すことにより水量の確保を図っています。多摩川の中流域では再生水は全水量の50％を占めています。水量の増加は河川の曲がりの形にも、都市河川の景観上にもプラスの効果があります。しかし、下水処理場直下の再生水は水温が高く、イオン量も多いことから、珪藻や水生昆虫にはマイナスの効果を与えてしまいます。このため、再生水のさらなる高度処理対策の必要性が指摘されています。

　第2に、複雑な川の流れがあることが生き物の生存には極めて重要です。複雑な流れは、瀬や淵、砂礫堆、中洲、三ケ月湖、ワンドなどを形成し、多様な生物にその生息場所・隠れ場・餌場を提供します。現在、「多自然型川づくり」が全国で行われており、河川の景観、生物の生息空間も改善されつつあります。

　図2-6は、東京都の落合川の「多自然型川づくり」により河川改修が行われた地点（地点1、2）とその上流の河川改修が行われていない地点（地点3）を示

しています。これらの3地点において、水生昆虫を生物指標に用いたIBI値による環境評価を行ってみました。IBI値は河川の上流域の方が高いのが普通ですが、落合川では河川改修を行っていない上流の地点3のIBI値は45点満点中13点であったのに対し、その下流の河川改修を行った地点2は17点、地点1では19点といずれも地点3よりも高い値を示しました。このことから、落合川における「多自然型川づくり」は、景観の改善、親水空間の創出以外に、河川の保全度を高め豊かな水生昆虫の生息空間を創出する上でも効果があったといえます。

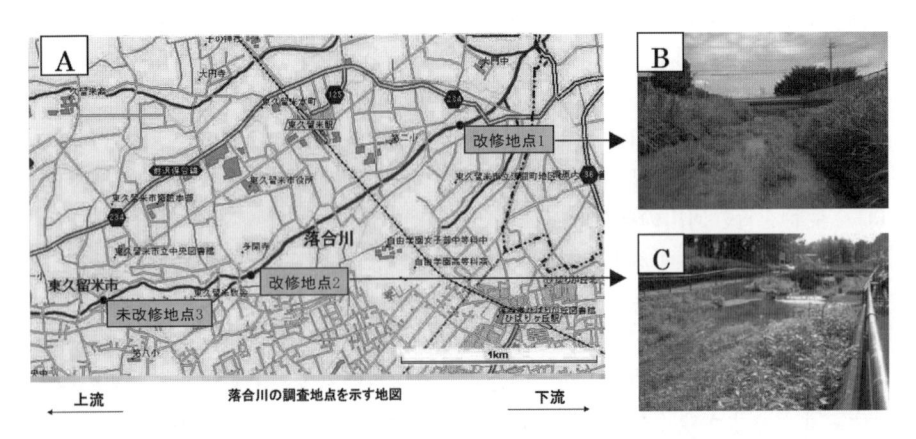

図2-6 IBIを用いた多自然型河川改修の評価：東京都落合川における「多自然型川づくり」の生物指標（IBI）による評価例
A：落合川の多自然型川づくりの改修地点（地点1、地点2）とその上流部の未改修地点（地点3）調査地点
B：改修地点1の景観
C：改修地点2の景観

　第3に、河川の流れが曲がっていることが必要です。複雑な川の流れや、各々の河川に特有な景観は、河川に曲がりがあることにより形成されてきました。治水のためだけを考えた直線的な河川は、水路としての機能しか持たず、河川とは呼べないと言えます。
　第4に、河川には湧き水の湧出箇所が至るところに存在することが必要です。湧き水は汚れがなく、一年中一定の温度を保っているため、魚類の産卵場所、水生昆虫の生息場所として欠かすことのできない場所です。三面コンクリートの護岸は、川底の湧き水を止めてしまいます。また、大規模な護岸工事は地下水脈も分断し、湧き水の減少を引き起こしてしまいます。
　第5に、河川には水が流れているところ（河道）だけでなく、河道の周囲に河畔林が成立していることが必要です。多くの水生昆虫は、河畔林から供給される

落ち葉を餌としています。落ち葉は水生昆虫や甲殻類の住み処・隠れ場・産卵場所ともなっているのです。また、落ち葉が分解されることによって形成される栄養塩類は、降雨を通じて河川に流れ込みます。栄養塩は河川に生息する植物プランクトンや植物に吸収され、やがて動物プランクトン、水生昆虫、そして魚類を育むことになるのです。

(2) 新しい河川管理の方法

これからは、人間によって河川本来の姿（構造）と働き（機能）を奪われた河川環境に、人間、動植物、そして自然のための豊かな賑わいを取り戻すことが必要になります。そのためには、自然の保全と治水・利水とをバランスさせることが重要なテーマになります。具体的には以下のような方針に基づいて、新たな河川の管理や保全策を講ずることが求められます。

① 流域単位で河川の保全や管理を考える。
② 河川法、環境アセスメント制度の改定の趣旨を反映し、流域住民の意見を取り入れた河川計画、河川管理を行う。
③ 多様な生物の生存を可能にする河川管理を考える。
④ コリドー（回廊）としての河川の機能を取り戻す。河川と河川沿いの森林は一体として保全する。
⑤ 「川は溢れるもの」を前提にした河川管理、安全対策を積極的に推進する。
⑥ 洪水や増水が生じやすい氾濫原や危険地域にはおいては、住宅を含めた人間の利用をなるべく抑制する。
⑦ 河川流量の増加や小規模な洪水による被害を補償する制度を確立する。
⑧ 河川流量の自然な変化によって複雑な河川景観を維持する。
⑨ 150年に一度の洪水を想定した直線的な護岸工事・大型ダム・砂防ダムのあり方を再検討する。
⑩ 河川敷はすべて人間のために利用するのではなく、一部は動植物の生存のために残しておく。
⑪ 自然環境が大幅に失われた河川では、その復元を行う。
⑫ 生物の移動を妨げない緩やかな落差工や魚道を設置した堰を建設する。

(3) 鶴見川の事例

東京都と横浜市を流れる鶴見川では、行政・市民のパートナーシップによる流域管理計画が策定されました。計画の第一段階として、**図2-7**に示すような8つの課題が抽出されました。さらに、これらの課題の解決に向けて、以下の5つの施策が重点的に取り上げられました。①自然環境に関する施策、②水辺・ふれあ

いのための施策、③洪水時の施策、④平常時の施策、⑤震災・災害時の施策です。この8つの課題と5つの施策に基づき、2004年に「鶴見川流域水マスタープラン」が策定されました（図2-8）。

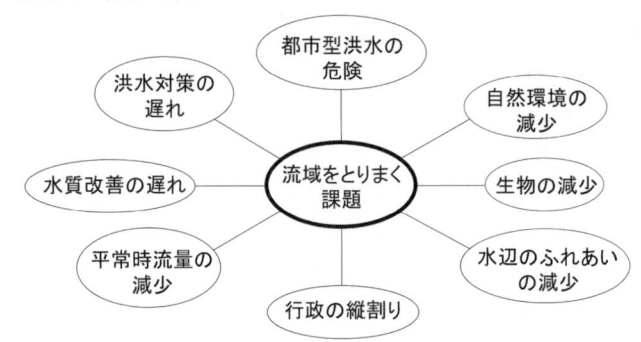

```
               都市型洪水の
                 危険
    洪水対策の            自然環境の
     遅れ                  減少
 水質改善の遅れ ― 流域をとりまく ― 生物の減少
                  課題
    平常時流量の            水辺のふれあい
      減少                    の減少
              行政の縦割り
```

図2-7　鶴見川流域の水管理計画において抽出された流域の抱える課題

水マスタープラン策定のプロセス

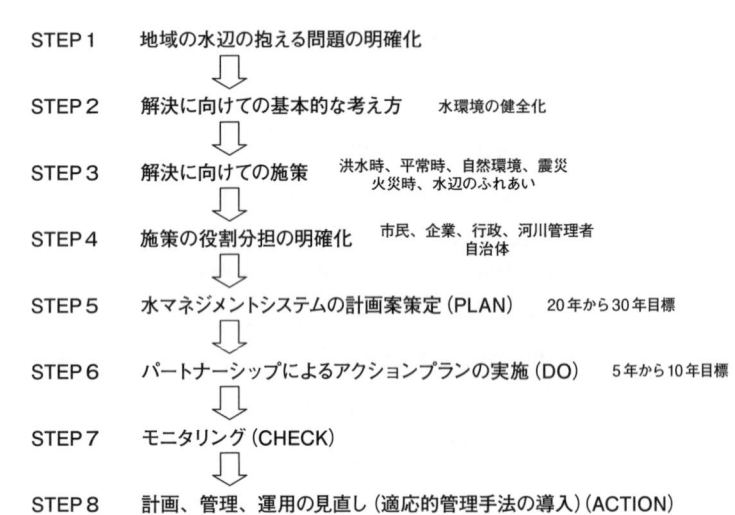

STEP 1　地域の水辺の抱える問題の明確化
⇩
STEP 2　解決に向けての基本的な考え方　　水環境の健全化
⇩
STEP 3　解決に向けての施策　　洪水時、平常時、自然環境、震災火災時、水辺のふれあい
⇩
STEP 4　施策の役割分担の明確化　　市民、企業、行政、河川管理者　自治体
⇩
STEP 5　水マネジメントシステムの計画案策定（PLAN）　20年から30年目標
⇩
STEP 6　パートナーシップによるアクションプランの実施（DO）　5年から10年目標
⇩
STEP 7　モニタリング（CHECK）
⇩
STEP 8　計画、管理、運用の見直し（適応的管理手法の導入）（ACTION）

図2-8　鶴見川流域のパートナーシップによる水マスタープランの策定プロセス

　現在、このマスタープランに基づいたアクションプランが協議されており、実施に移される予定です。これらの方策を実行し、生物と治水・利水をバランスさせる知恵を出し合うことは、本来の河川の姿を取り戻し、そこに棲む豊かな生き物を、未来世代に引き継ぐ私たちの責務を果たすことにもなるでしょう。

（小堀洋美）

2-2 人間にとっての水

2-2-1 現代都市における水利用・循環システム
(1) 現在の水供給・処理システム

　現在、都市への水供給・処理システムは、ほぼ図2-9のようになっています。上流の河川や湖沼などで取水された水は、浄水場において濁りを取り除いたり、消毒をしたりして、飲料水としてふさわしい水に変えられます。さらに、地中の管路によって都市まで運ばれ、ビルや家庭に配られます。飲料水のほか、炊事用水、トイレ用水、風呂用水として使われた水は、やはり地中に埋められた下水道により集められ、下水処理場によって適切なレベルまで処理された後に、河川あるいは海域などに放流されます。都市で利用される大量な水を輸送し排出する下水道は、地中にあって人の目に触れることはありません。

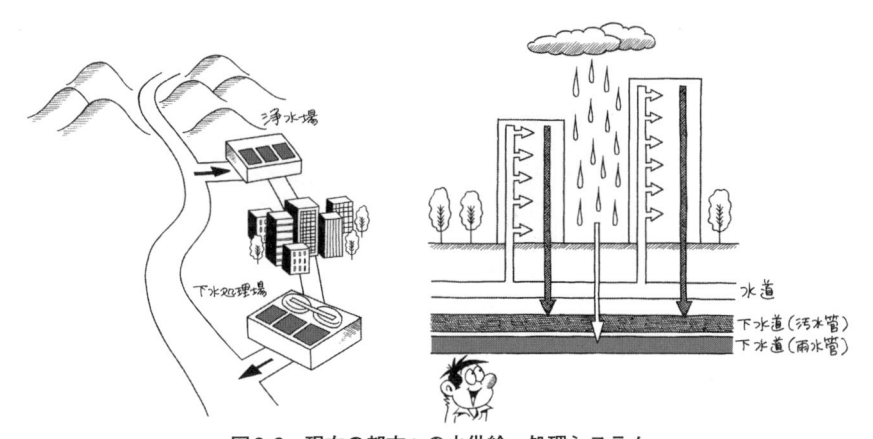

図2-9　現在の都市への水供給・処理システム

　これらの水の流れをもう少し詳しく見てみましょう。写真2-3は、水の流れの順を追って、写真で示したものです。ダムで貯められた水は、河川で取水されるまでは自然な流れとして生き物の棲みかとなり、人々の目に触れてレクリエーションに利用されたりします。水道原水として取水された後は、浄水場において人工的な水面として一瞬現れますが、すぐに再び地下に潜ります。水道水として、家庭やオフィスの蛇口で人々に利用された後、今度は下水管の中を延々と流れ、下水処理場において再度、瞬間的に地上に出た後、河川などに放流されて、やっと自然な水面に戻ることができます。取水より放流までの間、基本的に水の流れは人の目に触れることはないことがおわかりいただけたでしょうか。

44　II　自然の流れを読む

ダム → 取水堰
管路 → 浄水場
家庭 → 下水道
下水処理場 → 放流

写真2-3　取水から放流までの水の流れ

(2) 下水処理水の利用

　以上のような一過性の水の流れだけでは、水資源の有効利用あるいは都市における潤いのある水環境の創造という点では限界があります。そこで、一度使った下水処理水を再利用しようという試みが多くなされています。以下では、これらの試みの例を紹介します。

(a) 下水処理水を環境用水として利用する……玉川上水への下水処理水の導水による清流復活事業（図2-10）

　玉川上水は、1654年、江戸市中へ飲料水を供給するために玉川兄弟によってつくられた上水路であり、新宿の淀橋浄水場が閉鎖された後は空水路となっていました（**写真2-4**）。そこで、上流に設置されていた下水処理場である多摩川上流処理場において、処理水の一部（1日約13,000 m^3）を高度に処理し、これを玉川上水に放流することにしました。歴史的な水路を下水処理水によって復活させた例として評価できます。

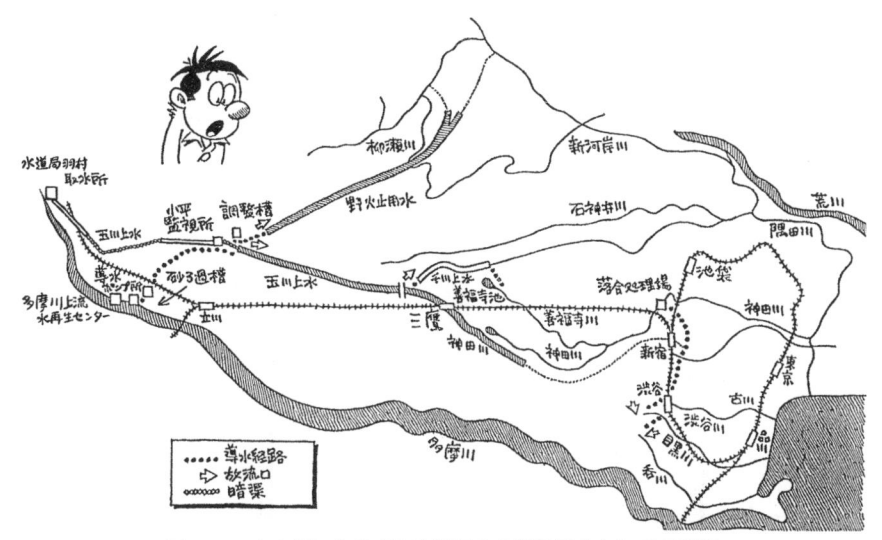

図2-10　東京都における下水処理水の環境用水としての利用

写真2-4　下水処理水により復活した玉川上水（東京都ホームページより）

(b)　下水処理水を雑用水として再利用……新宿副都心における再生水供給事業

　東京都の新宿副都心ビル群におけるトイレのフラッシュ用水は、水道水ではなく下水処理水が用いられています（**図2-11**）。近くにある落合下水処理場において、砂ろ過などにより通常の処理よりも高度に処理した水をいったん新宿にある水リサイクルセンターまで運び、そこから各ビルに供給するようになっています。

(c)　ビル中水道による排水再利用

　新宿副都心のように、ある地域でまとめて下水処理水を再利用する例のほかに、

個別のビル内において水を循環利用する例も東京や福岡などの大都市に多く見られます。**写真2-5**は、ビルの地下に設置されている水再利用施設の一例です。主に厨房などから出る排水を、微細なフィルター（膜）を通して濁りなどを除去した後、再びトイレのフラッシュ用水として循環利用するものです。これにより、ビルにおける水使用量の削減を図ることができ、水資源の有効利用に貢献することができます。

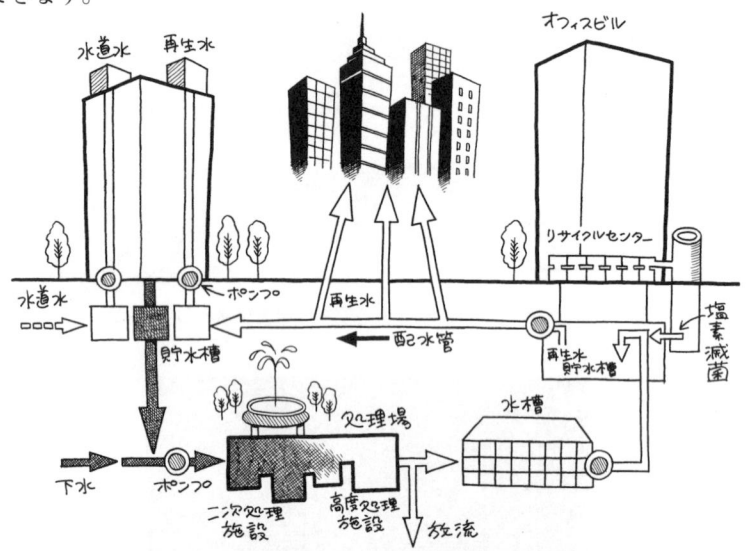

図2-11　新宿副都心における下水処理水利用の例

写真2-5　ビルの地下に設置の水再利用施設

(d) 下水処理水を含む都市河川水を水道用原水として利用……阪神水道企業団新尼崎浄水場における高度浄水処理による淀川表流水の処理システム

　大都市においては、上流からの生活雑排水や下水処理水の混入により、主水源である河川水質が悪化しています。これに対応するために、浄水場においてオゾン処理、活性炭処理などを組み合わせた高度な浄水処理を導入する例が増えています。この高度浄水処理は、単に浄水を高度化するというだけではなく、下水あるいは下水処理水を含む都市河川を積極的に水源として利用しようとするもので、水循環の視点から評価することができます。

　阪神地区では、水源を主に淀川に求めていますが、淀川上流の京都市などからの生活雑排水により水源の汚染が進んでいます。阪神地区の用水を供給している阪神水道企業団では、淀川大堰より取水した水を、オゾン処理をはじめとする高度な処理システムを導入することにより処理し、異臭味のない水を供給しています（**写真2-6**）。

(a) 淀川大橋（取水）　　(b) 傾斜板沈殿池　　(c) 純酸素オゾン発生装置

写真2-6　尼崎浄水場を巡る施設

2-2-2　水の流れる自然共生都市を創ろう
(1)　水の流れが見える都市

　図2-12は、「水の流れが見えない都市」から「水の流れが見える都市」への変化の概念を示した図です。現代の都市（左の図）では、水の流れが見えない構造となっており、人々は水がどこから来てどこへ行くのかを日常生活においてほとんど意識することがありません。また、都市空間から水面が失われ、潤いの乏しい生活を余儀なくされています。これに対し、自然共生都市（右の図）では、水の流れを積極的に見えるようにすることで、都市を水辺豊かな空間とすることを目指しています。

　写真2-7は、札幌市内を流れる創成川を、上空から眺めた写真ですが、大都市における水面空間が、都市に潤いを与えている好例です。**図2-13**に示すように、

水辺空間があれば、釣りや水浴などのレクリエーションを都市空間の中で楽しむことができるだけでなく、昆虫などの生物を都市に呼び戻すことができます。

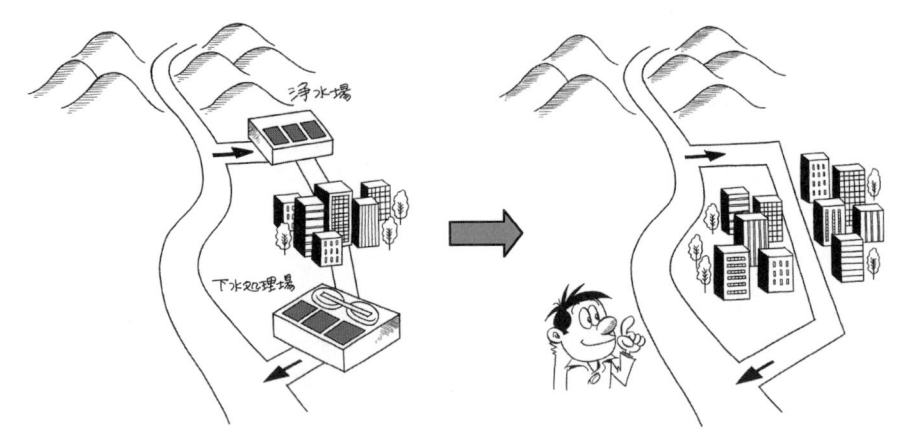

図2-12 水の流れが見えない都市から水の流れが見える都市へ

写真2-7 札幌市中心部を流れる創成川（道路中央の樹林帯の中を流れている）

(2) 高度処理システム

　しかしながら、大都市において図2-13のような空間を創造するには、技術的に大きな課題が残されています。一つは、浄水処理あるいは排水処理施設を小型で分散化させるとともに、水質問題を発生させないだけの高度な処理を達成しな

ければならないということです。もう一つは、雨水や地下水を積極的に利用し、自然システムを有効に活用して、人工システムを補完することです。

高度処理システムの例として、海水淡水化施設の例を**写真2-8**に示します。海水淡水化に用いられる逆浸透膜は、海水中のイオンも除去することができ、これを用いれば水中の汚濁物質はそのほとんどが除去可能になります。コストの問題、使用エネルギー量の問題は残りますが、都市における超高度な水処理技術の選択肢として考慮してもよいと考えられます。

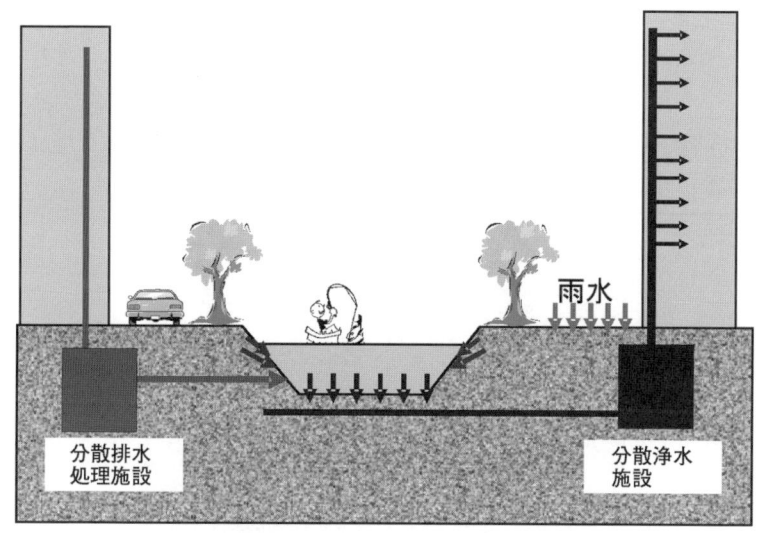

図2-13 水の流れる自然共生都市

写真2-8 福岡市において建設中の海水淡水化施設（逆浸透膜モジュール）

(3) 自然システムの有効利用

自然システムの有効活用の例として、宮古島における地下ダム建設があります。宮古島は地層の浸透性が高い石灰質である上に、不透水層がお椀状になっており、地下ダム建設に有効な条件がそろっていました。**写真2-9**は、地下ダムの位置を示すものですが、地下ダムに湛えられた水は揚水し農業用水として有効に活用されています。

都市空間における水路網が有効に活用されている例として、岐阜県郡上八幡の例があります（**写真2-10**）。郡上八幡では、その豊富な水を町の隅々まで張り巡らされた水路網を通じて各戸に供給し、住民は一定のルールに従ってこれを生活用水として利用するシステムを完成させていました。現在では上水道が整備され、その実質的な意味は薄れていますが、生活用水供給と水辺空間創造を融合させた例として参考になる事例です。

写真2-9　宮古島における地下ダム

写真2-10　郡上八幡において張り巡らされた水路網

2-2-3 自然共生水空間の創造と用水供給・排水処理の融合

東京のような大都市において、水が通う自然共生空間を創造するには、残された都市河川の水面を最大限に活かすとともに、積極的にオープン水面を建設し、地下に潜っている用水供給・排水処理系を地表に呼び戻すハード的な技術が求められます。それと同時に、地下水などの自然システムを有効に利用するとともに、用水・排水の超高度処理のためのハイ・テクノロジーの活用が不可欠であることも強調されるべきでしょう。

（長岡　裕）

参考文献
1) 小堀洋美：多摩川の絶滅危惧植物の回復を目指した復元生態学的手法の開発、とうきゅう環境浄化財団研究助成報告書、Vol.30, No.224, pp.1-57、2001
2) 環境庁（編）：改訂 日本の絶滅のおそれのある野生生物　植物Ⅰ、自然環境研究センター、2000
3) 小堀洋美：IBI（Index of Biological Integrity：生物保全指数）に基づく東京都の主要河川の類型化とその特徴、武蔵工業大学環境情報学部紀要、Vol.3, pp.82-93、2001
4) 小堀洋美、福田憲博、厳網林、加茂剛：底生生物を生物指標に用いたIBIによる東京都の主要河川の環境評価、人間と自然（日本環境学会学会誌）、Vol.28, No.2、pp.63-73、2002
5) 国土交通省土地・水資源局水資源部：平成17年度版 日本の水資源、2005
6) 国土交通省都市・地域整備局下水道部、国土技術総合政策総合研究所：下水処理水の再利用水質基準等マニュアル、2005
7) 長岡　裕：水循環型社会の到来と膜技術の展開、水環境学会誌、第29巻 第7号、2006
8) 長岡　裕：排水の高度処理と循環利用、資源環境対策、Vol.40, No.15、2004

3章　空気の流れ

意識するしないにかかわらず、私たちはいつも空気に包まれています。そうはいっても、空気はただあればよいというものではありません。私たちにとっても、動植物にとっても、空気はいつも循環し続けて新鮮なものであることが必要です。特に、新鮮な空気を創り出す上で植物の役目は重要です。しかし都市は灰色の建物で埋め尽くされ、緑の空間は極めて貧弱になっています。都市では、建物の中でも外でも空気が澱んでいます。豊かな「空気の流れ」を都市に呼び戻す方策はないものでしょうか。

3-1 動植物にとっての空気

3-1-1 日本を取り巻く空気の流れ

　わが国は南北に細長いため、気温の変化が大きく、また降水量も多いことから、世界でも類を見ないほど緑が豊かです。さらに、北から南まで途切れることのない連続した森林地帯を形成する国土を有しています。一年で太陽高度が最も高い夏至の頃、わが国は梅雨真っ盛りです。そのもととなる梅雨前線は、チベット高原やヒマラヤ山脈にぶつかった湿り気の多いモンスーンが、南下してきた偏西風との間に不連続線を形成し、これが東進してきたものです。夏から秋にかけて水が不足しがちな季節は、南から猛烈な風をともなった台風が多量の雨をもたらします。さらに、冬になるとシベリア寒気団により日本海を中心に多量の雪が降ります。このように、わが国は、西から南から、そして北からの大気の流れが豊かな風土と文化を育てているのです。ここでは、空気の流れ、すなわち、風が植物や緑とどのように関係しているのか、また植物や動物がどのように風を利用しているのかを見た上で、このような自然界における営みのなかで、都市において風とうまくつきあう方法を考えてみたいと思います。

3-1-2 植物と風
(1) 植物のガス交換

　図3-1に示すように、植物は太陽エネルギーを使って、根から吸収した水と葉の気孔を通して取り入れた二酸化炭素から有機物を生産し、その副産物として酸素を放出しています。一方、酸素を使って体内の有機物を分解してエネルギーを獲得し、その結果として二酸化炭素を排出する呼吸を行っています。このような二酸化炭素や酸素や水蒸気などのガスの出入りは、主に葉の表皮組織にある気孔を通して行われています。これをガス交換といいます。ガス交換がうまくできないと、光合成に必要な二酸化炭素濃度が不足するなどの理由で植物はうまく育つことができません。ガス交換に大きな影響を及ぼす環境要素の一つが風（空気の流れ）です。

　図3-2のように、葉面の表皮組織にある一対の孔辺細胞内が水によって膨潤すると気孔が開きます。この時、光合成のための二酸化炭素の体内への取り込みと、体内から大気中に水分が逃げていく蒸散作用が同時に起こります。一方、孔辺細胞内の水が減少すると気孔が閉じますが、そうなると光合成に必要な二酸化炭素を体内に取り入れることも、呼吸のための酸素を体内に取り込むこともできなく

なります。本来、植物は細胞内に適当な水分が保持されることで健全な生命活動が営まれているので、体内から必要以上の水分が失われることは致命傷なのです。植物は大きなジレンマのなかで生きているといえます。

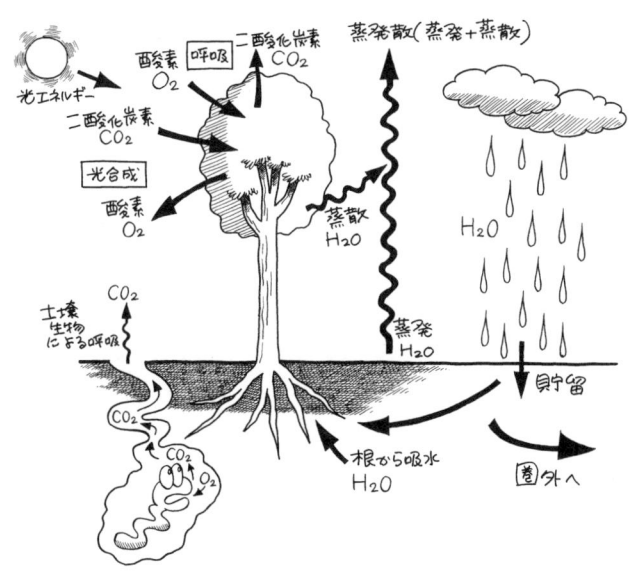

図3-1　植物体における水とガスの動き

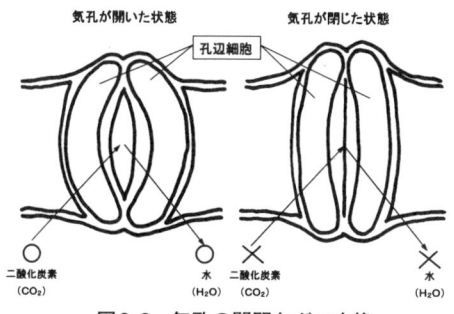

図3-2　気孔の開閉とガス交換

(2) 葉の周りの流れ

　光合成や蒸散などの現象が営まれている葉の周りの微細な物理環境にとって、風速や風の乱れは重要です。植物周囲の空気が澱んでいれば、昼間でも光合成と蒸散は極端に抑えられ、植物は正常に生長することができなくなります。空気の流れがないと、葉面のごく近傍の二酸化炭素濃度が低くなっても補給されないからです。

葉の表面では風と葉との摩擦によって風が弱くなる層ができます。これを「葉面境界層」と呼んでいます（**図3-3**）。その厚さはせいぜい数mmなのに、それがガス交換の際に抵抗となり、結果として光合成や蒸散に対して大きな影響を及ぼします。この葉面境界層の厚さは風速に左右されます。風速が大きいと、葉面境界層は薄くなってガス交換が容易となりますが、逆に小さくなると厚くなり、ガス交換がうまくできなくなります。私たちの主食である米が水田で豊かに実るには、二酸化炭素が水田全体に均等に行き渡ることと、適度な風と稲穂の揺れにともなう乱流の発生とが必要です。

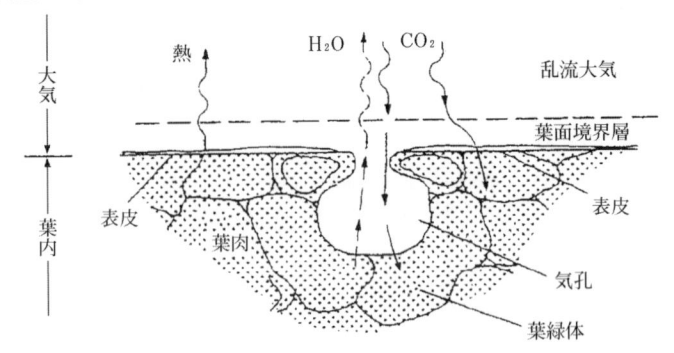

図3-3　気孔と葉面境界層（矢吹、1990）

(3)　植物の風通し

都市は全体として大きなアトリウムを形成し、外気を遮断する傾向が強く、風が流れにくくなっています。風速が1m/s程度あれば、植物の光合成や蒸散を促進する働きがあります。屋内で植物を健全に育てるには、光だけでなく風に対する配慮がとても大切です。

植物の周囲における風通しの良さは、菌類の発生や繁殖を抑えるなど、植物の病気の発生予防にも有効です。さらに、風は葉を振動させ、その結果として光が植物個体の下方まで透過するので、下方の葉が受ける光量を増大させる効果もあります。

3-1-3　都市に緑が必要なわけ
(1)　熱環境の改善

これまで植物の光合成や蒸散と風の関係を述べてきましたが、このような植物体からの蒸散作用や緑陰効果などによって、私たち人間は「熱環境改善」というすばらしい恩恵を受けています。林冠が閉鎖した森林内を通り過ぎてきた風は適

度な湿度と涼しさを感じさせます。これは、気孔を通して水分が放出されるとき、潜熱として気化熱を奪っていくために、葉の表面の温度上昇が抑制されることや、蒸散によって空気中の湿度が上昇すること、そして緑葉の下では日射が遮られるため温度の上昇が抑えられることが原因です。

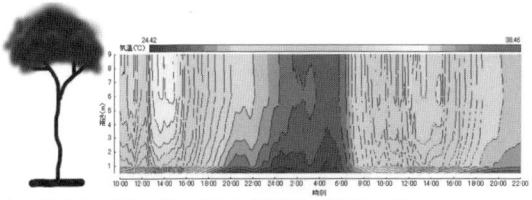

(a)　樹林内の温度の鉛直分布と時間変化（2005年8月5・6日）

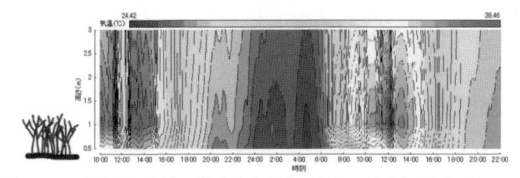

(b)　ススキ草地の温度の鉛直分布と時間変化（2005年8月5・6日）

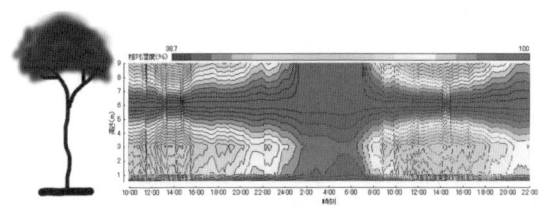

(c)　樹林内の相対湿度の鉛直分布と時間変化（2005年8月5・6日）

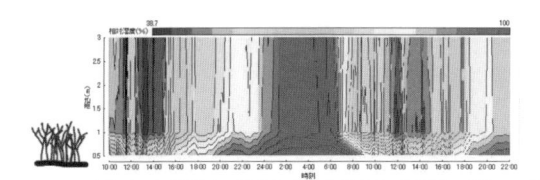

(d)　ススキ草地の相対湿度の鉛直分布と時間変化（2005年8月5・6日）

図3-4　樹林内と草地の温度・湿度分布（東京都市大学吉﨑研究室所蔵データより）

　都市内に残存する樹林と隣接する草地での温度と相対湿度の鉛直分布とその時間変化を調べてみると、真夏の晴れた日の昼間の温度は背丈の低い草地では高く、樹林内では温度の上昇が抑えられています。また、昼間の相対湿度は草地に比べて樹林内の葉群層の直下で最も高くなっています（図3-4）。樹林の内外における温度や湿度の違いは、そこに緩やかな空気の流れ（風）をつくり出します。こ

れは、木陰をつくり涼しさをつくりながらの空気の流れであるところに大きな特徴があります。その効果は、緑の空間密度が高く、蒸発散量が多く、そして樹冠が広い面積を占める公園緑地などで大きくなります。都市内にある面積の広い緑地は、大きな空気の流れの中で、砂漠のオアシスのように熱や湿度を調節する働きをしています。

(2) 緑被による砂塵の防止

図3-5に示すように、地表面の風は一般に地面近くでは遅く、高くなるほど速くなります。これは、空気が粘性をもっていて、地表面との間で摩擦が生じるためです。したがって、摩擦の小さな滑らかな表面では風は強く吹き、凹凸が激しく摩擦が大きい表面では風は弱くなるという性質があります。同じ高さではあっても、海岸部よりもビルなどで凹凸の激しい都市の方が風は弱くなります。しかし、都市の内部ではビルが煙突効果の原因となって突風が吹く場合があり、特に高層ビルを建てる場合は風の流れへの配慮が重要です。

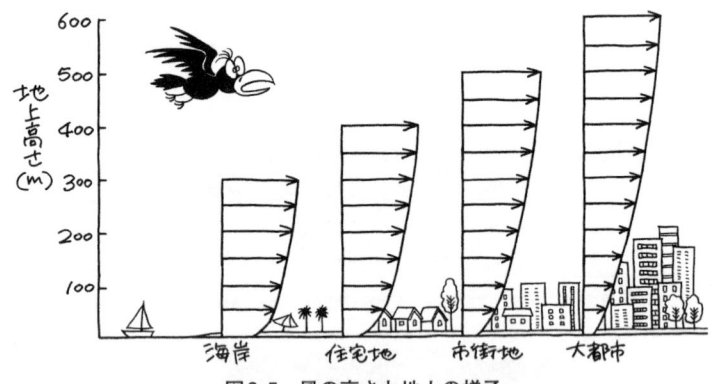

図3-5 風の高さと地上の様子

都市では、土の面がむき出しになっていると、強風時に砂塵が舞い上がり、洗濯物や窓ガラスを汚したり、コンタクトレンズの人は涙が止まらなくなったりして大変です。そのため、都市にある学校の校庭の多くは舗装されています。これでは、子供たちは校庭で何かを発見する喜びも得られないし、けがが怖くて思い切ったこともできなくなります。

飛散する土粒子の多くは、風速が4〜5m/sになると動き始め、地表面を転動するかジャンプしながら移動します。樹林などで風速を弱め、地表面を芝生などで被覆すれば、砂塵の発生や移動はほとんど抑制できます。このような緑の造成による風の制御は砂塵の発生防止になるだけでなく、子供たちの活動の場として

の安全性を確保することにも繋がるでしょう。子供たちが野球やサッカーを楽しみながら、校庭で思う存分遊べたらすばらしいと思いませんか。芝生でも原っぱでもよいと思います。けがもしないし、小動物の生息空間も確保できるのではないでしょうか。実は、この問題は文部科学省でも議論が始まっており、全国の小中学校の200校以上で運動場の芝生化に取り組んでいます。

3-1-4 動植物による風の利用

　植物は子孫を残すために繁殖にかかわる様々な戦略を持っています。ここでは、毎年春先になると多くの都市の住民を悩ませるスギ花粉と、都会のわずかの土地にたくましく生き続けるタンポポを取り上げることにします。動物に関しては、風に乗って地球スケールで移動する渡り鳥を取り上げます。

(1) スギ花粉

　花粉が風によって運ばれる風媒花の花粉は小さく、乾いていて飛びやすいという特徴があります。また、一般に風媒花の花粉の生産量は極めて多いことが知られています。風媒花の一例として、最近すっかり嫌われ者になってしまったスギ花粉があります。その大きさは30μm（ミクロン：1mmの1/1000）なので肉眼では見えません（図3-6）。スギは3～4月頃に開花しますが、花粉がたくさん飛ぶ条件は、暖かい日が2～3日続いた後の晴天で風が吹く日です。風で枝が揺れることが引き金となって、花粉の入った袋がいっぺんにはじけて花粉が飛び出します。風による受粉は確率が低いために、植物は大量の花粉を生産して放出するという戦略をとります。花粉は小さいので風に乗りやすく、飛散距離は数十kmから100kmに及ぶといわれています。

　わが国の国土の2/3を占める森林の4割は人工の植林地からなり、その44%（約450万ha）がスギの植林地です。この面積は国土のなんと12%にも及びます。都市の中にはそんなに多くのスギがあるとは思えな

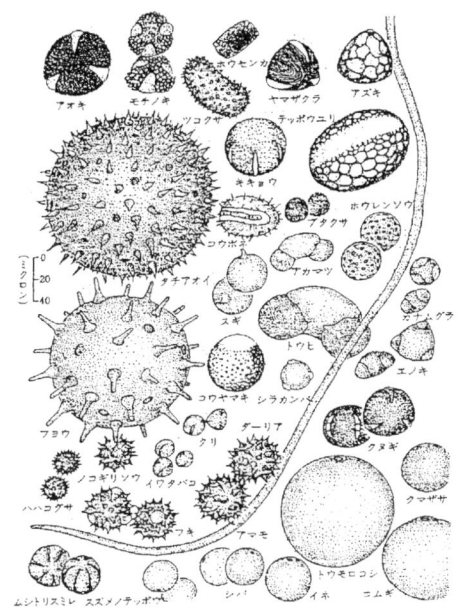

図3-6　色々な花粉の大きさ（岩波・山田、1984）

いのに鼻がクシュクシュするのは、都市周辺の至るところにスギがあり、これらの花粉が風に乗って都市部へ飛んでくるためです（もちろん他の色々な要因もありますが）。最近は花粉症の人が増えて春を嫌う人が多くなりました。花粉を飛ばすことは、スギにとって子孫を残すための必死の生き残り戦略なのです。

ちなみに、スギの苗は健康な母樹から採取した種子からの実生、または挿し木によって生産されてきたので、その子供たちは多くの花粉を付ける性質を引き継いでいるはずです。花粉を減らす近道は、東京都のように数十年をかけて花粉を付けにくい品種に置き換えていくか、スギでなくても良い場所には本来の植生を回復させていくなど、積極的な森林の育成管理をすることです。

(2) タンポポ

種子の散布様式の一つに風散布型があります。ここでは、その代表格としてタンポポを取り上げます。タンポポには、日本在来のものと外国から移入してきた種類があります。関東地方では前者の代表はカントウタンポポ、後者の代表はセイヨウタンポポと呼ばれています。タンポポには「冠毛」と呼ばれるものが種子にくっついていて、風まかせの旅をすることで分布を広げています。都市では帰化植物であるセイヨウタンポポが在来種を駆逐し広がっています。セイヨウタンポポは在来種に比べ年間を通して種子を生産でき、また種子の発芽率が高いことが主な理由です。さらに、果実が軽いわりに1果実当たりの冠毛数が多く、落下速度が遅くなることも理由のようです。落下速度が遅いことは、風によって遠くへ飛ばされることになるので、散布能力に優れているといえます。タンポポのように軽くて落下速度の遅い種類としてはヤナギ科の植物も挙げられます。

風散布型種子の移動距離は、種子の付着位置の高さを落下速度でわって落下時間を求め、それに風速をかけることにより算定できます。このように、風速は移動距離に影響を及ぼす重要な要因の一つです。風の強い時期に種子散布を行うことや、植物体の中でも強い風を受ける高さに種子を付けたりするのは、風環境への適応と考えられます。

風散布型の植物の多くは、風をうまく利用しながら受粉をしたり種子を散布させたりします（図3-7）。空地や河原などの広い開放的な場所に最初に侵入するのは風散布型の植物です。森林を切り開き街ができたとき、あるいは都市の再開発で空地ができたとき、最初に侵入し繁茂する種の多くはやはり風散布型の植物たちです。しかし、遷移によって植生が豊かになり植生内の風通しが悪くなると、これらの植物の多くは徐々に減少し、鳥散布型の種へと変化していくことが知られています。

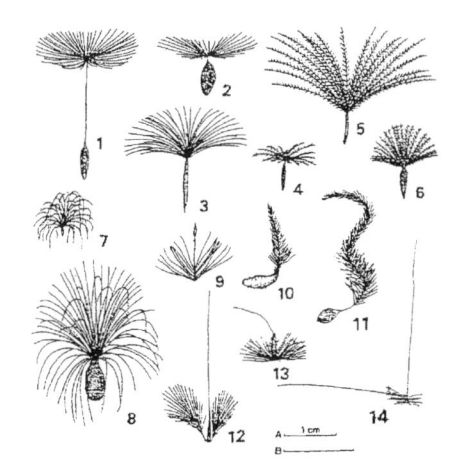

1. シロバナタンポポ，2. アキノノゲシ，3. センボンヤリ，4. コウゾリナ，5. マアザミ，6. キッコウハグマ，7. アカバナ，8. イヨカズラ，9. ガマ，10. ボタンヅル，11. オオクサボタン，12. メリケンカルカヤ，13. ススキ，14. キツネガヤ（スケールA：6,8，B：1～5,7,9～14）

図3-7　冠毛や羽毛を持つ風散布体（中西、1984）

(3) 渡り鳥

一方、動物と風との関係はどうなっているのでしょうか。蜘蛛が風に乗って移動すること、鳥が風をうまく捉えて飛行すること、害虫が数百kmも風に乗って日本にやってくること、そしてトンボやチョウや鳥が風を利用して何百kmも渡りをすることはよく知られています。

世界には渡り鳥の主なルート（これをフライウェイ、空の道と呼びます）が三つあり、そのうちの一つがアジア・太平洋地域です。日本はその中の「東アジア・オーストラリア地域」の渡りルートに属しています（図3-8）。わが国の干潟を中継するシギ・チドリ類が渡る距離は、最大でアラスカからオーストラリアまで、ほぼ12,000kmにも及びます。したがって、日本で途

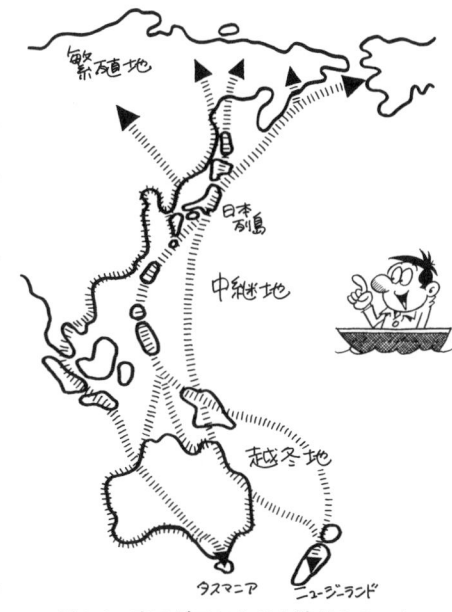

図3-8　東アジアにおける渡りのルート

中休憩できなければ、これは地球規模の生態系に影響を及ぼしかねないことになります。

　一般に、体の大きいワシやタカの仲間は比較的高い高度を飛び、上昇気流に乗って広い水域や砂漠を渡ります。ガンやカモ類は飛行中の羽ばたきによる猛烈な熱の発生で体温が上がるのを防ぐために夜間に渡りをすることが知られています。シギやチドリの仲間は、島々に立ち寄りながら渡ります。いくつかの気流を乗り継ぎながら、風の力を借りて効率よく移動している種類も確認されています。

　わが国の干潟は渡り鳥にとって非常に重要な場所にありますが、これらの干潟が、今急激な勢いで消失しつつあります。最近失われた大きな干潟は「諫早湾の干潟」で、約1,550ha（環境省、1994）が干拓のために犠牲になると試算されています。逆に、消失をまぬがれたのは、名古屋市にある「藤前干潟」です（**写真3-1**）。1984年、名古屋市は名古屋港の「藤前干潟」を埋め立てて「ゴミ処分場」を建設する計画を発表しました。しかし、その場所はシギやチドリなどの鳥が渡りの中継地として利用している場所であったため、自然保護団体などが干潟保全のための申し入れを行い大きな社会問題となりました。その後、名古屋市は埋め立てを断念し「藤前干潟」は残存することになったのです。2002年には、特に水鳥の生息地の保全を目的とした国際条約である「ラムサール条約」の1200番目の登録湿地となり、わが国でも「国指定鳥獣保護区特別保護地区」に指定されるなど、保護・保全が図られています。一方、近未来のゴミ処分場の確保が困難になった名古屋市は、1999年2月に「ゴミ非常事態宣言」を出して、市民を挙げてゴミ減量に取り組むことになりました。今では、名古屋市は日本でも有数の環境先進都市になっています。　東京湾にもラムサール条約の登録湿地である「谷津干潟」をはじめ、「三番瀬」「盤州干潟」「富津干潟」などの湿地があり、貴重な生態系がまだ残されています。前述したように、島国でありアジアの東端にあるわが国には、「風の道」ばかりでなく動物の通る大切な「空の道」も存在しているのです。都市に近いという理由で安易に自然を改変することは慎み、自然や環境に配慮した環境都市を目指したいものです。

写真3-1　藤前干潟

3-1-5 都市における樹林の効用
(1) 樹林による風の制御

街を吹き抜ける適度な風は、私たちの日常生活を快適にします。ここでは、樹林による風の制御方法について述べることにします。**図3-9**に示すように、風が物体にぶつかると、その周りで風の流れや強さが変わります。風の流れを100％遮断する物体では、風は行き場所を失い、左右、上下に加速しながら偏向します。しかし、樹林のように林間を通り抜けられる場合には、樹林の上部を加速後剥離した風が林内を通過した風と相殺されて風速は遅くなります。さらに、緑葉の揺れによって乱流が発生して風力は弱められ、これらの結果として林帯背後の風は弱くなります。このように、私たちの周りの風はある程度の制御が可能です。都市部では、ビル風などの突風によって風害が発生したり、無風のために局所的に大気汚染物質の濃度が上昇する場合があります。風害を抑えるためには、防風林や防風垣などの防風機能を兼ね備えた緑地の設置が有効です。樹林と樹林の間には弱風域が発生しますが、大きな樹林の背後には特に広い弱風域が発生します。また、逆に風を強めるには、①防風して狭い開口部をつくる、②風を集束して1カ所に集める、③乱れた気流を一定方向に集める、などの工夫が必要になります。

都市部では狭い土地を効率的に利用して建築物を建てるので、樹林の造成のために十分な空間を確保できない場合が多くみられます。しかし、最近は、国土交通省においても持続可能な建築を目指して「建築物の総合環

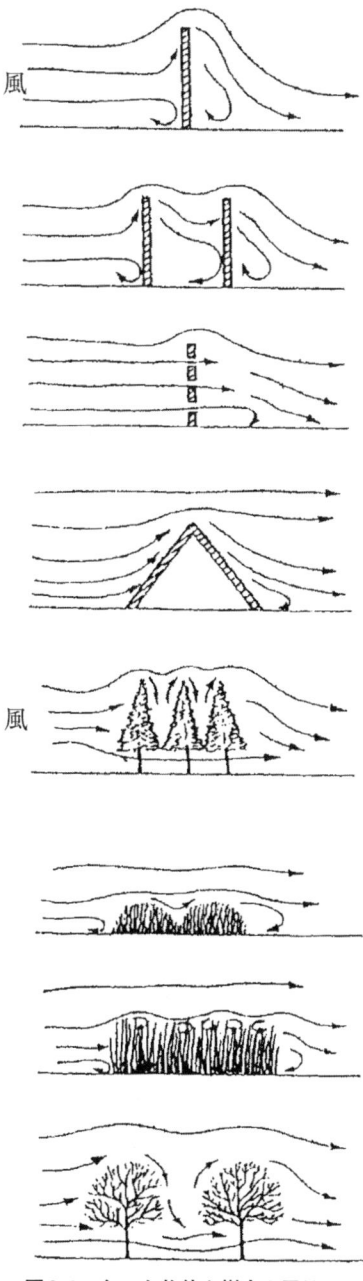

図3-9 色々な物体や樹木の周りの風の流れ (伊藤、1993)

境性能評価（CASBEE）」を行う取り組みがなされています。敷地内の建物外部における環境性能評価において、「生物環境の保全と創出のための積極的な緑化」や「温熱環境悪化の改善のための敷地外への風通しへの配慮」が求められるようになっています。設計者が持続的に取り組むことで、都市の環境は少しずつですが確実に改善されていくことが期待できます。

(2) 都市を囲む緑のネットワーク

ドイツでは、1970年代から、気候環境の研究成果を積極的に大気汚染対策や都市環境計画に活かすために、「クリマアトラス」と呼ばれる地図が作成されています。わが国でも近年作成されるようになりましたが、その多くは地域の風特性、特に海陸風や河風を利用した緑の配置計画を進める上で重要な資料となっています。大都市東京では、100年以上も前に「東京外環緑地帯計画」という緑地計画が構想されています。図3-10からわかるように、荒川とその支流である入間川および多摩川沿いに緑地が造成されれば、東京都心部を取り囲むように緑地のネットワークが完成します。緑地帯を越えた風が都心に流れ込むシステムを創成することは、都市の気象環境改善に大いに寄与できるのではないでしょうか。これからは、関東地方といった地域、多摩川や鶴見川などの流域、そしてさらに小規模の街区など、様々な規模で空気の流れを創り出す工夫が必要となるでしょう。

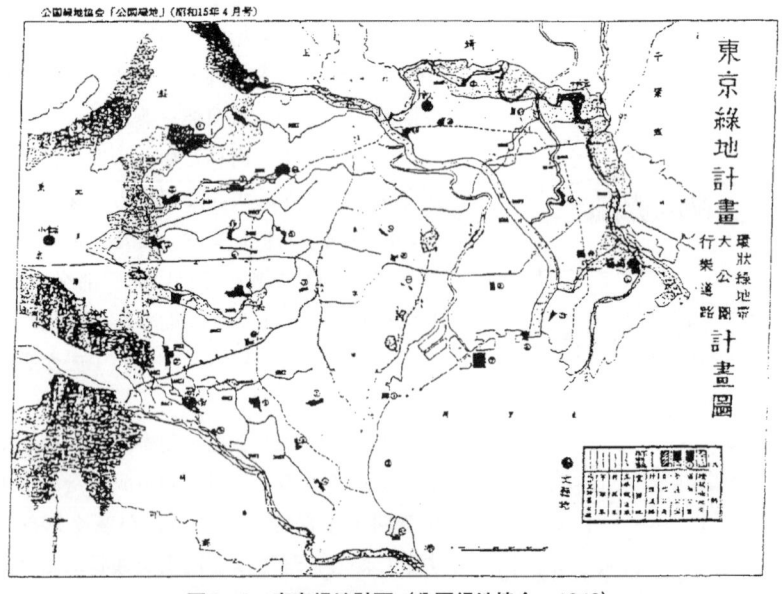

図3-10 東京緑地計画（公園緑地協会、1940）

(3) 二酸化炭素の固定

地球環境問題のなかでも特に温暖化の問題は、私たち地球人が早急に取り組むべき中心課題です。温暖化を防止するための二酸化炭素の排出に関する議論が各地で盛んに行われています。わが国が京都会議で約束した1990年を基準として二酸化炭素の排出量を6％減ずることはそう簡単なことではありませんが、森林はその一翼を担うことが期待されています。しかし、ある試算によれば、わが国の産業活動によって排出される二酸化炭素は11億4,000万トンであり、これをすべて森林が吸収できたとしても、呼吸によって排出される量は10億5,000万トンもあり、排出量をすべてまかなうほどの十分な能力は残念ながら持ち合わせていないようです（図3-11）。

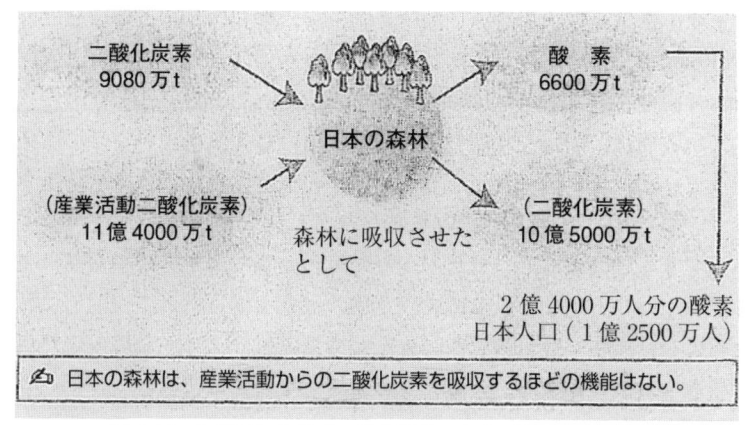

```
二酸化炭素         酸素
9080万t          6600万t
         日本の森林
(産業活動二酸化炭素)      (二酸化炭素)
11億4000万t          10億5000万t
     森林に吸収させた
     として
              2億4000万人分の酸素
              日本人口（1億2500万人）

日本の森林は、産業活動からの二酸化炭素を吸収するほどの機能はない。
```

図3-11　わが国における二酸化炭素の収支（瀬戸、2000）

3-1-6　緑の多機能性

樹林は、実に様々な効果を発揮できる能力を持っています。これを最大限発揮させることが私たちの生活を快適にする上で必要です。樹林のような生き物と建築や都市インフラのような人工物ではその効果には大きな違いがあります。樹林によって風を制御する場合、樹林によって水の勢いを制御する場合、樹林によって光を制御する場合などを考えてみましょう。

風や水や光を100％遮断したい場合には、人工物をそれぞれ設置すればよいでしょう。しかし、多くの場合、私たちは適度な風通し、適度な水流、適度な明るさを求め、それらが緑と相まっているところに快適さを感じるのです。窓を開けたときに感じる爽やかな風、葉が風に揺らぎそよぐ音、そして風によって揺らぐ葉を通して差し込む木漏れ日に安らぎを感じるのです。それぞれの機能は100％

達成できなくても、多くの機能を適度に発揮できる、すなわちひとりで何役も担うことができるのが樹林や緑の最も意味のある役割なのです。

(吉﨑真司)

3-2　人間にとっての空気

3-2-1　空気と健康
(1)　人体とすまい

　人間は一日に約 $20m^3$ の空気を吸い、このうち約 $0.5m^3$ の酸素を消費して生きています。人間は水がなくとも数日は生きていますが、空気がないと数分で死んでしまいます。空気には、粉塵、一酸化炭素、窒素酸化物など、健康には好ましくないものが含まれています。人間は無意識のうちにこれらを呼吸により摂取しており、ある限度を超えると健康障害が現れます。

　すべての人間は、健康な状態を維持できる清浄な空気環境のなかで生活する権利を持っています。人間は食事をし、体内での生化学反応により、活動を維持しています。この際、おおよそ40W電球2〜3個分の熱を発生し続けます。人間は放熱しすぎると寒く感じ、放熱が少ないと暑く感じます。この放熱は主に人体周囲の空気へ向かってなされるので、空気の温度・湿度は人の快適感にとって重要な要素になります。空気の流れ、すなわち気流は、人体からの対流熱伝達、水蒸気の蒸散などを促進するものであり、快適感を左右します。

(2)　開放型住居

　人間にとって、空気は生きる上で不可欠なだけでなく、生活様式をも左右します。屋外空気の温度・湿度、空気の流れなどは、土地の気候風土を形成します。人間は、土地の気候に合わせた住宅を永年の試行から工夫して造ってきました。風土にあった美しい建築様式が各地に見られます。風土が似ていると、距離が離れていても似たような建築的な工夫がなされている例が多く見られます。

　日本では、寒冷地を除く多くの地域で、開放型住宅が伝統的なものでした。開放型住宅では、庇により日射を和らげ、風を導き入れ、夏をしのいできました。建物と建物の間隔も広く、周囲に風が流れやすくなっています。近くに森や川があれば、そこから新鮮な空気が室内に入ってくるように窓や開口の位置を考えました。しかし、ここ半世紀の間に、機械によって室内の空気の温度・湿度・清浄度をコントロールできるようになり、かなり様相が変わってきました。

(3) 閉鎖型住居

　最近、日本の住宅は閉鎖型住宅に変わりつつあるといわれています。高気密・高断熱住宅がはやり、暖冷房費の節約、快適性の向上という恩恵をもたらしました。しかし、その一方でシックハウス症候群などの副作用が社会問題となっています。十分に外の新鮮な空気が室内に入ってこないため、室内空気質が悪くなったといわれます。閉鎖型住宅は周囲の自然とのかかわりを少なくしてしまいました。

　もともと閉鎖型住宅は北欧など、寒い地域での住宅形態であったはずです。高断熱・高気密は有効な概念ですが、屋外が穏やかな季節においても周囲環境との関係を閉ざすものであっては本来の主旨と矛盾することになってしまいます。周囲環境との関係が疎になると、多くの弊害が生まれます。例えば、東京などの都市部の大規模ビルでは、室内を快適にするために膨大なエネルギーを消費し、これにともない熱を周囲に放散しています。コンクリートやアスファルトなど、熱しにくく冷めにくい材料で構成される都市に熱が放散されると、昼間の熱を溜めてしまい、夜間になっても温度が下がらず、熱帯夜が多くなるという社会問題が生じます。本来、建物も、都市も、地域も閉鎖された系ではありません。それぞれの関係をよく見直す必要があります。

3-2-2　室内の空気環境
(1)　内部環境と外部環境

　通常、人間は80％以上の時間を自宅室内あるいはオフィスで過ごします。老人、乳児、病気療養者は、室内で過ごす時間がさらに長くなるので、空気の状態を良好にしておくことは大切です。ところが、近年、大気汚染、建材などからの汚染物質の放散などにより、室内の空気が人間の健康を脅かす状況が多くみられるようになってきました。

　まず、室内に良好な空気環境を効率的に形成することが重要です。適切な空気環境計画により、無駄なエネルギーや資源を消費しないことは、外部環境へのCO_2や熱の排出量を削減することにつながります。この結果、大気の空気質が向上し、さらには室内空気質にも良い影響を与え、好ましい循環が形成されます。

(2)　汚染物質の発生

　図3-12に、室内における空気環境および汚染物質の発生を示します。空気の汚染源としては、①人間、②調理用・暖房用などの燃焼器具、③建材、④周辺環境から侵入する汚染物質などが考えられます。

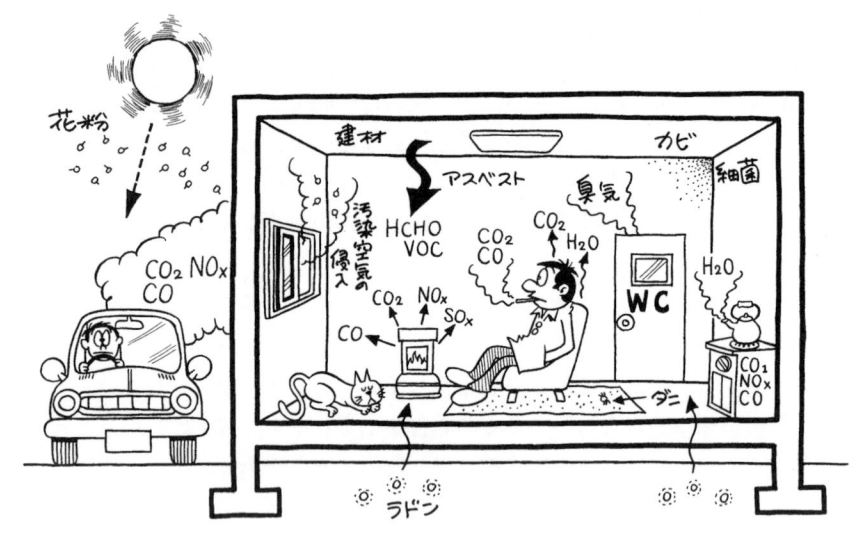

図3-12　空気汚染源

　空気中の汚染物質の分類を図3-13に示します。汚染物質はガス状物質と粒子状物質に大別されます。ガス状汚染物質のうち、無機化合物は二酸化炭素、一酸化炭素、二酸化硫黄など、有機化合物はホルムアルデヒド、ベンゼン、トルエン、キシレンなどです。許容濃度は、大気環境における環境基準、悪臭防止法、建築基準法、そのほかの関連規準で規定されています。粒子状物質はエアロゾル（aerosol）と呼ばれます。粉塵などの非生物粒子、真菌（カビ）などの生物粒子ともに、粒径などにより図3-13のように分類されます。

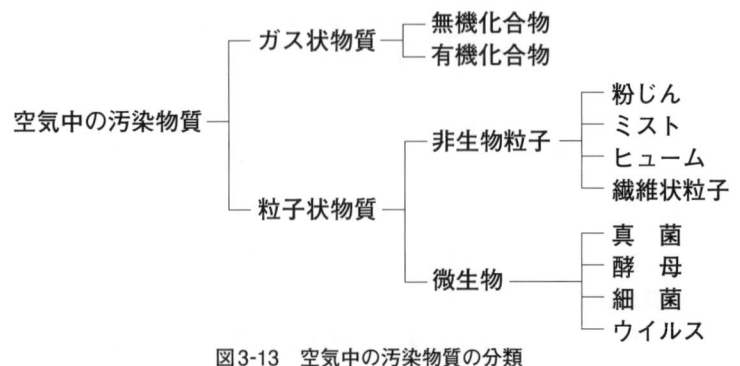

```
                    ┌─ ガス状物質 ─┬─ 無機化合物
                    │              └─ 有機化合物
                    │                               ┌─ 粉じん
空気中の汚染物質 ───┤              ┌─ 非生物粒子 ──┼─ ミスト
                    │              │                ├─ ヒューム
                    │              │                └─ 繊維状粒子
                    └─ 粒子状物質 ─┤
                                   │                ┌─ 真　菌
                                   │                ├─ 酵　母
                                   └─ 微生物 ───────┤
                                                    ├─ 細　菌
                                                    └─ ウイルス
```

図3-13　空気中の汚染物質の分類

　わが国では、"建築物における衛生的環境の確保に関する法律（ビル衛生管

法)" が1970年に制定され、床面積3,000m²以上の事務所ビルに対して、**表3-1**に示すような環境基準が定められました。ただし、表中のホルムアルデヒドの基準は2003年に追加されたものです。厚生労働省は、ホルムアルデヒド以外にも、トルエン、キシレンなど、合計13種類の化学物質について、2002年にガイドラインを出しています。国土交通省は、化学物質を含んだ建材の使用規制や機械換気設備の設置に関して、建築基準法を2002年に改正し、2003年に施行しています。このように近年、空気質に関する規制が強化される背景を振り返ってみましょう。

表3-1 室内空気質基準

(1)浮遊粉じん	0.15mg/m³以下
(2)一酸化炭素	10ppm以下
(3)二酸化炭素	1000ppm以下
(4)温度	1) 17℃以上、28℃以下 2) 居室における温度を外気温度より低くする場合は、その差を著しくしないこと。
(5)湿度	40%以上、70%以下
(6)気流	0.5m/s以下
(7)ホルムアルデヒド	0.08ppm以下

(3) 建物の気密性能向上とシックハウス

　1980年代に、アメリカで"シックビル症候群"(Sick Building Syndrome)という病気が話題となりました。オイルショックのとき、省エネルギーのために換気量を削減したことにより空気環境が悪くなり、オフィスビルで働く人の多くが頭痛・めまいなどの症状を訴えました。

　日本のオフィスビルでは、このようなことは大きな問題にはなりませんでしたが、住宅の空気質に関する問題が大きくなり、シックハウスという和製英語が生まれました。近年の住宅は気密性能が良好であり、省エネルギー住宅が増えたことの"副作用"と考えられます。気密性の良い住宅では、伝統的な日本住宅のような隙間風などによる換気効果が期待できなくなり、何らかの汚染物質が発生すると、室内空気質が悪化してしまいます。このような気密住宅では、計画的な機械換気が不可欠です。

(4) 建材からの化学物質などの放散

　2000年に、国土交通省の室内空気対策研究会は全国の住宅約4,600戸を対象として化学物質の室内濃度の実態調査を行いました。27%の住宅でホルムアルデ

ヒド濃度は基準値を超え、トルエンについても12%が基準値を超えていました。特にホルムアルデヒドの放散量の多い建材や接着剤が使用された住宅で高い濃度値になると推定されました。これらがシックハウスの原因の一つとされています。

シックハウスの病状は、目がチカチカする、頭が重い、のどが痛いなどで、その程度も感じ方も人によって異なります。一方、化学物質過敏症で悩む人も多くみられます。何らかの原因で高濃度の化学物質に曝された人体が、その後、その化学物質あるいは類似する化学物質に曝されると、一般の人が反応しないような低濃度でも症状が現れるというものです。

(5) レジオネラ菌、MRSA、SARS

1976年、アメリカ・フィラデルフィア市のホテルで、在郷軍人（The Legion）の会の出席者などが重症の肺炎で多数亡くなりました。この原因は、後にレジオネラ菌（Legionella pneumophia）と命名された呼吸器系の病原細菌でした。空調用のクーリングタワーの冷却水で増殖・飛散したため、空気感染により集団発症につながりました。日本においてもレジオネラ菌による集団感染の例があり、厚生労働省は新興感染症に指定しています。

MRSA（メチシリン耐性黄色ブドウ球菌）は多くの抗生物質に耐性を持つ菌で、健康な保菌者は何の症状も示しませんが、免疫不全や抵抗力の低下した人が感染すると骨髄炎、肺炎などを起こします。接触感染のほか、空気感染も起こすといわれており、日本においても病院で院内感染により集団発生が起きています。

これらとは別に、2003年施行された健康増進法による分煙の推進も室内空気質に関する関心を高めています。花粉症で悩む多くの人にとって、室内は花粉から逃れられる場所として重要です。また、SARS（新型肺炎、あるいは重症急性呼吸器症候群）や鳥インフルエンザ・豚インフルエンザの流行による種々の影響は、国内外で非常に深刻な問題となりました。

(6) 自然換気と機械換気

居住者にとって健康な空気環境を実現するには、適切な換気システムを導入する必要があります。特に、自然のエネルギーを使う自然換気を適切に用いることが都市環境・地球環境を考える上で重要です。機械を用いて換気を行う場合も、効率よく、できるだけエネルギーを用いずに健康な空気環境を提供する努力が必要です。このためには、図3-14に示すように、空気に年齢（新鮮度）の概念を導入し、若く新鮮な空気を居住者に提供する工夫が重要です。また、最近では自然換気と機械換気を併用するハイブリッド換気を適用する方法も検討されており、実際に適用された事例もあります。

図3-14　新しい空気と古い空気（空気齢の概念）

　いずれのシステムを用いる場合も、取り入れ外気の質が重要です。建物周辺の大気が汚染されていると、これを室内に導入しても室内空気質は良好とはなりません。交通量の多い道路に面して建物がある場合は、特に注意を要します。必要に応じて空気質の調査を行い、必要であれば何らかの処理を行った空気を導入することになります。また、外気取り入れの場所に配慮が必要です。建物が大気汚染の原因となる場合もあります。これは室内の空調のため、熱源機器において石油・ガスなどが消費され、これにともない排気ガスを大気に放散するためです。色々な場面で展開される省エネルギーの推進は、上記のような大気汚染を軽減することにもつながります。

3-2-3　建物内の風通し

　ここで、自然の力を上手に利用して建物内の風通しを良くする工夫について考えてみたいと思います。

(1)　自然換気の駆動力

　自然換気の駆動力は風力と浮力（重力）です。風力による場合、外部の自然の風を風上側から取り込み、風下側から排出します。この場合、換気量は後述するように、外部の気象条件と建物や開口の形状などに大きく影響を受けます。一方、建物内外の温度差、すなわち空気の密度差に起因する浮力（重力）を利用する場合、下部の開口から外気が入り、上部の開口から外気が出ていきます。この場合、上部と下部の開口のレベル差と建物内外の温度差が大きいほど、換気量は大きく

なります。このような現象を煙突効果（Stack effect）と呼びます。

(2) 気象データなどの情報収集

　自然換気を計画する際には、まず計画敷地周辺の状況を調査する必要があります。特に、気象条件として、自然換気を行う時期の外気温湿度や、卓越風向・風速を知ることが重要です。敷地近傍の気象データが得られない場合は、理科年表や空気調和・衛生工学会などが作成した標準気象データが参考となります。敷地周辺に大きな建造物がある場合や多くの建物が密集している場合には、これらを考慮しなければなりません。道路騒音などがある場合は、自然換気窓を開けることにより、室内の音環境が許容されるのかどうかも事前に確認しておくことが必要です。

(3) 自然換気用開口の配置計画

　風力による換気であれば、風上側と風下側に適切な開口を配置する必要があります。建物形状や風向により、各外壁にかかる風圧には**図3-15**のように分布があり、風圧が大きい位置に開口を設けると換気量が増します。卓越風向を考慮し、風を導き入れるような形状とする工夫も有効です。一方、浮力（重力）による換気の場合、できるだけ上下の開口のレベル差を確保するように計画します。必要に応じて風の塔を計画したり、光庭などの吹き抜け空間の上部温度を日射熱により高温とし、煙突効果を高めたりすることも有効な方法となります。後者はソーラーチムニーと呼ばれます。

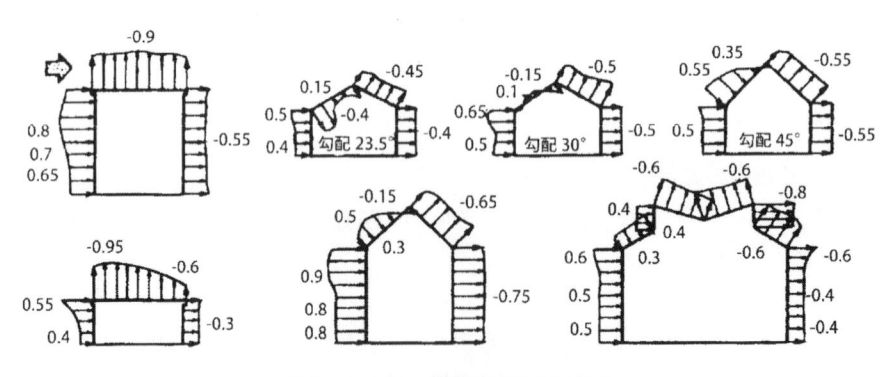

図3-15　建物の風圧係数分布の例[15]

　換気開口の面積は必要換気量を満足するように計画します。開口の形状はできるだけ、抵抗が少なく、換気を促進するような形状が好ましいのですが、これとは別に、雨仕舞・防虫・防鳥などの考慮も必要です。

(4) 建物内部の換気経路の確保

居住域にスムーズに新鮮外気が到達するように、換気経路を計画する必要があります。ただし、外部風は変動が大きく、突発的な強風による障害、例えば書類が風に舞うことなどがないように配慮しなければなりません。室内の居住域の上部レベルに換気窓を設け、内倒し窓として、外部風を緩和することが有効です。部屋と部屋の間、部屋と廊下の間にも、欄間などにより十分な換気経路を確保する必要があります。自然換気の場合、換気の良い場所と悪い場所が偏在する傾向があります。特に汚染質濃度が高くなる部屋がないように、開口の配置を工夫する必要があります。浮力換気を行う場合、吹き抜け空間などを換気経路とすると有効です。

(5) 自然換気の事例

図3-16に、自然換気を取り入れ、中間期の空調エネルギーを削減した事務所ビルの例を示します。この建物では、中央に光庭があり、この吹き抜け空間が自然換気の換気経路となり、かつ換気を促進します。光庭の頂部は負の風圧を受け、光庭空間の空気が吸い出されます。光庭自体が煙突の役目を果たし、無風の場合においてもオフィス空間の換気を促進します。図3-17は、頂部に換気モニターを設けた体育館の例です。床下から取り入れた外気により、大空間の自然換気を行っています。

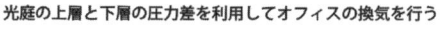

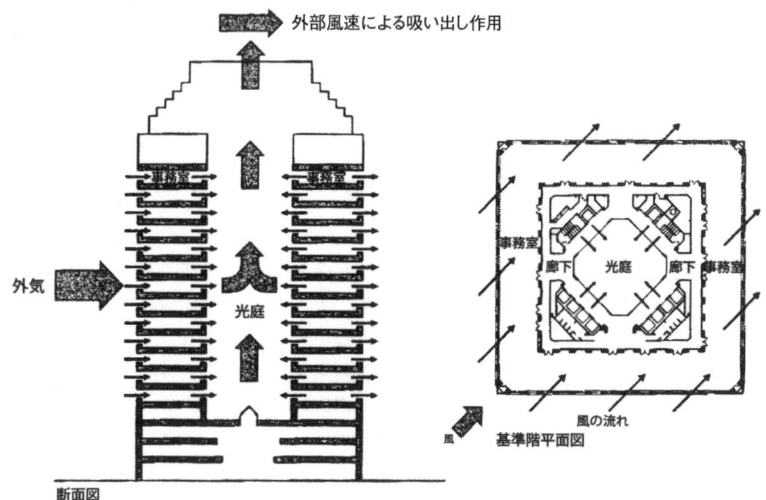

図3-16 自然換気の例（1）（新潟県庁行政庁舎、設計：日建設計）

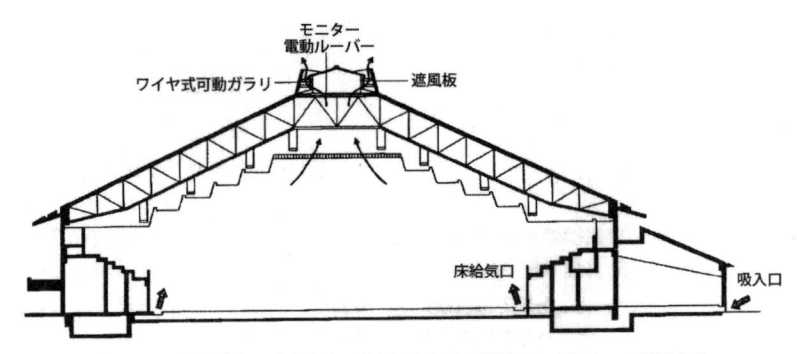

図3-17　自然換気の例（2）（佐賀県立総合武道館、設計：日建設計）

　文献[18]によると、ハイブリッド換気とは、機械換気と自然換気を併用するシステムであり、季節により、あるいは一日のうちでも時間帯により、適切な制御で機械換気と自然換気を切り替え、あるいはこれらを組み合わせ、エネルギー消費を最小限とするシステムのことです。外部の温湿度・風向・風速などの条件により、あるいは外部騒音により、開口を開閉するなどの高度な制御を必要としますが、周辺環境と室内環境の関連性をより密にする換気システムといえます。

　図3-18に、ハイブリッド換気システムを採用した事例を示します。この例では、建物内にシャフト状の吹き抜け空間があり、これが換気を促進しています。外壁はダブルスキンとなっており、日射熱を遮蔽すると同時に自然換気ができます。これらの例では外気温湿度、風向・風圧、降雨などの外気条件により、自然換気窓が制御され、自然換気と機械換気が切り替えられています。

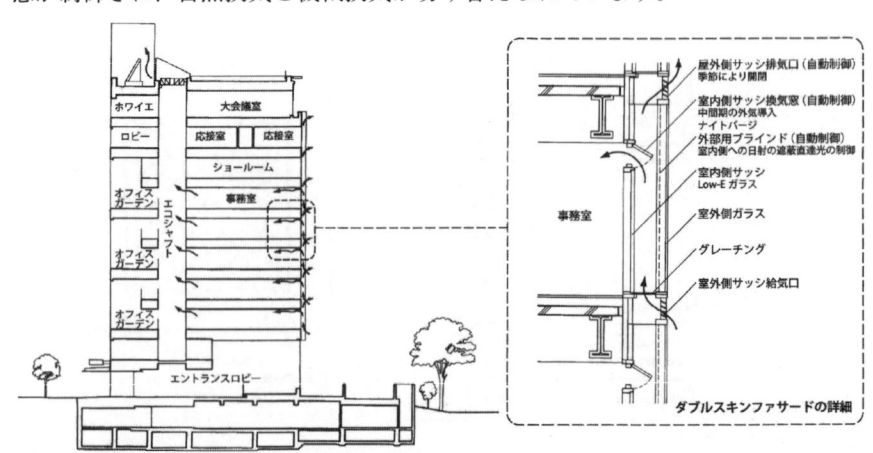

図3-18　ハイブリッド換気の例（積水ハウス九段南ビル、建設：鹿島建設）

(6) 空気の流れを知る技術

近年の科学技術の発展により、空気の流れを数値解析により予測し、また本来見えないはずの空気の流れをコンピュータ・グラフィックスで見ることができます。図3-19は空港出発ロビー内の温熱空気環境を予測した結果であり、これに基づいて空調・換気計画を行った例です。論理的に適切な状態となるように数値解析により十分な検討を行った上で計画される事例が最近では多くなっています。また、都市部では高層ビル建設にともない、ほとんど必ずといってよいほどビル風の問題が生じます。ビル風の影響が最小限となるように、数値解析によって、事前に建物の形態を工夫し、さらにビル風が起こりそうな場所は人が通過しないように計画されるようになってきました。ビル風が大きな社会問題となった1980年頃に比べると、最近では問題となる件数は大幅に減少しています。

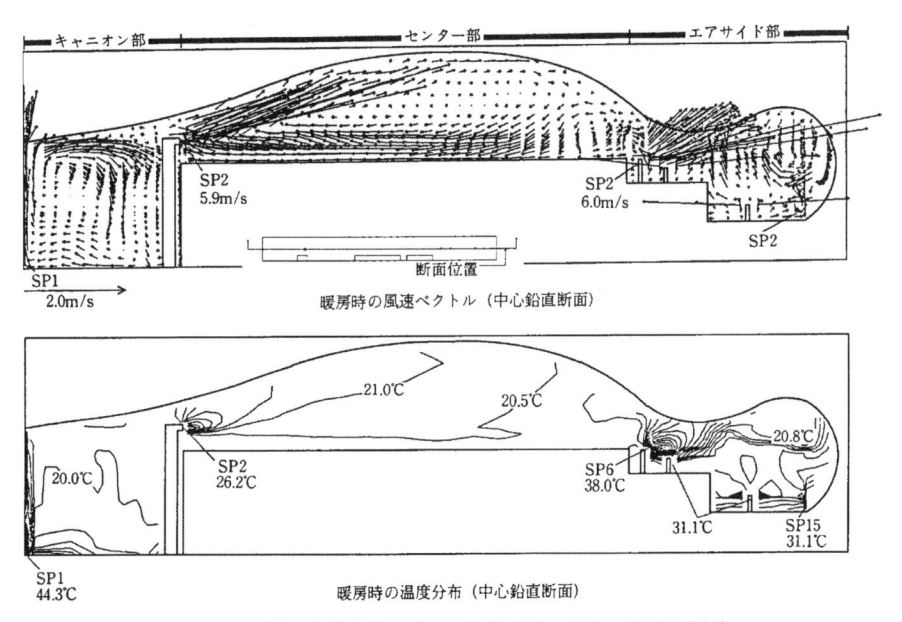

図3-19 関西空港出発ロビーの屋内環境に関する数値解析[17]

3-2-4 都市など広域の空気の流れ

(1) ヨーロッパの事例

都市内に空気の流れを積極的に取り入れ、都市計画や建築群の計画に組み入れた例があります。その有名な事例が、ドイツのシュツットガルト市の都市計画です。シュツットガルト市は周囲を丘に囲まれ、風が弱く、市内の自動車工場など

からの汚染空気が滞留するといった問題が深刻になった時期があります。これに対し、図3-20のような調査により、現状の空気の流れを検討し、植生調査など他の調査との総合的な判断に基づき、都市部周辺の丘からの気流を活性化するような緑地計画（グリーンネットワーク）や建築規制などが行われました。この手法は、その後、ドイツの他の都市やヨーロッパの都市でも展開されています。

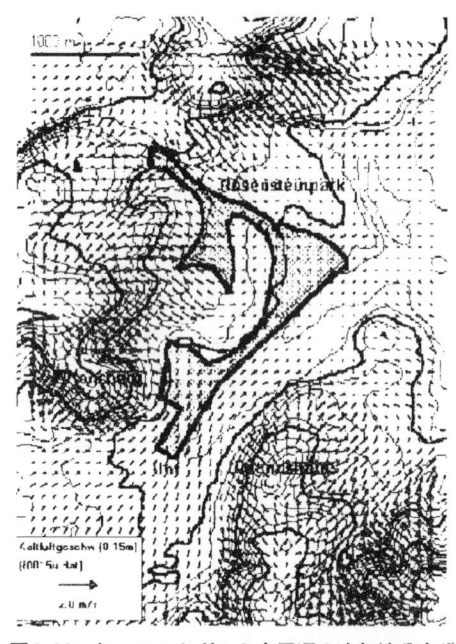

図3-20 シュツットガルト市周辺の冷気流分布[18]

(2) 日本の事例

日本においては、都市部は海岸沿いにあることが多く、各土地で特有の海風・山風に着目し、河川などを利用した『風の道』を展開した例があります。例えば、図3-21は、福岡での温度測定結果です。河川沿いでは道路沿いよりも気温が低いため、河川を『風の道』として利用することにより、都市の風通しを良くしようとした例です。また、河川を利用するときも季節を考慮すべきであるという提案が実験結果からなされています。図3-22は、夏の海風を積極的に住宅地に取り込み、逆に冬の寒い風は住宅地に入らないような住宅配置の例です。図3-23は、広島での河川沿いでの気流の測定例です。この結果から、河川が海風を市街地に導いて、安定した冷気の供給により、広島市の気候改善ができているのではないかと推定されています。

3章 空気の流れ 77

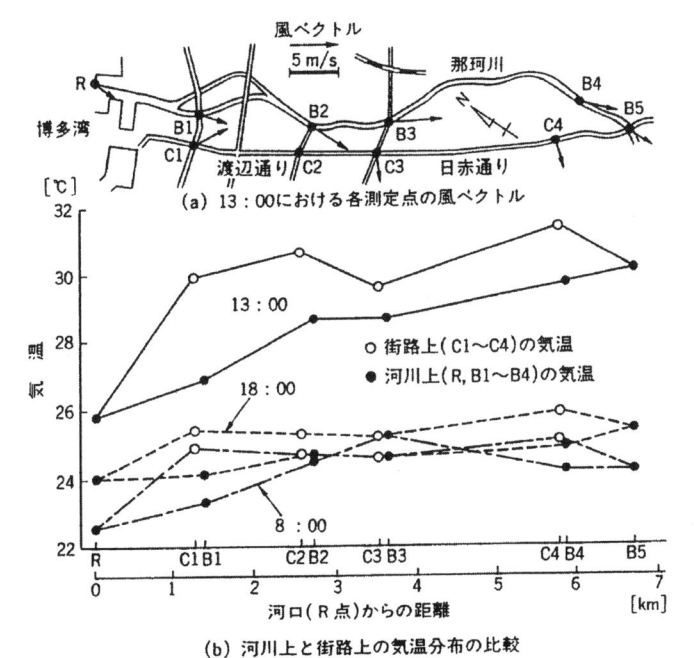

(a) 13：00における各測定点の風ベクトル

(b) 河川上と街路上の気温分布の比較

図3-21 福岡市河川部と街路部の温度測定例[19]

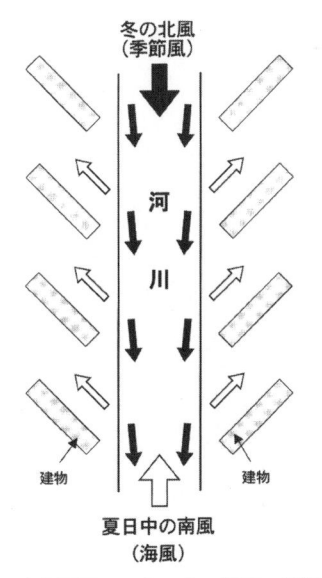

図3-22 河川沿いの建物配置の工夫による河風の選択的導入のイメージ[20]

78　II　自然の流れを読む

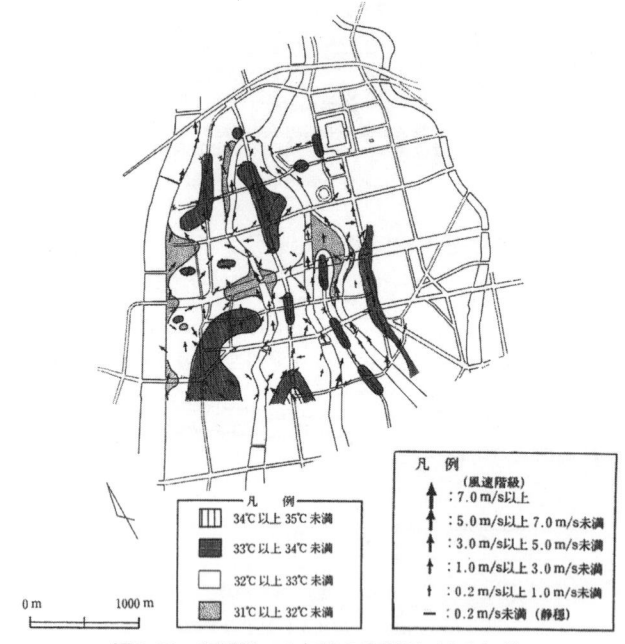

図3-23　河川沿いの気流の実測例（広島）[21]

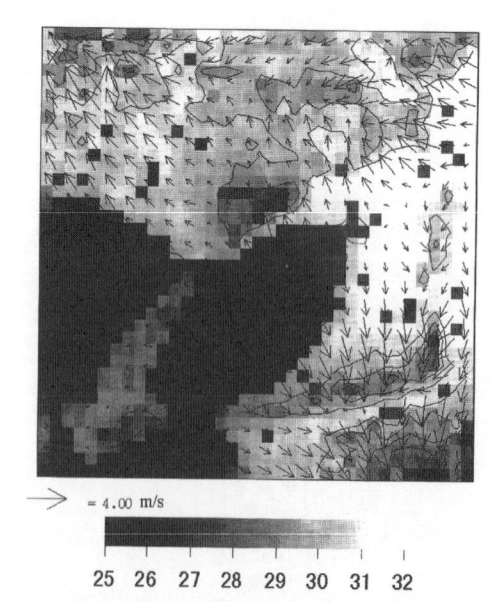

図3-24　大阪・神戸を含む広域での気流・温度分布の解析例[22]

このような都市など広域の空気の流れも数値解析で予測し、これを都市計画に応用しようとする試みもあります。**図3-24**は、大阪・神戸を含む広域での空気の流れを予測したものです。六甲山系からの山風と海風が特徴的な地域で、都市の風通しを良好なものとする試みは注目されます。

（近藤靖史）

参考文献
1) 西沢利栄：自然のしくみ、古今書院、1992
2) 瀬戸昌之ほか：文科系のための環境論・入門、有斐閣、2000
3) 谷山鉄郎：恐るべき酸性雨、合同出版、1990
4) 矢吹萬壽：風と光合成―葉面境界層と植物の環境対応、農文協、1990
5) 伊藤学：風のはなしⅠ、技報堂出版、1993
6) 伊藤学：風のはなしⅡ、技報堂出版、1993
7) 高倉直：植物の生長と環境、農文協、2003
8) 中西弘樹：種子は広がる 種子散布の生態学、平凡社、1994
9) 菊沢喜八郎：植物の繁殖生態学、蒼樹書房、1995
10) 文字言貴：農学・生態学のための気象環境学、1988
11) 種生物学会編：光と水と植物のかたち 植物生理生態学入門、文一総合出版、2003
12) 新田伸三ほか：環境緑化における微気象の設計、鹿島出版会、1997
13) 只本良也：みどり―緑地環境論―、共立出版、1981
14) 日本建築学会編：建築と都市の緑化計画、2002
15) 石原正雄：建築換気設計、朝倉書店、1972
16) Per Heiselberg：Principles of Hybrid Ventilation, Hybrid Ventilation Center, Aalborg Univ., 2002（和訳：ハイブリッド換気の原理、(財)建築環境・省エネルギー機構、2003）
17) 村上・加藤ほか：大空間の温熱空気環境に関する数値シミュレーション―関西新空港ターミナルロビーの解析―、生産研究（東京大学生産技術研究所所報）、第42巻 第7号、pp.9-18、1990
18) Amt fuer Umweltschutz und Nachbarschaftsverband Stuttgart：Umweltatlas Klima Stuttgart, Klima-analyze und Hinweise fuer die Planung., Stand 1991
19) 片山・石井ほか：海岸都市における河川の暑熱緩和効果に関する調査研究、日本建築学会計画系論文報告集、No.418、pp.1-9、1990
20) 成田健一：都市内河川の微気象的影響範囲に及ぼす周辺建物配置の影響に関する風洞実験、日本建築学会計画系論文報告集、No.442、pp.27-35、1992
21) 建設省河川局・土木研究所：都市における熱環境改善を考慮した河川改修のための調査研究、建設省技術研究会、1995
22) 竹林・森山ほか：数値解析による神戸地域の風系に関する研究、空気調和・衛生工学会学術講演論文集、pp.1425-1428、1999

4章 光の流れ

「水の流れ」と「空気の流れ」は大地と海、そして地球表面を薄く取り巻く大気の中で循環しています。これに対し、「光の流れ」は地球のなかで完結する流れではなく、太陽を源とし最後は暗黒の宇宙空間へと消えるスケールの大きな流れです。それだけでなく、「光の流れ」こそが「水の流れ」と「空気の流れ」を駆動しています。「光の流れ」は「熱の流れ」と連続的に繋がっています。都市に生きる私たち、そして仲間の動植物は、これら一連の流れにどのような影響を受け、またどのような影響を与えているのでしょうか。

4-1 動植物にとっての光

　私たち人を含む動物はもちろん、植物もそのほとんどすべてが、太陽から地表へと流れてくる光（後述する短波長放射）を資源としています。太陽から流れてくる光が資源として使えるのは、その一方で、この光が熱となり、対流や放射（後述する長波長放射）・蒸発によって大気へ、そして大気上端から再び光（長波長放射）によって宇宙空間へと流れていくからです。ここでは、このような「光の流れ」に着目することにします。私たちの身の回りにある光から熱への流れを読み取る方法を知って、植物における光から熱への流れ、動物（特に人）における光から熱への流れを考えてみることにしましょう。

4-1-1　光から熱への流れ
(1)　日射

　晴れた日に、太陽を見ようとすれば、眩しくて仕方がありません。それは、太陽から私たちの目が感じることのできる強い光がやってきて眼球に入るからです。このような太陽からやってくる光を特に日射といいます。

　絶対零度（－273℃）以上の物体は、その温度に応じた光を必ず出しています。この光をより一般的には放射といいます。日射は、6,000℃あるいは1,000℃程度の物体から放たれる放射です。私たちの身近に6,000℃や1,000℃の物体はないように思えるかもしれませんが、例えば、6,000℃は太陽の表面、1,000℃は白熱電灯のフィラメントです。天空や蛍光灯から出る光も温度に換算すれば1,000℃ぐらいに相当します。

　日射は、太陽から地表に直接到達する日射と、空からやってくる日射とに分類されます。前者を直達日射、後者を天空日射といいます。直達日射は、太陽から宇宙空間（の電磁場）を伝わって大気上端までやってきて、さらに大気を貫いて地表までやってきます。天空日射は、宇宙空間を伝わって大気上端までやってきた日射が大気を構成する様々な大きさの粒子群によって散乱された後に地表までやってきます。これらの日射はいずれも、光合成でグルコースと呼ばれる物質の形態に固定されるほかは、結局のところ様々な物体に吸収されて常温（－10～50℃）の熱になります。

　日射には、熱になってしまう前に、光としての（1,000～6,000℃の高温の放射だからこそ有する）役割、すなわち植物の光合成と人を含む動物の視覚（すなわち照明）を働かせる役割があります。

放射は、電磁波と呼ばれる一種の波動現象であるとともに、光量子と呼ばれる粒子が飛来する現象でもあります。電磁波として考えると、日射では波動が一巡りする長さ（すなわち波長）が短く、吸収されて熱になった後の常温の放射では波長が長くなります。光量子としてみれば、日射はゴルフボール、常温の放射はピンポン玉にそれぞれ例えてイメージするとよいでしょう。

(2) 透過・吸収・反射

ゴルフボールはピンポン玉より重たいのはご存知のとおりです。ゴルフボールに例えられる日射は、例えばガラスに当たると突き抜けてしまいます。このような現象が透過です。ピンポン玉に例えられる常温の放射は軽くて勢いがあまりありませんから、ガラスを突き抜けることができません。このイメージを図4-1に示します。

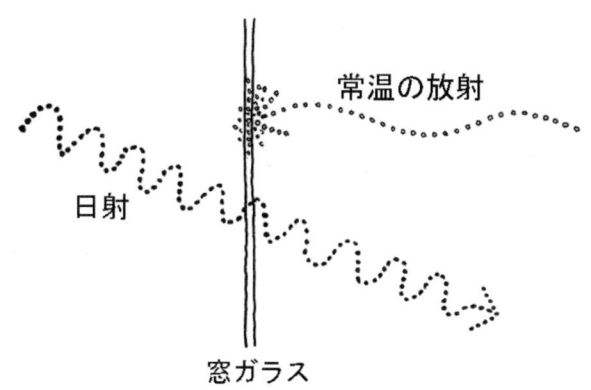

図4-1　電磁「波」であり、また光の「粒」（光量子）でもある放射

ゴルフボールに例えられる日射を床が吸収すると、その反動で床を構成する粒子群が激しく揺すられます。すなわち、光が熱になります。床からは、その結果としてピンポン玉に例えられる常温の放射が放出されるようになるのです。ゴルフボールに例えられる日射は、光合成や照明に利用されてもされなくても、結局はピンポン玉に例えられる放射、空気を構成する粒子群の運動、そして地面や建物の壁などを構成する粒子群の振動になってしまいます。光から熱への流れとは、このことです。

地面や建物の壁、衣服など物体の表面に日射が入射すると、一部が透過し、一部が吸収されます。これらの残りは反射されます。入射した日射の持つエネルギーを100とすれば、透過した日射、反射した日射、吸収された日射のエネルギー合計は必ず100です。これをエネルギー保存則といいます。

(3) 熱伝導

空の茶碗を手で握ることをイメージしてください。この茶碗に湯を注ぐと、指先や手の平に熱が次第に伝わってきます。このような現象が起きるのは、指や手の平の温度が湯に比べて低いからです。言い換えると、湯の温度と指・手の温度に差があって、その差に応じて茶碗の壁を伝わって熱が流れるのです。茶碗の壁のように、固体の中を熱が流れることをとくに熱伝導といいます。熱によって何が流れたかをもう少し詳しく述べますと、それは、エネルギーとエントロピー・エクセルギーということになりますが、これらについて深く学びたい読者は、例えば文献[1), 2)]などを参照してください。

(4) 対流

熱の流れは、上述したような固体中だけでなく、液体や気体の中でも起きます。これを対流といいます。例えば、手近にある紙切れなどを使って、腕のそばにある空気を扇いで動かしてみます。そうすると、冷たさを感じるでしょう。これは対流によって熱が流れる現象にほかなりません。葉の生い茂った樹木があって、葉が風に揺すられています。そこでも対流が起きています。葉に吸収された日射のうち、後述する光合成には直接役立たなかったものが熱となり、その多くが対流によって大気に伝わっていくのです。

建築環境空間での対流は、人のからだと室内空気の間で起きたり、外壁・窓ガラスの外表面と外気との間で、また、外壁・窓ガラス・内壁の内表面と室内空気との間で起きたりします。さらに、冷暖房機器があれば、その内部にある金属製のパイプと薄板から成る熱交換器で、パイプの外側を流れる室内空気とパイプ・薄板の間で、またパイプ内表面と水などとの間で対流による伝熱が起きます。

(5) 放射

外壁・窓・天井・床・内壁に囲まれた空間に満ちている空気を仮にすべて引き抜いてしまったとしたら、対流はなくなります。しかし、空気がなくても熱は流れます。これがすでに述べた常温の放射です。すべての物質では、その温度が絶対零度にならない限り、放射によって周囲空間に向かう熱の流れがあります。その物質は、やはりほかの物質に囲まれていますから、多かれ少なかれ放射を受け取り吸収します。問題は、正味流れる熱の大小です。

例えば、冬に窓ガラスの内表面の温度が天井や内壁面・床面温度よりも低い場合を想定してみましょう。これらすべての面において、その温度に応じた放射が周囲空間に向かって放たれ、同時に周囲空間の方からやってくる放射が吸収されます。しかし、両者の差、すなわち正味を考えると、この場合、窓ガラスの温度

が室内側の面よりも温度が低いので、室内側から窓ガラス面に向かって放射による熱の流れがあるとみなせます。このようにして、放射も温度の高い方から低い方へと流れると考えることができ、熱伝導・対流と同じ形式で扱うことができます。

放射のやり取りを以上のように考えることができるのは、対象としている面と面の温度差が10〜30℃の場合です。先に述べた日射は、温度差が1,000〜6,000℃の放射です。この場合は、熱の流れではなく、光の流れとして扱わなくてはならなくなります。

日射は、壁などに吸収されると、壁の温度が上昇し、やがて熱の流れになっていくので、熱伝導、対流、（10〜30℃という常温の）放射とともに議論しなくてはなりません。光から熱への「流れ」をイメージすることが大切なのです。短波長の放射（日射）である光の流れから、伝導・対流・（常温の長波長の）放射による熱の流れへのイメージを図4-2に示しておきます。

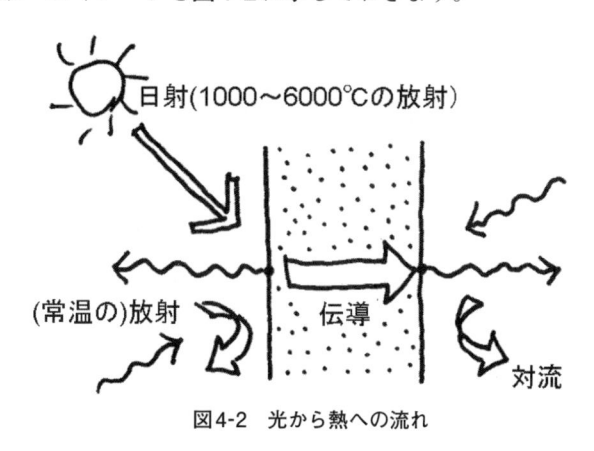

図4-2 光から熱への流れ

(6) 蒸発

熱の流れには、以上おおまかに述べたように伝導・対流・放射の三態がありますが、私たちの周囲に広がる建築環境や都市環境の空間では、これらに加えて蒸発を考えなければならないことが少なくありません。例えば、私たち人は、体内で生成された代謝熱が皮膚表面から周囲空間へとうまく流れていかないと、暑く感じます。そうすると、脳内の視床下部から「汗を出せ」という信号が神経細胞群を通じて皮膚表面近くにある汗腺に伝わり、液体状の水を皮膚表面に染み出させます。発汗です。

水は空気に触れて、空気に水蒸気を受け取るだけの余裕があれば、すなわち空

気中の水蒸気が飽和していなければ蒸発します。蒸発が起きれば、皮膚表面温度は下がり、熱の流れは促進されます。熱の流れと湿気の流れを併せて考えなくてはならないわけです。

冷房機器内部にある熱交換器表面では湿った空気が触れて結露が生じ、その空気は乾燥します。冷えて乾燥した空気が、皮膚表面に当たったり、濡れた物体表面などに当たったりすれば、それらの表面温度は下がり、また蒸発が促進されます。

以上のような熱気と湿気の複合的な流れは、人体ばかりでなく、樹木や地面でも多なり少なりに起きています。水の蒸発があるか否かは、特に夏季の建築環境空間の内外で涼しさが得られるか否かを左右するほどに重要です。

(7) 結露

外気温が低い冬に、窓ガラスやサッシュの表面温度が低いと、結露を起こします。そうすると、室内湿度が下がる（乾燥する）ので加湿したくなります。加湿すれば、また結露が生じやすくなります。このような結露はカビやダニの発生・成長を助けることになり、室内空気の汚染や建築躯体の劣化を引き起こす原因になります。このような劣化の原因となる結露を防ぐことはとても重要です。具体的には、窓ガラスやそのサッシュ・枠（フレーム）の断熱性をまずは確保することが大切です。また、壁や天井・床の入り隅部分では、もともと空気が澱みやすく、したがって結露を生じやすいので、適切な換気も必要です。

4-1-2 植物と光

(1) パッシブシステムとアクティブシステム

私たちの身の回りにある植物を改めて眺めてみると、幹や枝の形・太さ、葉の形・大きさ・柔らかさといった構造の多様性に気づきます。広葉樹は、その名のとおり広く大きめの柔らかい葉を持つのに対して、針葉樹は、小さくて硬い葉を持っています。落ち葉の有無といった機能の多様性もあります。

建築は、人類史とともに発展してきましたが、原初の時代から現代まで連綿と地球上の様々な気候風土の多様性に従って発展してきた建築の姿・形には多様性があります。これは、樹木の多様性と同じです。このような多様性のある姿・形を持つ建築の仕組み（特に照明や暖房・冷房・換気）をパッシブシステムといいます。パッシブシステムが一方の極にあるとすれば、他方の極にあるのはアクティブシステムです。アクティブという理由は、照明や暖房・冷房・換気を動力の利用によって働かせるからです。

人類史が始まって以来19世紀までは、パッシブシステムがゆっくりと着実に発展してきました。その後の20世紀は、アクティブシステムが急速な発展を遂げて巨大化しました。20世紀は、アクティブシステムがパッシブシステムを押しのけてしまったかに見えた時代です。21世紀は、パッシブシステムの本来的な性質をアクティブシステムが引き出せるようにしていく時代となっていくでしょう。このように考えを巡らすとき、私たちが植物に学ぶべきことは少なくありません。

(2) 明反応と暗反応

図4-3は、植物のからだのうち、葉の部分の構造を模式的に描いたものです。葉を構成する細胞は細胞壁に囲まれています。細胞内の空間には葉緑体があり、そのまた内側空間にグラナとストロマがあります。葉緑素はグラナを構成するチラコイドと呼ばれる膜の中にあります。

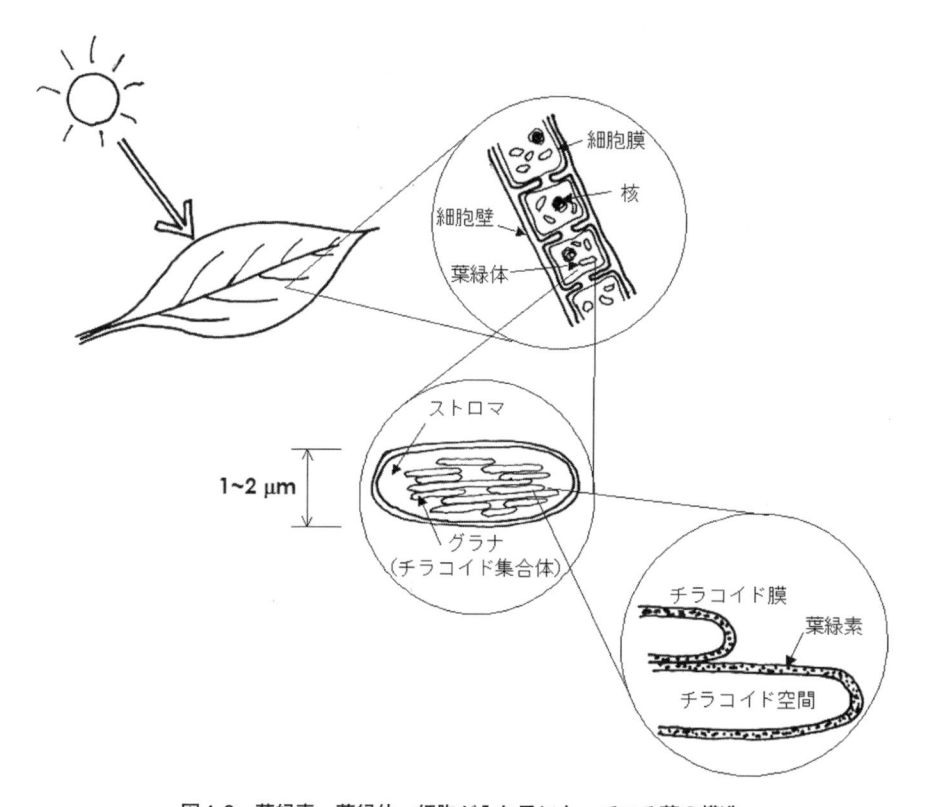

図4-3　葉緑素・葉緑体・細胞が入れ子になっている葉の構造

グラナのなかのチラコイド膜にある葉緑素は、細胞壁・細胞膜を透過してきた日射を取り込むと、その一部が水 (H_2O) を水素 (H_2) と酸素 (O_2) に分解します。ゴルフボールに例えた日射の粒（光量子）が大きな勢いを持っているために水素と酸素のつながりを切ると考えればよいでしょう。この水素は、チラコイド膜上に存在するあるタンパク質の働きで、水素の運び手となる物質（NADP）と結合します。酸素の方は、葉緑体から葉細胞質へ、葉細胞から気孔へ、気孔から外部環境へと排出されます。

チラコイド膜には、もうひとつ重要なタンパク質が存在します。それは、グルコースをつくるのに必要不可欠な物質（ATP）を、その原材料物質（ADP）とリン酸（P）からつくるための装置としてのタンパク質です。以上の過程は、日射が葉に当たることではじめて成り立っています。夜には起きません。そういうわけで明反応といいます。葉緑素は一種の太陽電池とみることができます。

明反応に引き続いて起きる反応を暗反応といいます。これは、グルコース（$C_6H_{12}O_6$）を生産することをいいます。チラコイドの集合体グラナの外側に広がるストロマでは周囲環境から二酸化炭素（CO_2）を取り込み、二酸化炭素の炭素と酸素の間に水素を割り込ませてグルコースをつくります。水素を炭素と酸素の間に割り込ませる仕事を行うのに必要なのがATPです。ATPはグラナで起きた明反応でつくられる量では足りず、植物と動物の双方の細胞内に共通して存在するミトコンドリアと呼ばれる器官が多量のATPをつくります。ミトコンドリアのおよその働きは後述します。

(3) 光合成

大気中の二酸化炭素（CO_2）は大気圧1,013hPaのうち0.03〜0.05％を占めるにすぎません。言い換えれば、炭素は大気中で薄く広がって存在しています。グルコースの水溶液、あるいはグルコースが集合したショ糖やデンプンといった結晶（固体）は、大気圧1,013hPaのもとで存在します。この場合の炭素は著しく狭い空間に密集して存在しています。グルコースの生産（光合成）とは、広い空間に薄まって存在する炭素を、狭い空間に濃く存在させることです。このことをしばしば炭素の固定といいます。グラナの明反応とストロマの暗反応を模式的に描けば図4-4のようになります。

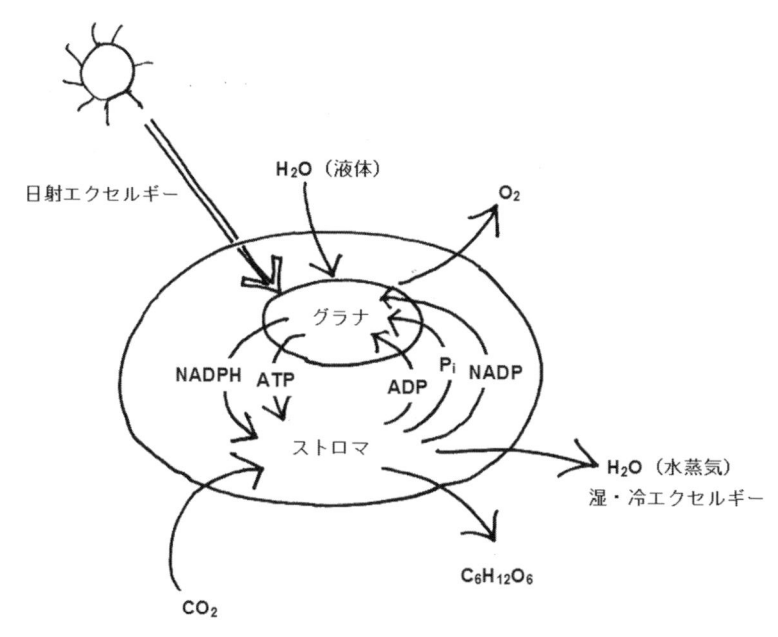

図4-4 グラナとストロマとから成る葉緑体

　グルコース分子の1個は、炭素原子6個、水素原子12個、酸素原子6個で構成されます。水分子の1個は、水素原子2個と酸素原子1個で構成されていますから、グルコース分子1個をつくるには水分子6個が必要です。また、グルコース分子1個に炭素原子が6個あるということは、原料としての二酸化炭素分子1個が炭素原子1個と酸素原子2個の組み合わせで構成されていますので、二酸化炭素分子はやはり6個必要です。以上のことは、小学校の高学年から中学校・高等学校を通じて何度か教わりますが、改めて考えてみると、実はこの説明には欠けている自然現象があります。それは光合成に不可欠な水の蒸発です。

(4) 蒸発

　チラコイド膜にある葉緑素は、どんな波長（あるいは振動数）の光を受けても水を分解できるわけではありません。水の分解が可能になる光の波長領域は限られています。図4-5は、葉緑素が活動する光の波長領域を示したものです。葉緑素は、人の目には青く見える$0.4 \sim 0.5 \mu m$（ミクロン）と赤く見える$0.6 \sim 0.7 \mu m$の波長範囲の光をよく吸収します。人は$0.5 \sim 0.6 \mu m$の光を緑色として感知します。そのため、私たち人の目には多くの植物の葉が緑色に見えるのです。図4-5に示した波長領域が$0.4 \sim 0.5 \mu m$と$0.6 \sim 0.7 \mu m$にある光合成に関与できる日射は、

全体の20%弱です。この20%のさらに1/4から1/3、すなわち5～6％がグルコースという特異な構造に固定されます。残りの94～95％は、結局のところ熱になります。この大量の熱をどう処理するかが、実のところ植物にとって生きるか死ぬかを決する重要な現象なのです。上の段落に述べたグルコース分子1個当たりの水分子6個が蒸発するわけではないことに改めて注意してください。

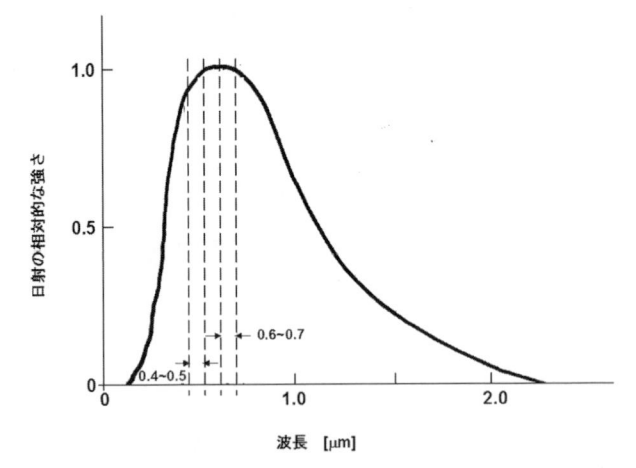

図4-5　日射の波長ごとの相対的な強さと、光合成に寄与する日射の波長領域

写真4-1は、ある並木道の様子を赤外線放射カメラで撮影したものです。この写真からわかることは、葉が十分に繁った植物では、かなり強い日射を浴びていても葉の温度はあまり高くはなっていないことです。樹冠の少し下部の温度はむしろ気温よりわずかに低くなることが少なくありません。

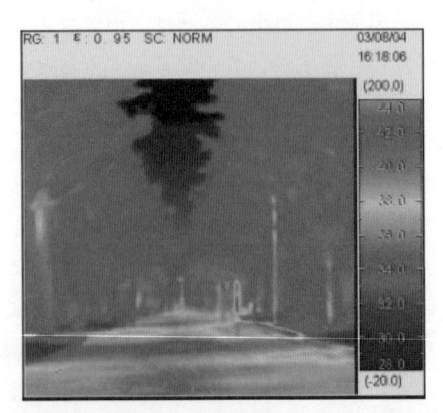

写真4-1　東京のある並木道の赤外線放射画像

葉の部分の低温は、もし、上述した大量の熱が対流、伝導、（常温の）放射だけで周囲環境に流れるのであれば実現不可能です。私たちが天気の良い日に屋外を歩いていて、頭や肩に陽射しを受けると、とても熱く感じることを考えればわかるでしょう。葉の温度が低く保たれるのは、グルコースに固定される水のほかに大量の水が根から吸い込まれ、葉の表面から蒸発するためです。その量を見積もってみると、グルコース分子1個当たりに水分子およそ600個ということになります。グルコース分子1個の一部になる原料としての水分子は6個ですから、その100倍の水が蒸発しないと光合成は営めないわけです。

植物にとっての光から熱への流れは、大量な水の蒸発（拡散）があって初めて成り立っています。

4-1-3 動物と光
(1) 光がつなぐ食物連鎖

動物はみな、植物とは異なり、栄養を自家生産することができません。私たち人ももちろん動物の一種ですが、動物のからだを構成する細胞の内部には幸か不幸か葉緑体がないのです。そういうわけで、ほかの動物か植物を環境中に見つけて食べ物として口から取り込み消化しなくてはなりません。

動物Bを食べる動物Aがあるとしましょう。動物Bは動物Cを食べ、動物Cは動物Dを食べ……といった関係が動物L、動物Mまで連なり、動物Mは植物イを食べるとします。このような関係を食物連鎖といいます。植物イは4-1-2に述べたように光合成によって自らのからだをつくっているのですから、結局のところ、動物Aは光合成によって成長した植物イのからだを間接的に食べていることになります。動物Aと植物イの間にある動物Bから動物Mは、動物Aにとっては、からだの外にある食べ物を生産しつつ消化吸収する器官の集合体と見ることができます。このように動物のからだと植物のからだがつながっていることをよく認識することが重要です。私たち人を含む動物は、間接的に光を食べて生きているといってもよいでしょう。

(2) 細胞の中の光

私たちは光合成の生産物グルコースだけを食べていれば、それだけでからだの構造を維持できるというわけではありません。グルコースのほかにからだという構造の原材料であるアミノ酸類（タンパク質を構成する単位）をやはり食べなくてはなりません。私たちのからだを構成する細胞群は大人になっても、脳を含む神経系を成す細胞群や心筋細胞群を除いては、絶えずつくられては壊れ、壊れて

はつくられて入れ代わっています。私たち大人のからだは、10年も経てば大部分の細胞群は入れ代わっていると考えられます。しかし、からだを構成する物質の入れ代わりがあっても、武蔵太郎さんは10年経ってもやはり武蔵太郎さんです。それは、武蔵太郎さんのからだを構成する細胞一つ一つのなかに武蔵太郎さんとして唯一無二のゲノム（DNAの集合体）があるからです。

　4-1-2に述べたように、光は、炭素・水素・酸素の特異な構造としてグルコースという物質のなかに姿を変え閉じ込められます。このグルコースは、動物のからだの中で三つのことを行うのに利用されると考えればいいでしょう。まず一つは、筋肉細胞の内部にある筋繊維を収縮させ、いわゆる私たちの日頃の（目を動かす、話す、字を書く、歩くなどの）運動を引き起こすのに利用されることです。二つ目は、上に述べたように、つくっては壊れ、壊れてはつくるプロセスを引き起こして、タンパク質を合成し続けることへの利用です。さらに三つ目は、神経細胞の内外でナトリウム（Na）イオンやカリウム（K）イオンの濃度差を維持して、信号の伝達が絶えず滞りなく行えるようにするために、神経細胞の膜状に無数に存在するNa-Kポンプを働かせることへの利用です。

　グルコースは反応性が強いので、生体にとっては実は危険な物質でもあります。要するに燃えやすいのです。したがって、筋繊維の収縮、タンパク質の合成、神経細胞膜のポンプ運転は、グルコースが姿を変えたATPと呼ばれる（生体にとっては安全性が高く扱いやすい）物質の働きを利用して行われます。ATPは、葉緑体と同様に細胞内器官であるミトコンドリアが、原材料である物質（ADP）とリン酸（P）を合成してつくります。ミトコンドリアの数は、例えば私たちのからだであれば、強い運動を行わせるのに必要な大腿部などの部位を構成する細胞の中にたくさん存在しています。

　グルコースを構成する炭素・水素・酸素の特異な組み合わさり方として固定されていた光は、筋繊維の収縮、タンパク質の合成、神経細胞膜のポンプ運転の後は結局のところ熱になります。私たち人を含む動物のからだが持つ特異な構造（かたち）と機能（かた）は、光から熱への流れの中にあって成り立っているといえます。そのイメージを**図4-6**に示しておきます。

(3)　動物からの発熱

　光の取り込みを、動物は食べ物を口に入れることで行っていることは、朝・昼・夕三回の食事を思えば直ちに意識化できるでしょう。空腹感は光の取り込みが必要であることの知らせだと思えばよいのです。からだからの熱の流れ出しの方は、うまくいっている限りは意識にのぼることはありませんが、ちょっとうまくいか

なくなると、暑さや寒さとして知覚されます。私たち人の場合に限らず、動物は一般に暑さを感じれば、涼しさを得ようと行動を起こします。寒さであれば、温かさを得ようと行動を起こします。感覚に始まって、知覚・認知（意識）・行動へと至るプロセスは、図4-7に示すように巡ります。

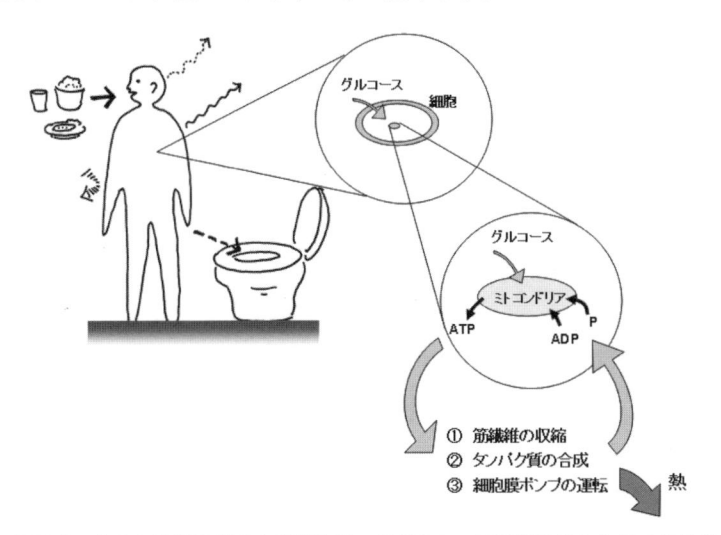

図4-6　人のからだを構成する細胞群へのグルコースの取り入れと三つの働き

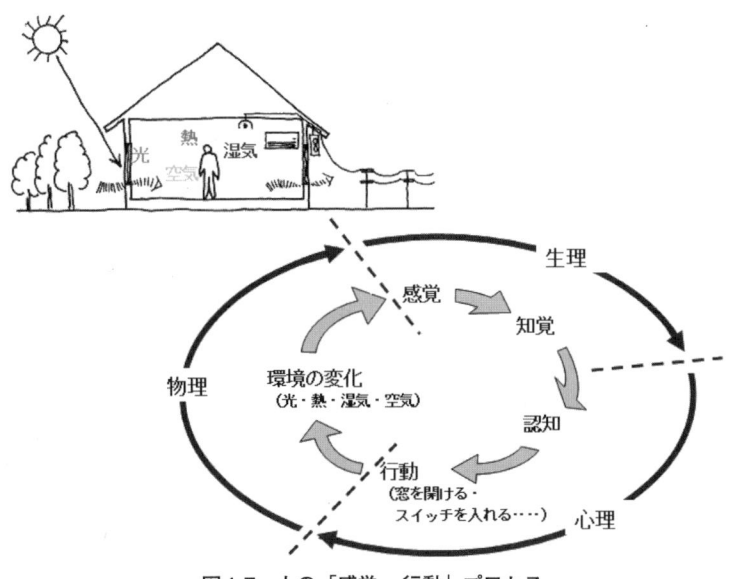

図4-7　人の「感覚―行動」プロセス

人のからだから周囲空間への熱の流れには、4-1-1に述べたように、対流・伝導・放射・蒸発がかかわっています。伝導は足や手などの地面や床・壁などに接しているところで起きます。対流と放射は、どんな環境条件でも必ず大きな役割を果たしています。人ではおおむね対流と放射が半分ずつと考えてよいでしょう。蒸発とは汗水の蒸発を思い浮かべればよいと思いますが、特に夏の条件では汗の果たす役割は、植物の光合成における葉からの蒸発散と同様極めて重要です。人のからだとその周囲環境空間で起きる熱の流れのイメージを図4-8に示します。

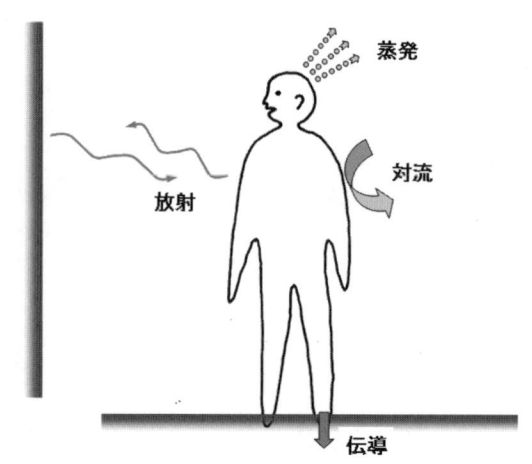

図4-8　人のからだから周囲空間への熱の流れ

体表が羽や毛で覆われている動物には、汗がほとんどかけず蒸発による放熱がしにくい動物もいます。身近にいる動物では、犬がその代表です。暑いときに、犬は舌を出して、口でしきりに呼吸します。これをパンティングといいます。犬は、汗水を蒸発させて体温の上昇を防ぐことができません。その代わりに、濡れた舌の表面の対流を促進させ蒸発を促進させるわけです。

（宿谷昌則）

4-2　人間にとっての光

私たち人間が生活を営む最も身近な建築環境空間にある光は、空間的に必ず分布があり、また、時間的に絶えず変動しています。どのような分布や変動がもたらされるかは、光環境をどのようにつくるかによって決まります。「つくる」というと、建築家・照明デザイナー・電気設備設計者などの専門家（玄人）がつく

る、それ以外の人々（素人、住まい手）は光を使うだけ……と考えられがちですが、そうではありません。照明を「使うこと」は光環境をつくることなのです。ここでは身近な環境空間における光の「流れ」と人の関係を考えてみましょう。

4-2-1　自然照明と人工照明
(1)　昼光照明と電灯照明

太陽からやって来る光は、特に照明を目的として議論する場合「昼光」といい、昼光を利用する照明を指して昼光照明といいます。昼光照明によって、昼間に不要な電灯照明を使用しないようにすれば、照明用電力消費が減らせます。そうすると、夏季には冷房の必要性も小さくなります。冬季には暖房の必要性が増すと思うかもしれませんが、それは違います。なぜなら、電灯照明を行うことは、熱的な観点から見れば、電熱ヒーターで暖房を行っていることにほかならないからです。

昼光照明は、窓ガラスが持っている放射に対する特異な性質を利用する建築技術の一つです。ガラスの特異な性質とは、**図4-1**にそのイメージを示したように、日射（昼光）は透過しやすいけれども、常温の放射はほとんど透過できずに吸収されてしまう性質のことです。窓ガラスあるいは内側に設けた日除けにより、太陽から直接やってきた指向性のある昼光を天井方向に反射させたり、天井を艶消しの白色仕上げにして光を室奥の方にまで拡散させ導いたりすることができます。これらはいずれも、自然にある光から熱への流れに「手入れを施す」技術です。自然を克服する技術ではなく、自然に手入れをする技術なのです。**写真4-2**にその一例を示します。

19世紀後半に始まった電力の生産とその分配は、画期的な技術開発でした。いかに画期的だったかは、今日に至るまで日常的に使われている"デンキを点ける"という表現がよく物語っています。電力がつくられ、照明にまず使われたことは、当時の社会にとって大事件だったに違いありません。人工照明といえば、通常は電灯照明を指す場合が多いのはそのためでしょう。

写真4-2　昼光照明と日射遮蔽のためのライトシェルフのある窓面

(2) 照明のデザイン

しかし、窓をどのような大きさにして、どこに設けるか、そして窓面に入射した日射をどのように透過させ、どのように拡散させて照明に用いるか、それは、窓を含む建築外皮をどのように設計するかによって決まります。このことを改めて意識化しておきたいと思います。図4-9に示すように、昼光照明を人工照明の一つとして、少なくとも電灯照明と並列させて考えることが重要です。

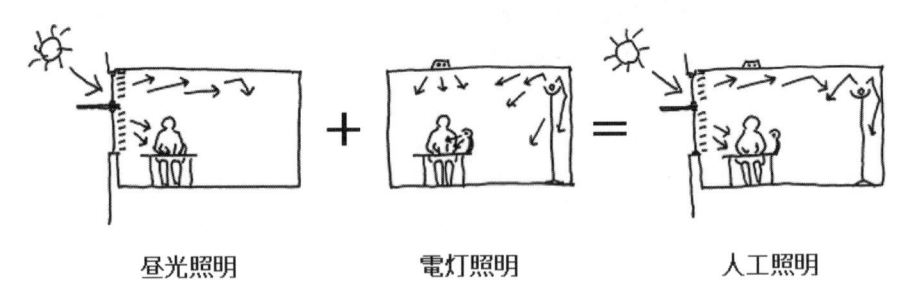

　　　昼光照明　　　　　　電灯照明　　　　　　人工照明

図4-9　昼光照明と電灯照明が総合されて成り立つ人工照明

表4-1は、以上のような考え方に基づいて照明システムを分類してみたものです。この表では、人工照明に対置する照明として、人の手が加わりようのない屋外空間の昼光（自然光）による照明を、あえて天然照明と呼んで区別してあります。

照明とは読んで字のごとく照らして明るくすることですが、何を何で照らすかといえば、私たちが見る対象物を光源から放たれた光で照らすわけです。光源を出た光が無雑作に照明の対象に当たっただけでは、光が創り出す美しさを得ることはできません。光源のほかに、光の方向を変えたり拡散させたりする〈しかけ〉が必要になるのです。

表4-1　照明システムの分類

システム		光の方向転換・拡散	光源	エクセルギー源(現象)
天然照明		地球(自転・公転)・雲	太陽・空	太陽(核融合)
人工照明	昼光照明	窓・日除け	太陽・空	太陽・空(核融合)
	電灯照明	笠・格子など	蛍光灯・白熱電灯など	火力・水力・原子力発電所(燃焼・落水・核分裂)
	伝統照明	小皿・格子など	ロウソクなど	植物油・動物油(燃焼)

表4-1の最右欄には、光源に対応するエクセルギー（エネルギーの拡散能力）源が示してあります。天然照明のためのエクセルギー源は太陽です。太陽では不断に核融合反応が生じており、その結果として放たれる光のエクセルギーが地表に到達し、天然照明のために消費されます。地上に生きる私たちが天然の明暗変化を楽しめるのは、地球の自転・公転と、絶え間ない雲の生成・消滅があるからです。このような光の方向転換・拡散は、人工照明における窓ガラス・日除け・照明器具（笠や格子など）を用いた光の制御に対応します。

　白熱電灯の発明は1879年、蛍光灯の発明は1939年です。今日あたり前と思われている電灯照明も、人類史全体で考えれば、実は過去60～120年という極めて短い歴史を持つにすぎません。ガス灯まで遡ったとしても、その発明は1790年頃です。したがって、昼間は昼光照明、夜間は松明（たいまつ）やロウソクによる照明が人類にとっての（伝統）照明なわけです。松明・ロウソクが光源となれるのは、植物の光合成で作り出された炭水化物が、太陽から電磁波に乗ってやってくる光の一部を蓄えているからにほかなりません。

4-2-2　照明の機能
(1)　明視照明

　照明は、図4-10に示すように、文字を読んだり書いたり、図・絵を描いたり、長さ・重さを測ったり……などを目的とする明視照明と、建築環境空間の雰囲気づくりを目的とする雰囲気照明とに区別することができます。

図4-10　明視照明と雰囲気照明

　明視性を確保しようとするならば、見る対象に十分な量の光を当てなくてはなりません。見る対象が小さくなれば、それに応じて光の量は増やさなくてはならないのです。例えば、家具の配置を変えたり、本棚に本を入れたりするなどの粗

い作業と、文庫本の中の文章を読む動作とを比べてみましょう。前者は、少量の光でも可能ですが、同一の光の条件で文庫本を読むのは困難です。文庫本のページ面には、より多量の光を当てなくてはなりません。腕時計のように小さな精密機械の中にある小さなネジを回すなどの細かい作業であれば、文庫本を読むよりもさらに多量の光が必要になります。

明視性を定量的に表現するのは、（健康診断の際に0.8、1.0、1.5などの数値で表現される）いわゆる視力です。視力の大きさは、通常の建築環境空間では、照明対象の単位面積当たりに入射する光の量（照度）の対数値におよそ比例すると考えてよいでしょう。

(2) 雰囲気照明

雰囲気照明の方は、建築環境空間の全体にほどよい明るさを与えるために行います。ほどよい明るさの程度は、雰囲気照明の対象空間が居間や教室・事務室などの比較的長い時間を座って過ごす空間か、廊下のように人が歩行で移動するための空間かによってまず異なります。また、居間と事務室とでは用途が異なるわけですから、やはり違ってくるでしょう。さらに、4-2-1に述べた昼光照明を可能とする窓のある建築環境空間か、それとも地下階などで窓を設けることのできない空間かでも異なってきます。

雰囲気照明がもたらすべきほどよい明るさは、光の量の大小よりも、空間の中にどのように光が分布するかが強く影響します。言い換えると、暗すぎず、また同時に明るすぎることのない光環境を計画しなくてはなりません。

昼光照明では、窓に室奥天井方向に光を向かわせるライトシェルフなどの〈しかけ〉があっても、窓際から室奥に向かって光の量は必然的に小さくなっていきます。従来は、このような光の自然な振る舞いがもたらす空間的な分布や、時間的な変動は排除すべき・克服すべき対象と考えられていました。そう考えると、昼光照明は人工照明の一つとは考えにくくなってしまいます。人工照明がすなわち電灯照明であるとされた所以です。しかし、後述する人の生理・心理・行動を勘案すると、自然の光がもたらす分布や変動をむしろプラスの側面と考え、それらをうまく引き出せるよう光環境を計画することが肝要です。

4-2-3　直接照明と間接照明

光源と受光面の間に何ら〈しかけ〉がなく直接的に光がもたらされる照明の仕方を直接照明といいます。例えば、**図4-10**のAのように、卓上の電気スタンドの蛍光灯から読書中の本のあるページ面（照明の目的とする対象面）に光が入射

しているとしましょう。あるいは、透明な窓ガラスを透過して天空が放った自然の光が窓際の机の上に開かれている本のページ面に入射しているとしましょう。これらは、直接照明の最も典型的な例です。直接照明を一方の極にあるとすると、もう一方の極にあるのは、間接照明です。間接照明は、**図4-10**のBのように、光源から放たれた光を拡散的に透過・反射させ、照明の目的とする対象（受光）面に到達させる照明の仕方のことです。**図4-9**、**図4-10**を参照して、あるいは読者の身の回りにある様々な光環境空間を観察して、直接照明と間接照明における光の流れを（心眼で）イメージできるようにするとよいでしょう。

　直接照明では、光源が人の視野に入りやすくなりがちです。間接照明ではそれが起きにくくなります。直接照明は、光源を発した光が効率よく受光面に入って、照明の対象だけを照らします。間接照明は照明の対象だけでなく、その周辺にある壁・天井なども照らすことになります。大雑把にいえば、直接照明は明視照明向き、間接照明は雰囲気照明向きです。

4-2-4　照明の総合化

　昼光照明と電灯照明、明視照明と雰囲気照明、直接照明と間接照明の組み合わせと使い分けを上手に計画することが重要です。

　飛行機内の人工照明は、昼光照明・電灯照明、明視照明・雰囲気照明、直接照明・間接照明の使い分けと組み合わせがうまくできる良い例です。飛行機内は、かなり限定された狭い空間であり、また、人は数時間を座り続けるので、いわゆる建築における環境空間とは異なりますが、建築の光環境計画にとって参考になる点が少なくありません。例えば、窓際の席の一つ一つに一つの窓が対応しており、その一つ一つに遮光用スクリーンがあって、それぞれ個別に上げ下げが可能です。明視照明用のランプは各席の手元範囲だけを照らせます。雰囲気照明のランプは座席の位置からは見えないように壁面の中ほどより上部に隠されており、壁面上部から天井面にかけて比較的広い面積を照らせます。したがって、柔らかい雰囲気の光環境が形成されるのです。

　20世紀後半の約50年間で形成されてきた日本の建築・都市空間における照明は、明視照明か雰囲気照明かの用途の違いを問わずに、また、事務所建築・学校建築・住宅建築の違いについても十分な注意が払われずに、直接照明が多用されてきました。そのため、人々は、強い光を放つ光源を、時間的にも空間的にも区別なく絶えず直視させられてきました。例えば、**写真4-3**のaとcはそのような光環境を示す一例で、bは同じ建築空間で昼光照明だけの場合、そしてdは間接照明を

施した場合です。同じ建築空間でも照明の仕方によって著しい違いのあることがわかるでしょう。

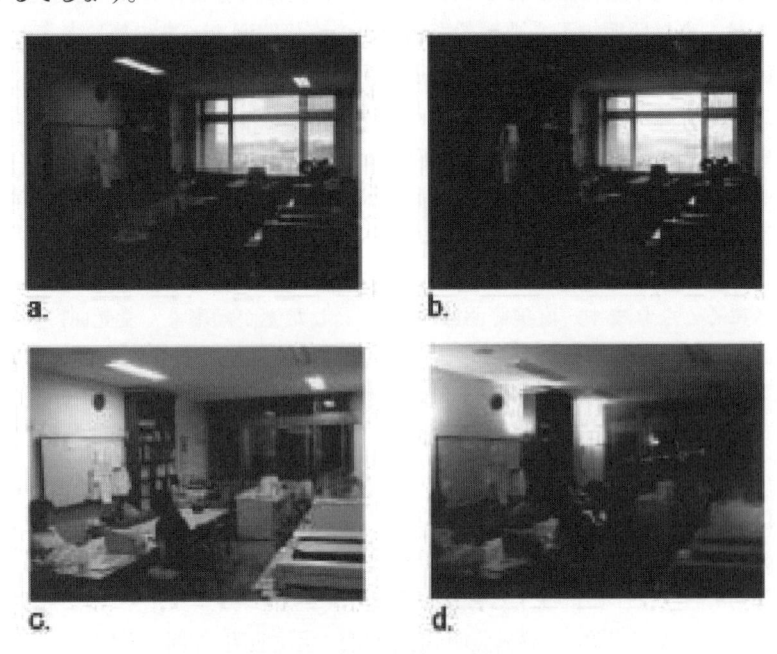

写真4-3　人工照明の方式の違い
（昼光照明か電灯照明か、直接照明か間接照明か）と光環境の違い

　地球環境時代における人工照明を実現するには、現在当たり前のように行われている照明の仕方を徐々に変えていかなくてはなりませんが、それには10～30年を要すると考えられます。照明によって得られる光は、人が長い時間を過ごす環境空間を照らし続けますから、そのなかで生活する人の照明に対する知覚や意識は、知らず知らずのうちにある〈かた〉を持つように形成されてしまいます。**写真4-3**のa～dを見て、「明るそう」と思うか、それとも「暗そう」と思うかは、読者それぞれ（の脳）が記憶している明るさ感の〈ものさし〉によるでしょう。この〈ものさし〉は、読者がこれまでに与えられた光環境のなかで長い時間をかけて形成されてきた知覚内容や意識内容です。したがって、意識の変容にはやはり長い時間をかける必要があるのです。このことに関連して、**4-2-5**に述べる人のサーカディアンリズム（概日律動）の性質や、**4-2-6**に述べる明るさ感の後得性は銘記しておきたい重要な事柄です。

4-2-5　光環境と生活のリズム—太陽のリズムと月のリズム

　サーカディアンリズム(概日律動)には陰陽二つあって、一つは周期が25時間弱、いま一つは周期が24時間です。前者(陰)は月・地球・太陽の間に働く引力に基づいています。後者(陽)は太陽の放つ光が地球の自転によって周期を持つようになっていることに基づいています。

　ここでは、乳児のサーカディアンリズム形成についてKleitman(1953)が観察記録した図4-11を参考にして考えてみましょう[3),4)]。図4-11は、ある乳児が生後11日目から182日目に至るまでの間、1日のうちで目をいつ覚まし、いつ眠っているのかを示しています。横軸に午前零時から翌日の午前零時までの1日24時間をとり、縦軸には上方から下方に向かって生後の経過週数をとってあります。図中にある各横線は眠っている時間帯を、空いている部分は起きている時間帯を、そのなかにある点々は授乳時を示しています。

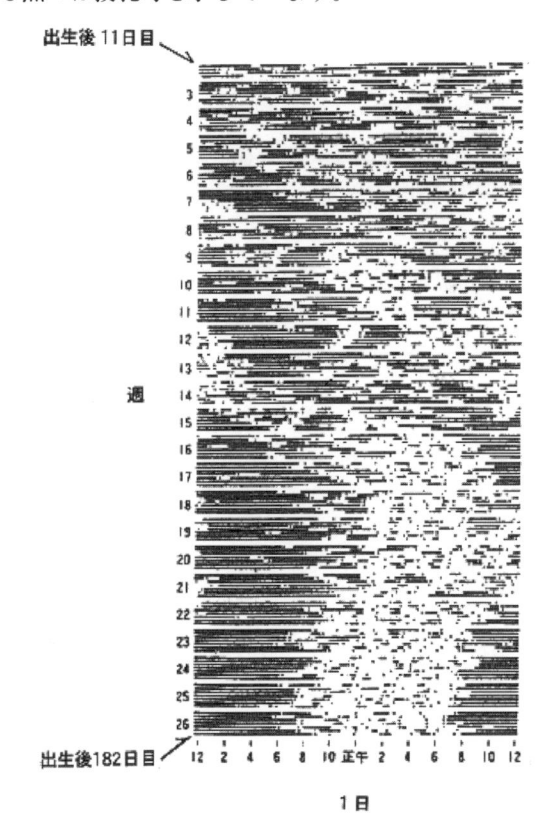

図4-11　乳児の起きている時間帯(空白)と眠っている時間帯(横線)を記録した例 (Kleitman、1953)[3) 4)]

図の全体に独特のパターンが見られます。3週目から15週目ぐらいまでを見ると、右下斜めに下がっていく帯状のパターンがあり、16週目以後は右下斜め方向のパターンが次第に消えていき、空いている部分、すなわち起きている時間帯が毎日朝8時頃から夜8時頃までというパターンになっています。パターンがこのような縦方向になるということは、16週目以後は24時間周期のリズムで生活しはじめたことを示しています。それでは、3週目から15週目はでたらめだったかというと、図4-11に示されるとおりのパターンがあるのだからでたらめというわけではないのです。

図4-12は東京湾における満潮・干潮時刻の1カ月間にわたる経日変化を、1993年7月のデータ[5]を使って描いたものです。1日に2回ずつ現れる満潮・干潮時刻が毎日少しずつ遅れていくことがわかります。この遅れがつくるパターンは、実のところ、図4-11の14週までの模様とほとんど同じです。図4-12の縦軸の長さは、図4-11の縦軸の4週分の長さに対応します。そこで、図4-12を縦方向だけを縮めたとして、図4-11の例えば3〜5週のパターンと比べることを想像してみてください。満潮時刻・干潮時刻の遅れのパターンは、図4-11の14週までのパターンとよく似ていることがわかるでしょう。乳児は生後14週頃までは、潮の満ち干きと同じく約25時間周期のサーカディアンリズムを持っているわけです。

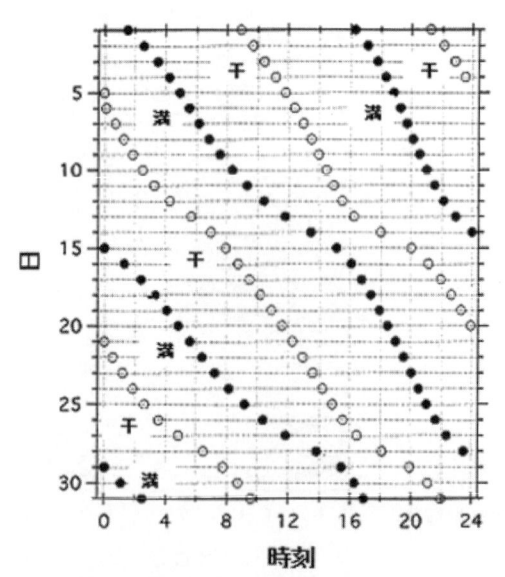

図4-12　東京湾における満潮・干潮時刻の経日変化の一例（1993年7月）

人はみな、受精卵から始まって誕生に至るまでの10カ月間を光のほとんど届かない母胎という環境空間で生活します。この10カ月間は、海岸に見られる潮の干満と同様に、月の日周運動の影響を色濃く受けて、約25時間を周期とする一つのサーカディアンリズムを作り上げます。しかし、乳児は、誕生とともに昼光を浴びはじめると、24時間という太陽の日周運動に次第に同調するようになり、誕生から16週ほどで、25時間周期のサーカディアンリズムは、見かけの上では消えてしまいます。

大人が窓のない室で電灯だけに頼って光を得て、好きなときに起き、好きなときに眠るといった生活をすると、生活時間周期は24時間ではなく、多くの場合25～28時間になるといいます。これは、月の日周運動の影響が消えることなく、私たちのからだの奥深くに刻み込まれている証でしょう。

地球上に現れた最初の生命は、太陽光の届かない地熱で高温な深海の底で発生したようです[6]。それ以来、多細胞生物が発生展開していよいよ陸に上がるようになるまでの間、生命は、月の日周運動の影響を色濃く受けたはずです。そのことが遺伝情報の一つとして人のからだに記憶されているために、以上のような現象が起きると考えられます。陰陽二つのサーカディアンリズムは、いずれも私たち人のからだが自然の一部であり、生命進化のプロセスを記憶していることをよく物語っています。

私たち人は、窓から得られる自然光によって照明される建築環境空間で生活することで、自らの身体に必要な陽のサーカディアンリズムを正しく刻ませます。このことは、窓の、そして天然光源を利用する昼光照明の第一義的な意味です[1～3]。建築環境における光から熱への流れの計画で、昼光照明がなぜ重要なのかが改めてわかると思います。

4-2-6 光環境と明るさ感の後得性

「生まれながらにして」を生得性というのに対して、「誕生後の経験を通じて」を後得性といいます。生得は先天・先験、後得は後天・経験と言い換えてもよいでしょう。人に限らず様々な動物の生命現象には生得的な現象と後得的な現象が見られます。人の明るさ感も例外ではなく、人の後得的な現象の一つと考えられます。

表4-2は、7人の被験者（A・B・C・D・E・G・H）に、自宅と自宅以外（学校やアルバイト先）での光環境で、昼光が入る状況と電灯を使用する状況について聞き取り調査を行った結果を整理したものです[7]。被験者A・C・Hは比較的

よく昼光が入る状況で生活しています。被験者Eは自宅でも自宅以外でも昼光が入る状況はほとんどなく、電灯を使用する場合が多いようです。被験者B・D・Gは、他の被験者と比べて昼光と電灯を併用して生活しているといえます。

表4-2　被験者7人の自宅・自宅外における光環境に関する聞き取り調査

☀ 昼光が入る状況　　💡 電灯を使用する状況

	日中 天気の悪いとき	日中 食事のとき	自分が一番 多くいる場所	自宅以外
A	☀	☀	☀	☀
C	☀	☀	☀	☀ 💡
H	☀	☀ 💡	☀	☀ 💡
E	💡	💡	💡	💡
B	☀ 💡	☀ 💡	☀ 💡	☀ 💡
D	☀ 💡	☀ 💡	☀ 💡	☀ 💡
G	☀ 💡	☀	☀ 💡	☀ 💡

　図4-13は、これら7人の被験者について、ある日の夕刻から翌日の午前中の暴露照度の積算値［lx・s］を測定した結果です。図中に示す夜間とは、18時30分（日没）から翌朝5時10分（日出）のことで、日中とは、5時10分から被験者が外出するまでのことです。前者には昼光が含まれず、後者には昼光と電灯光の双方が含まれていることになります。被験者A・C・G・Hは、暴露照度の全積算値に対して、日中の積算値の割合が70～90％で、被験者B・D・Eに比べて大きいことがわかります。

　図4-13に示した暴露照度の結果は、**表4-2**に示したヒアリング結果と整合性があります。A・C・Hは、EやB・D・Gに比べて明らかに昼光を好むといえるでしょう。

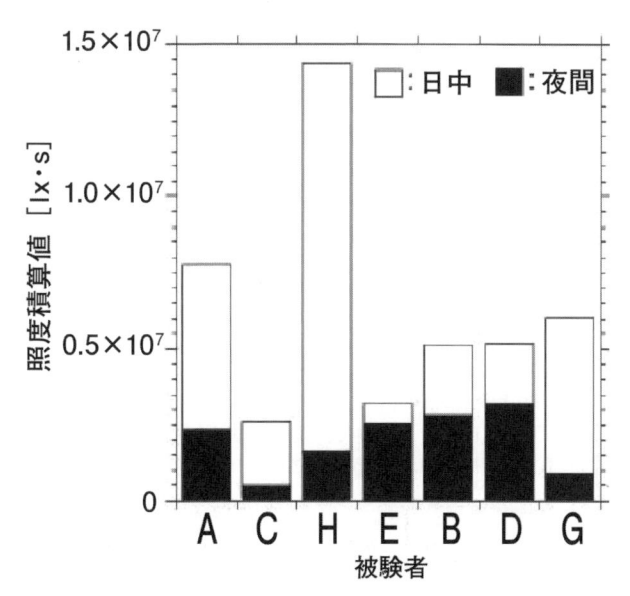

図4-13 被験者7人のある日における暴露照度

　これらの被験者に様々な光環境条件を与え、その際に光環境を調整するとしたら、どのような行動をとりたいかを申告してもらいます。そうすると、例えば、電灯光のみによる光環境において、被験者Aは明るさ感が「少し暗い」のに「このままでよい」、Cは「ほどよく明るい」のに「カーテンを開けたい」、Hは「少し明るすぎる」のに「カーテンを開けたい」となりました。また、昼光と電灯の双方で形成された光環境では、Eは「ほどよく明るい」のに「廊下に行きたい」、Gは「カーテンを閉めたい」などとなりました。
　これらは、光環境を調整しようとする行動とそれに対応する明るさ感が、日頃暴露されている光環境についての記憶と照らし合わせることで生じていることを示唆しています。言い換えると、明るさ感の後得性、すなわち後得的明るさ感が光環境における行動を決定していると考えられます。
　これまで、人の明るさ感は一定不変であるという前提のもとに、光環境の計画・設計・運用が行われてきました。しかし、実は与えられた光環境が人の明るさ感を変化させているのです。すなわち、フィードバック（あるいはフィードフォワード？）がかかっているのです。光環境（に限らず熱環境や空気環境）に対するこのような人の生理・心理・行動様式の一連のプロセスを考慮することは、地球環境、そして地域環境に備わった自然の仕組みにならう人間にとって、不自然でな

い建築環境を計画する上でとても大切なことです。

(宿谷昌則)

参考文献
1) 宿谷昌則編著：エクセルギーと環境の理論、北斗出版、2004
2) 宿谷昌則：自然共生建築を求めて、鹿島出版会、1999
3) 千葉喜彦・高橋清久：時間生物学ハンドブック、朝倉書店、1991
4) Kleitman, N, Engelman, T. G.：Sleep Charcteristics of Infants, No.6, pp.269-282, Journal of Applied Physiology, 1963
5) 国立天文台編：理科年表1997、丸善、pp.52-64、1996
6) Dyson, F.：Origin of Life, Revised ed., Cambridge University Press, pp.32-35, 1999
7) 直井隆行、若月貴訓、竹内亜沙美、宿谷昌則：後得的明るさ感に関する実験的研究、日本建築学会環境系論文集、No.569、pp.55-60、2003.7

トピック
クールルーフによるヒートアイランド緩和

近年、都市部のヒートアイランド現象が顕著となり、社会問題となっています。この原因として、下記の３点が挙げられます。
① 都市における人工排熱の増加。
② 都市がコンクリートやアスファルトで覆われたことにより、日射熱や人工排熱を溜めやすくなったこと。
③ 都市の通風が少なくなったこと。

ここでは、上記の②に着目し、都市に蓄えられる日射熱を少なくすることにより都市のヒートアイランド現象を緩和する方法を考えます。ここで紹介するヒートアイランド対策である「クールルーフ」は、アメリカ・ヨーロッパでは有効な対策の一つと認識され、また、東京都などの一部の自治体においてもすでに推進しているものです[T1]。

(1) クールルーフとは

陽射しが強く、暑く乾燥した気候の多くの地域では、建物の外壁が白いことに気づかれたと思います。例えば、地中海地方のバミューダ島、サントリーニ島（**写真T-1**）やアテネなどでは分厚い石造りの壁の外側を石灰で白く塗っており、特徴的な景観を形成しています。日本においても土蔵などでは外側は白く塗られています。これは、昼間の強烈な日射を反射することにより、日射による室内の温度上昇を和らげようとするためです。このように外壁を「白い壁」とし、日射反射率を高めることは、室内を涼しくするための古くからある知恵の一つといえます。

一方、このような「白い外皮」は、近年、省エネルギーと都市のヒートアイランド現象緩和の観点から注目されています。すなわち、**図T-1**に示すように建物の屋根の日

写真T-1　エーゲ海サントリーニ島

射反射率を高めて冷房用電力消費の軽減を図ると同時に、都市全体の日射反射率を高めることにより、太陽からの日射エネルギーを天空へと反射する割合を高め、またヒートアイランド形成を抑制しようとするものです。

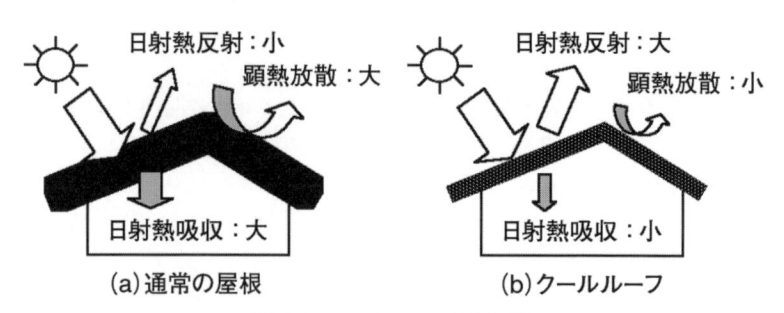

(a) 通常の屋根
日射熱反射：小
顕熱放散：大
日射熱吸収：大

(b) クールルーフ
日射熱反射：大
顕熱放散：小
日射熱吸収：小

図T-1　クールルーフの概念図

　都市気温の上昇や熱帯夜増加の一つの原因として、都市がコンクリートやアスファルトなどの熱容量の大きい材料、すなわちいったん熱くなると冷めにくい材料で覆われていることが挙げられます。都市を覆うこれらの材料が受ける昼間の日射熱や人工排熱が都市内部に溜まってしまい、ヒートアイランド現象を引き起こす原因になっています。これに対し、ヒートアイランド現象を抑制するための都市被覆の改善手法として、以下のようなことが考えられています。
　① 屋上緑化・壁面緑化・地表面緑化などの都市緑化
　② 保水性建材の適用
　③ 都市被覆の高反射率化
　上記の①、②の効果はすでに検証され、一部で推進されています。例えば、東京都ではある規模以上の建物を建てる場合は屋上の規定の面積以上を緑化するように指導されます。しかし、現実には屋上緑化や保水性建材は散水などのメンテナンス費用がかかり、緑化にともなう重量を加算して建物の計画をしなければならないという課題があります。また、都市の地表面の緑化を適切に進めることは非常に重要なことであり、これについてはすでに2章、3章、4章で述べています。都市の緑化を進めるには都市計画・地域計画が必要ですが、やはり今すぐにできることではなく、実効をともなうには数十年というタイムスパンが必要と考えられます。一方、比較的短いタイムスパンで実行可能なヒートアイランド対策として、都市表面の日射反射率を上げ、昼間に受ける日射熱が地表面・建物躯体に蓄えられる量を抑えることができる高反射率塗料（**図T-1参照**）が注目されています。この高反射率塗料を建物の屋根に適用する場合は「クールルーフ（cool

roof)」[T2)]、舗装面に適用する場合は「クールペイブメント（cool pavement）」と呼ばれています。ここでは主にクールルーフについて述べることにします。

図T-2（a）に太陽光線の分光分布を示しています。約6,000℃の太陽から地球上に到達するエネルギーは色々な周波数を持ったエネルギーの集まりです。400〜780nmの周波数帯のエネルギーを可視光線、780nm以上の周波数を持つ太陽エネルギーを近赤外線といいます。図T-2（b）に高反射率塗料の周波数ごとの反射率を白色、灰色、黒色の3種類について例示します[T3)]。可視光線の反射の仕方によって我々の色の見え方が変わり、白色では可視光線を良く反射し、黒色ではほとんど反射しなくなります。一方、近赤外線では図T-2（b）に示した塗料ではかなり反射率が高く、これが高反射率塗料の特徴です。一般的な塗料では近赤外線の反射はこのように大きくはありません。太陽エネルギーの約4割の熱量を持つ近赤外線を効率よく反射できる塗料が高反射率塗料です。可視光線も約46%という非常に大きなエネルギーを持っており、白い塗料の方が日射反射率は高くなります。

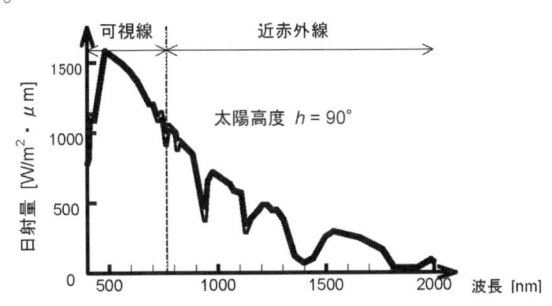

(a) 太陽光線の分光分布

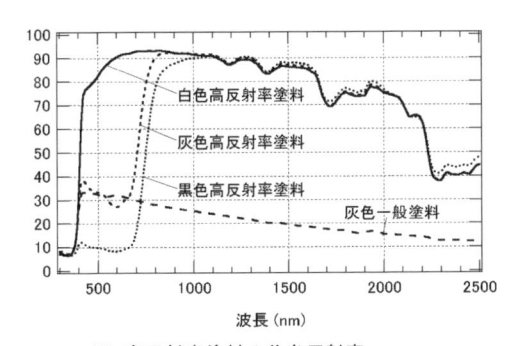

(b) 高反射率塗料の分光反射率

図T-2　高反射率塗料の分光反射特性の例[T3)]

(2) クールルーフによる個人の利益と公共の利益

日射反射率の高い屋根材は建物居住者あるいは所有者にとっては冷房用の電気代が少なくなる「個人の利益（Private benefit）」という面と、都市のヒートアイランド現象緩和という「公共の利益（Public benefit）」の二面があり、普及を進めるにあたっても説得力はあります。一方、日光を反射することによるグレア（まぶしさ）に対する懸念がありますが、金属性のものを除く多くの材料は拡散的な反射特性を持ち、グレアの心配は少ないと考えられます。また、ある建物の屋根の日射反射率を高めると日射熱が建物に反射して、隣接した建物での冷房用電力消費量が上がるのではないかという懸念も出てきます。これについてはほとんどの場合、問題はないことが確認されています[T4]。

(3) クールルーフによるヒートアイランド緩和効果に関する測定例

建物の屋根をクールルーフ化した場合の効果を検討するために、武蔵工業大学（現 東京都市大学）8号館屋上において表面温度、空気温度、放射エネルギー収支の測定を行いました（**写真T-2参照**）[T4]。図T-3より、クールルーフの表面温度は一般塗料の屋根面に比べ約10℃低くなっています。また、日射を受けない時間帯においても表面温度に約1℃の温度差があり、クールルーフは終日、屋上表面温度の上昇を抑えています。図T-4に示す屋根裏表面温度においてもクールルーフ適用の有無の差が見られ、特に16時〜20時の差が顕著です。これはコンクリート躯体の蓄熱により時間遅れが生じたためです。

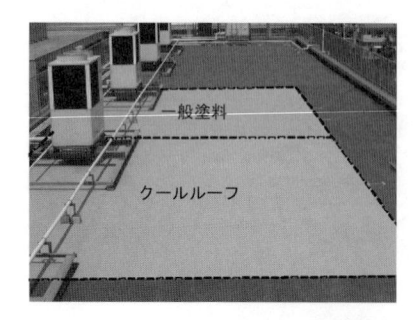

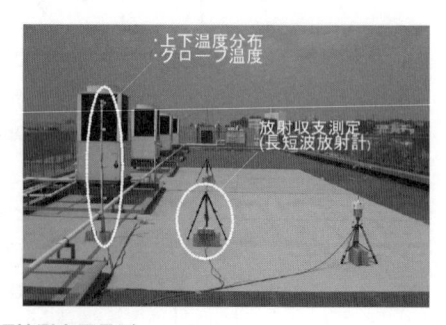

写真T-2 屋外環境測定風景[T4]

図T-3 屋上表面温度

図T-4 屋根裏表面温度[T4]

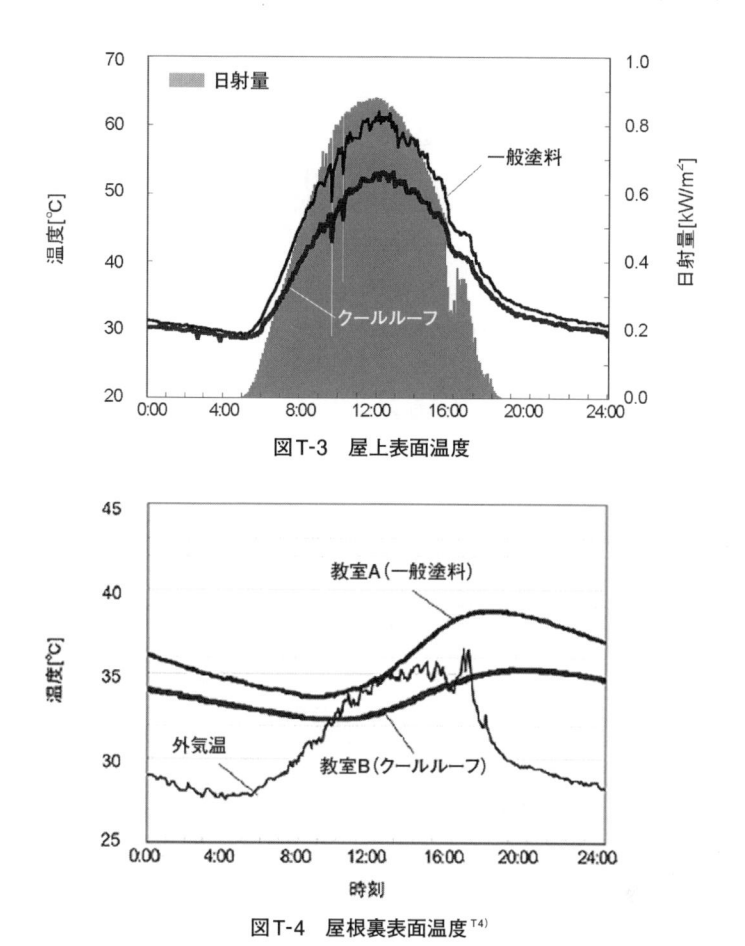

　次に、屋上表面から都市大気への放熱量を検討します。詳細は文献[T4]を参照してください。**図T-5**に屋上表面における熱収支の結果を示します。クールルーフを適用したことにより反射日射量が増大し、その結果、屋根が受ける日射熱量は一般塗料に比べて28％程度小さくなっています。また、屋根から建物内へ伝わる熱量の変化を見ると、日中は日射熱が吸収され、屋上表面から内部へ熱が移動し、一方、15時～5時頃までは逆に屋上表面から大気へ放熱していることがわかります。クールルーフ化した場合、日中に吸収される熱量や夜間に大気へ放出する熱量が少なくなります。したがって、クールルーフを適用した場合、日中は建物躯体内に蓄えられる熱量が少なく、夜間は都市大気への放熱が少ないのです。このように、建物の屋根をクールルーフ化することにより、屋上表面から都

市大気への放熱量を抑えることができることがわかります。

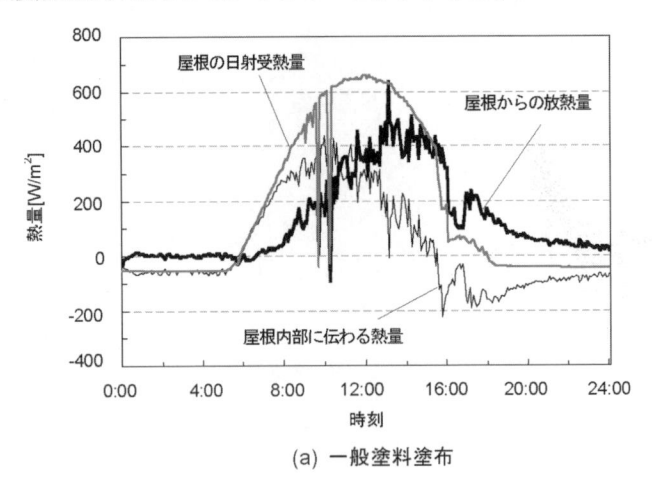

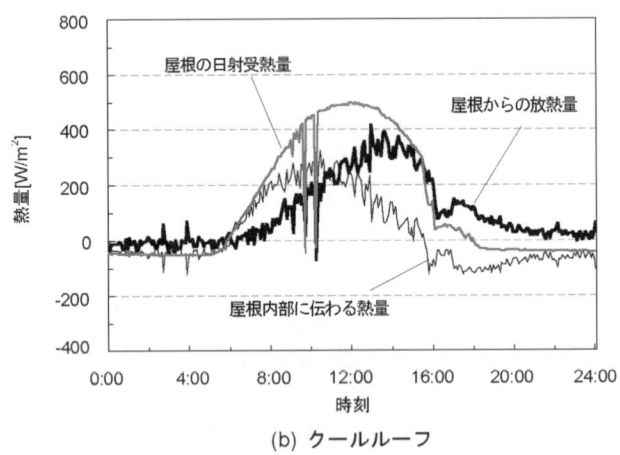

図T-5 (a) 一般塗料塗布
グラフ：縦軸 熱量[W/m²]、横軸 時刻
- 屋根の日射受熱量
- 屋根からの放熱量
- 屋根内部に伝わる熱量

図T-5 (b) クールルーフ
グラフ：縦軸 熱量[W/m²]、横軸 時刻
- 屋根の日射受熱量
- 屋根からの放熱量
- 屋根内部に伝わる熱量

図T-5 屋上表面での熱の流れ

(4) クールルーフ化による効果と人工排熱量との比較

　ここでは、クールルーフ適用による屋根から都市大気への放熱の削減効果を、各地域の人工排熱量[T5]と比較してみます。商業地区として東京都新宿区を、住宅地区として世田谷区を、工業地区として品川区の3地域について比較します。各地域の建物の全屋根に、クールルーフを適用した場合と適用しなかった場合の熱収支の結果を**表T-1**に示します（詳細は文献[T4]参照）。建物屋根をクールルーフ化したことによる都市大気への放熱量の削減は、各地域から排出される人工排

熱量の約20〜50％に相当します。すなわち、建物の屋根をクールルーフ化することは、多くの人工排熱量を削減したことと同等の都市温暖化対策となり得ることが示唆されます。一方、建物屋上には設備機器スペースがあることが多く、屋上面をすべてクールルーフ化することは難しいですが、先に述べた舗装面のクールペイブメント化を並行して推進することができれば、ここで示した効果は非現実的ではないと考えられます。

表T-1　クールルーフによる大気への放熱削減量と人工排熱量（顕熱）の比較

地域	グロス建蔽率 [％] T5)	屋根から大気への放熱の削減量 [MJ/m²·日]	人工排熱量 [MJ/m²·日]	人工排熱との割合 [％]
新宿区	36.0	0.95	3.70	26.7
世田谷区	30.0	0.79	1.62	48.7
品川区	29.2	0.77	3.86	19.9

(5) 日本におけるクールルーフ材（高反射率塗料）

　クールルーフの特徴を持つといわれる塗料や屋根材料は現在多くの製品があり、アメリカではローレンスバークレィ国立研究所のウェブサイトでデータを公開しています[T6)]。このような材料は日本にも多数導入されており、あるいは日本独自で開発されたものもあります。20種類を超えるこれらの材料の日射反射性能を調べた結果を図T-6に示します[T3)]。製品によって大きなバラツキがあります。例えば、一般的なごく普通の塗料と比べても性能が低いものがあったことに当時驚いたことがあります。これが日本での普及を妨げている大きな要因であり、適切な認定制度などを考える必要があるでしょう。

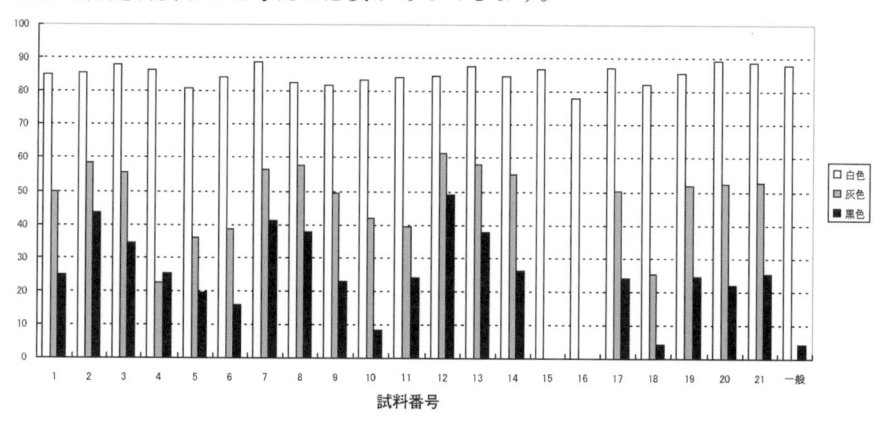

図T-6　各種高反射率塗料の日射反射率[T3)]

さらに注意すべきは、塗料表面の汚れなどによる日射反射性能の劣化です。塗った当初は日射を良く反射していても、2、3年経過すると反射しなくなったでは困ります。これについての検討[T7]も行われています。また、洗浄などによる性能回復なども研究されています[T8]。

(6) クールルーフの適材適所

Public benefitとしてのクールルーフの効果はヒートアイランド緩和ですが、もう一つのPrivate benefitとしての効果である建物のエネルギー消費削減について説明します。日本の場合、住宅については暖房で使うエネルギー量が多く、冷房用は相対的に少ない傾向が認められます。この傾向は北海道など、北に行くほど強くなります。また、断熱材が十分施工されている建物では、屋根の日射反射率は冷房負荷にそれほど大きく影響しません。したがって、屋根の日射反射率を高めることが省エネルギーの面で有効となる場合は限られることに注意が必要です[T9]。例えば、図T-7[T9]に示すように、小・中学校などの体育館や倉庫など、大きな空間で屋根面積が大きく、また外壁の断熱性能が比較的高くない建物の場合は、関東より南の地域で有効です。

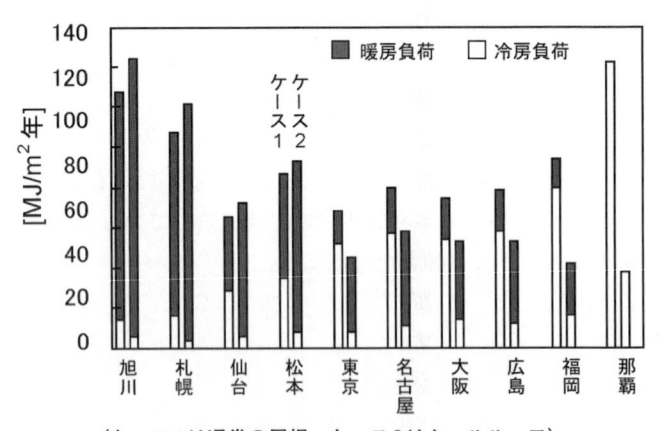

(ケース1は通常の屋根、ケース2はクールルーフ)

図T-7 倉庫の年間熱負荷の試算例[T9]

以上のように、クールルーフの概念を日本で適用する場合には多くの留意点があるものの、適切に利用すればヒートアイランド現象の緩和や省エネルギーに有効であり、適材適所に配慮した上で推進することが望まれます。

(近藤靖史)

参考文献

T1) http://www2.kankyo.metro.tokyo.jp/heat/coolroof/coolroofpress.pdf
およびhttp://www.coolroof.jp/

T2) 近藤・入交訳：クールルーフによる省エネルギー、空気調和・衛生工学　第73巻 第8号、pp.55-61、1999.8、原著：H. Akbari, Cool Roofs Save Energy, ASHRAE Technical Data Bulletin, Vol.14, No.2, 1998.1

T3) 藤本・岡田・近藤：高反射率塗料の日射反射性能に関する研究、日本建築学会環境系論文集、No.601、2006.3

T4) 近藤・小笠原・大木・有働：建物屋根面の日射反射性向上によるヒートアイランド緩和効果、日本建築学会環境系論文集、第629号、pp.923-929、2008.7

T5) 足永・李・尹：顕熱潜熱の違いを考慮した東京23区における人工排熱の排出特性に関する研究、空気調和・衛生工学会論文集、No.92、2004.1

T6) http://eetd.lbl.gov/coolroof/intro.htm

T7) 田坂・岡田・藤本・近藤：高反射率塗料製品の日射反射性能に関する研究（その3）：屋外曝露試験による日射反射性能の長期変化の測定、日本建築学会大会梗概集、環境工学、2006.9

T8) Akbari ら：Aging and Weathering of Cool Roofing Membranes, Report of Lawrence Berkeley National Laboratory, LBNL58055, 2005

T9) 近藤・長澤・入交：高反射率塗料による日射熱負荷軽減とヒートアイランド現象の緩和に関する研究、空気調和・衛生工学会論文集、No.78、2000.7

III

人工の流れを変える

5章　人の流れ
- 5-1　大空から見た人の流れ
- 5-2　これからの交通システム
- 5-3　人の流れを担う現代交通システム
- 5-4　人の流れをモニタリングする技術
- 5-5　人の流れの未来像 — ユニバーサル社会に向けて
- 5-6　街づくりには利用者以外の視点も大切

6章　「もの」の流れ
- 6-1　都市における「もの」の流れ
- 6-2　商品の流れ — 動脈物流
- 6-3　不要物の流れ — 静脈物流
- 6-4　「もの」を完全に消費する試み

7章　エネルギーの流れ
- 7-1　エネルギーの基礎知識
- 7-2　都市に供給されるエネルギー
- 7-3　都市で消費するエネルギー
- 7-4　都市で創り出すエネルギー

8章　情報の流れ
- 8-1　スモールワールド
- 8-2　都市における情報の流れ
- 8-3　情報通信技術の時間的な発展と空間的な広がり
- 8-4　ユビキタス社会の到来
- 8-5　都市における情報化の課題と解決策
- 8-6　情報の流れを利用した街づくり

5章 人の流れ

潮の干満のように、都市における「人の流れ」は、朝は郊外から都心へ、夕方は都心から郊外へという運動を毎日繰り返しています。都市に住む人の高速大量輸送を引き受けるのが鉄道交通の役目、もう少し肌理（きめ）の細かいサービスをするのが道路交通の役目です。都市化の進展とともに、このような交通システムは、郊外から都心に向かうにつれて高密度になり、最後には地表面では処理できなくなって空中へ地中へと展開していきます。「水・空気・光が流れる街づくり」のためには、都市の交通システムをどのようにつくっていけばよいのでしょうか。

5-1　大空から見た人の流れ

　はるか上空から鳥になって都市に降り立つことを想像してみましょう。まず、海と陸を隔てる海岸線が識別でき、陸側には太い幹線道路が線として現れ、次に碁盤目のような街路が浮かび上がり、直線で構成された高密なビル群が徐々に鮮明に見えはじめます。ふと気がつくと、ビルとビルの間を乗用車やトラックが走っており、高速道路を飛ばしている車があるかと思うと、交差点付近で渋滞している車もあります。さらに近づくと人々が動き回っているのが見えるようになります。多くの人が吸い込まれたり吐き出されたりしている場所はターミナル駅で、電車が短い間隔でプラットホームに入ってきたり出ていったりして人々を大量輸送しています。駅前広場からはバスが色々な方向に向かって散っていきます。都市が活動していることを端的に感じるのは、このような電車、自動車、あるいは人の活発な動きです。

　ところで、人の動きがこのようにめまぐるしくなったのは、たかだか産業革命以降、わが国では明治以降のことです。もう一度鳥になって今度は江戸時代の東京に降り立ってみましょう。まず線として現れるのは江戸城を取り巻くお堀や運河のような水路です。江戸湾には大きな船が停泊し、水路にもたくさんの小さな船が見え、水上交通が盛んだったことがわかります。日本橋を中心に五街道が放射状に伸び、武家屋敷や庶民の住む下町の様子が見えてきます。車などは一台もなく、路上に見えるのはゆっくりと歩いている人ばかりです。飛脚や駕籠かきのように走っている人も少しはいます。人の密度が高いのは、日本橋、両国、浅草あたりでしょうか。整然とした動きは少なく、みんな思い思いの方向に動いているように見えます。

　現代の私たちの移動はずっと整然としています。朝起きて勤め先か学校を目指して家を出ます。しばらく歩いてバス停に行き、バスに乗って最寄り駅に着きます。そこから電車に乗ってターミナル駅に行き、乗り換えて目的地の駅に到着します。あとは歩いて目的地に向かい、決められた場所に座ります。勤めか学校が終わると、これとは反対の動きが整然と始まりますが、なかには途中で赤提灯に消えていく人もいます。このような現代の都市に住む人たちの流れをサポートするのが交通システムです。

　余裕のない現代の私たちは、最も短い距離で最も時間のかからない方法を望んでいます。しかし、合理的で効率的な交通システムを使うとなると、ただ歩くという手段しかなかった江戸時代に比べると、多くの危険も覚悟しなくてはなり

ません。事故や災害による人命にかかわる危険だけでなく、ラッシュアワーの混雑、すりや置き引きの被害、暴力行為、痴漢行為など日常的に発生する危険も多くあります。このような日常時と非常時の危険をいかに小さくして、安全で快適な交通システムをつくっていくかが大きな問題として私たちに投げかけられています。

5-2 これからの交通システム

　現代社会の生活には移動が欠かせません。移動は人らしい生活を送る上で大切な条件であり基本的な権利です。人の移動がなければ、生活に必要な「もの」の流れ、エネルギーの流れ、情報の流れなども成り立ちません。

　人の流れは時代とともに進化してきました。人類が誕生してから、自然と闘いながら、より広い場所から物資を調達したり、より豊かな生活の場所を探し求めたりしながら、道路、橋、船舶、鉄道などの交通施設をつくり、車両、船舶、航空機などの交通手段を製造してきました。それらの交通システムの発展にともない、都市化が進み、人の流れのスケールやスタイルが大きく変わってきたのです。写真5-1は大都市の象徴的な「人の流れ」の風景です。

　特に、最近になって、GPS（Global Positioning System：汎地球測位システム）、携帯電話、PHS、ICタグなどの情報技術の進歩と普及により、カーナビゲーションシステムのように、いつでも、どこでも人の流れを把握することができ、人の居場所とその周辺に関連する様々な情報を提供できる時代になりつつあります。さらに、身障者を含むすべての人に対して、バリアフリー化を中心とするユニバーサル社会がつくられ、さらに安全・安心・快適な移動ができる時代が来ることが期待されています。

写真5-1　交通システムの発展による人の流れの変化

5-3 人の流れを担う現代交通システム

　交通システムの構成は国の発展状況、地域の格差によって異なります。地球レベルで見れば、飛行機、電車、バス、マイカーが当たり前の交通システムとして使われている都市や地域もあれば、車さえ見たこともない未発達な地域もあります。ここでは、都市における現代交通システムを中心に取り上げます。

(1) 交通のシステム化

　歩行、自転車、オートバイ、バス、自家用車、鉄道（JR、地下鉄、新幹線、リニアモーターなど）、船舶、飛行機等は、それぞれ交通手段としてのメリットもあればデメリットもあります。したがって、一つの交通手段だけですべての需要をまかなおうとすると効率が悪くなります。交通のシステム化というのは、いくつかの交通手段を目的に合わせて構成し、効率よくその全体の機能を発揮させることです。

　しかし、交通システムから利便性がもたらされる反面、その交通手段を直接利用していない人々に迷惑をかけることもあります。周辺環境への影響を十分配慮することを忘れてはいけません。

(2) 交通システムとエネルギー、空間、環境問題

　交通システムのエネルギー消費、輸送力、排気ガス量等を総合的に考慮する視点は大切です。統計によると、交通システムが消費するエネルギーは人間が消費する全エネルギーの20％以上にも達しています。**表5-1**に各種交通システムの輸送量の変化を示します。船舶は減少し、航空機は増加しています。鉄道は漸増です。道路交通では、バスが減少し乗用車が大幅に増加しています。**図5-1**は各種交通システムの総エネルギー消費を示しています。交通システムによるエネルギー消費が年々急激に増えていることと、その主な原因が乗用車の増加に起因していることがわかります。**図5-2**は1人を1km運ぶのに必要な各種交通システムのエネルギー消費量を示しています。かつてはエネルギー効率の悪かった航空機が大幅に改善されているのに対し、乗用車のエネルギー消費が一向に改善されていないことがわかります。交通システムのなかでも、乗用車のエネルギー消費と自然環境への負担をいかに減らすかが大きな課題になっているのです。

表5-1 各種交通システムの輸送量の変化

年度	旅客							
	計	自動車			鉄道		旅客船	航空
			バス	乗用車	JR	JR以外		国内
	輸送人員（100万人）							
1980	51,720	33,515	9,903	23,612	6,825	11,180	160	40
1985	53,961	34,679	8,780	25,899	7,036	12,048	153	44
1990	77,934	55,767	8,558	36,204	8,358	13,581	163	65
1995	84,129	61,272	7,619	43,055	8,982	13,648	149	78
2000	84,691	62,841	6,635	47,937	8,671	12,976	110	93
2003	87,894	65,933	6,191	51,802	8,642	13,116	107	95
2004	87,872	65,991	5,995	52,311	8,618	13,068	101	94
2005	88,098	65,947	5,889	52,722	8,683	13,280	103	94
	輸送人キロ（10億人キロ）							
1980	782	432	110	321	193	121	6.1	30
1985	858	489	105	384	197	133	5.8	33
1990	1,298	853	110	576	238	150	6.3	52
1995	1,388	917	97	665	249	151	5.6	65
2000	1,420	951	87	741	241	144	4.3	80
2003	1,426	954	86	755	241	144	4.0	83
2004	1,418	948	86	751	242	143	3.9	82
2005	1,411	933	88	738	246	145	4.0	83

出典：平成20年日本統計年鑑、総務省統計局

　図5-3は各交通手段が1人を1km運ぶために排出した二酸化炭素の量を示しています。鉄道の排出量が最も少なく、自然環境への負担が小さいことが明らかです。一方、世界中で乗用車が急増し、大気中にCO_2やそのほかの有毒ガスを排出しており、それにともなう社会問題や環境問題が深刻化しています。**写真5-2**は大都市でしばしば見られる渋滞の光景です。このような渋滞は、有毒ガスの排出や事故の増加の原因になります。

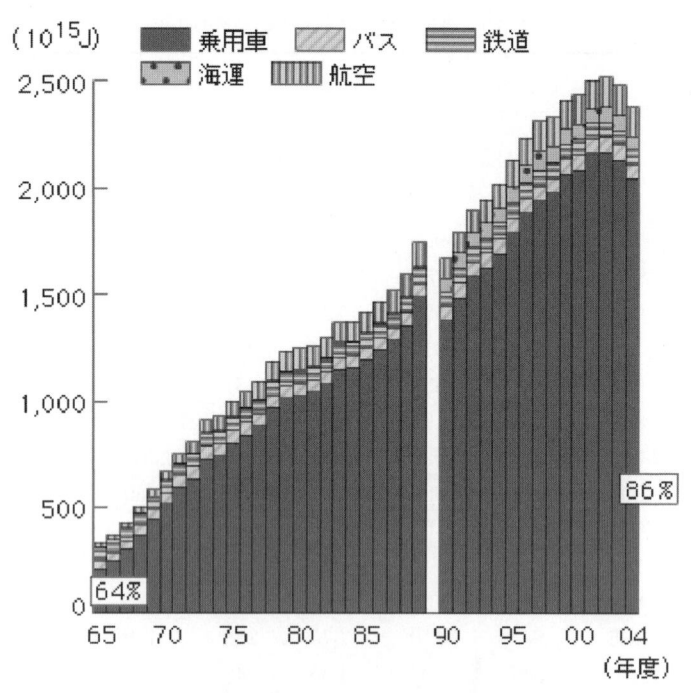

図5-1　各種交通システムの総エネルギー消費

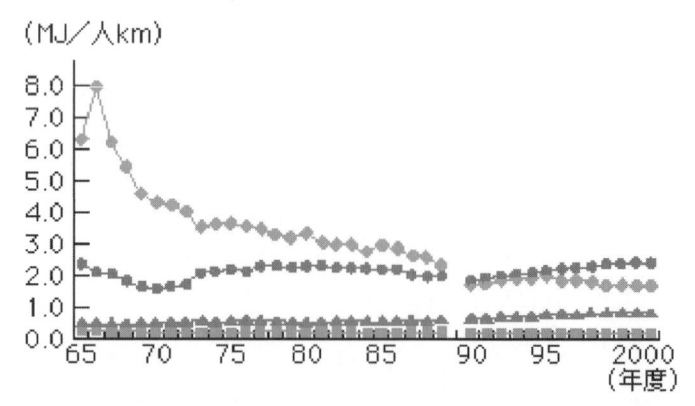

図5-2　各種交通システムが1人を1km輸送するためのエネルギー消費

■ CO_2排出原単位　g-CO_2/人キロ

- 乗用車（自家用）　188
- バス（営業用乗合）　94
- 鉄道　17
- 地下鉄　16
- 新交通システム　27
- 路面電車　36

図5-3　各種交通システムのCO_2排出量

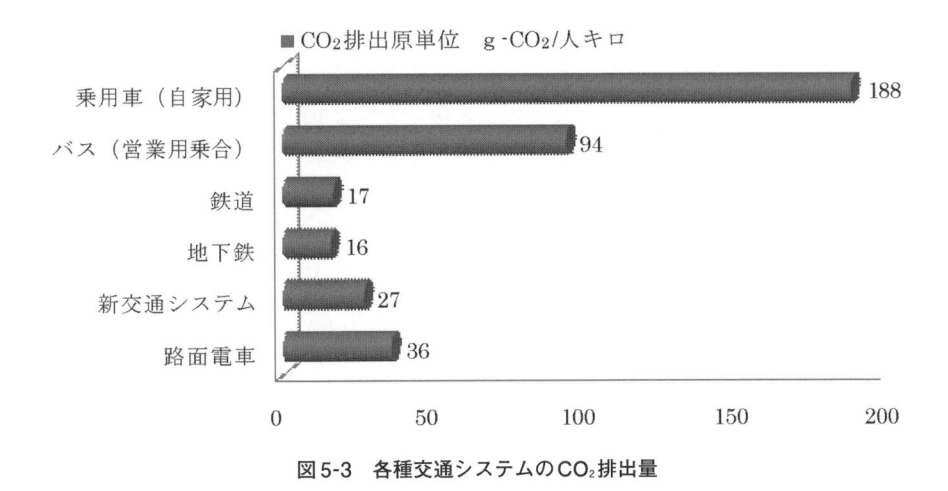

写真5-2　大都市でしばしば見られる渋滞の光景

(3) 安全な交通システムの構築

　最近、高齢化・少子化が急速に進んでおり、高齢者、障害者、妊婦、子供などいわゆる社会の弱者が交通事故に遭うケースが増えています。また、電車やバスなどの乗換えが複雑になり、迷ってしまうケースも急増しています。さらに、自家用車の増加により、自動車事故だけでなく、大気汚染や騒音など様々な社会問題が引き起こされています。

　これらの問題を総合的に解決する一つの方向として、環境に優しい公共交通シ

ステムの整備とそれらの利用の推進が考えられています。しかし、公共交通システムの近代化・自動化がかなり進んでいるにもかかわらず、飛行機の墜落、列車の脱線、船の沈没、バスの転落などの重大かつ悲惨な事故の発生は後を絶ちません。その現実を見れば、人々に安心で快適な公共交通システムを利用してもらうには、交通手段の安全確保が最優先課題といえます。交通システムは確かに文明の利器ですが、一瞬にして文明の凶器となることも忘れてはなりません。

鉄道は、人の輸送力が最も強力で、かつ環境負荷が最も小さい交通手段です。鉄道事故を原因別に見ると、踏切関係が約50％、鉄道従業員の責任によるものが約23％と両者でその大部分を占めています。近年、踏切事故防止対策の推進、列車運行の高速化・高密度化に対応した自動列車停止装置（ATS）など、運転保安設備の整備等により鉄道事故が減少しつつあります。しかし、重大事故（死傷者10人、または脱線車両数10輌以上）がまだ年間数件程度発生しているのが現状です。鉄道の安全を確保するには、事故の原因究明、事故調査制度の見直し、情報の公開等が必要になります。また、地下鉄の特殊性（避難通路問題、換気問題、テロに狙われやすい問題等）は都市交通の弱点であり、今後、地下鉄の安全対策を十分検討しなければなりません。

バスは、人々の住宅や職場のごく近くまで行ける気楽な交通手段です。特に、観光や福祉等の分野では、鉄道や航空では代替できない存在であり、多くの人々に利用されています。しかし、バスによる接触事故や転落事故も少なくありません。バスの事故の主な原因は運転手の不注意や疲労などによるものです。バスの事故を防ぐには、運転手の日常的な教育と安全点検の強化とともに、バス会社に対する監督や検査も必要になるでしょう。

航空機の輸送力は鉄道に遠く及びませんが、長距離移動には最も有効な交通手段です。特に、グローバル化が進み、効率化が求められている現代社会では、航空輸送に対する需要がますます増加すると予想されています。航空機事故は他の事故と異なり、いったん事故が発生すると、被害も社会への影響も非常に大きくなります。特にテロの標的になりやすいため、航空機の安全確保は至上命題として取り上げられています。航空機の安全確保には空港整備だけでなく、航空管制技術の開発、空港保安体制の強化等が必要です。

(4) 交通システムの連携による効率化

安全で、快適で、迅速な公共交通システムを構築するには、すべての交通システムの連携が不可欠です。そのためには、人の移動の空間的な連続性と時間的な連続性を確保しなければなりません。異なる交通システム間の接続点では、通常

乗り換えが必要になります。そのとき、いかに短時間でスムーズに乗り換えができるかが、交通システムの連携の良否を決める分岐点です。

時間的な連続性を確保する目的で、チケットやカードの多機能化（例えば、パスモやスイカ）、あるいは交通システム間のダイヤの最適化などが進められています。一方、空間的な連続性を確保する目的で、駅構内で身障者のための通路やマークの設置、エスカレータやエレベータなどの設置が進められています。しかし、人が安全、快適、迅速に移動できるためには、さらに段差の撤去を含むバリアフリー化や自立支援可能な社会に向けたインフラ整備が必要です。

5-4　人の流れをモニタリングする技術

日常生活では、レストランや待ち合わせ場所を探したり、身障者・高齢者の移動を支援する設備や通路を探したりすることがよくあります。また、防犯などの目的で人の移動を追跡する必要が生じることも少なくありません。最近、GPSやPHSなどの情報技術の進歩により、容易に「人」の流れをモニタリングすることができるようになってきました。ここでは、このような典型的なモニタリング技術を紹介したいと思います。

(1) GPSによる測位技術

GPSはGlobal Positioning Systemの略で、汎地球測位システムと訳されています。GPSとは、簡単にいうと人工衛星を使って地球上の位置を正確に求めるシステムです。このシステムは求めたい位置に置く受信機と、地球の軌道上を周回する数十個（図5-4を参照）の人工衛星からなっており、それぞれの人工衛星には、セシウムの原子時計という極めて正確な時計が搭載されています。また、それぞれの人工衛星の位置は、地球から常時監視されていて正確にわかっています。GPSによる測位は、通常、図5-4に示すように、地球上のある場所（例えば、車）で少なくとも同時に四つの衛星から受信できることが前提となっています。つまり、地球のある場所で四つ以上の衛星から信号を受信できれば、理論的にその位置を知ることができます。

GPSをベースにしたサービスの典型的な例はカーナビゲーションシステムとココセコムです。前者は、安全、安心、快適な車社会づくりに大きな貢献をしています。後者は、特に高齢者や子供などの弱者がより安全かつ安心して移動できるように考えられています。

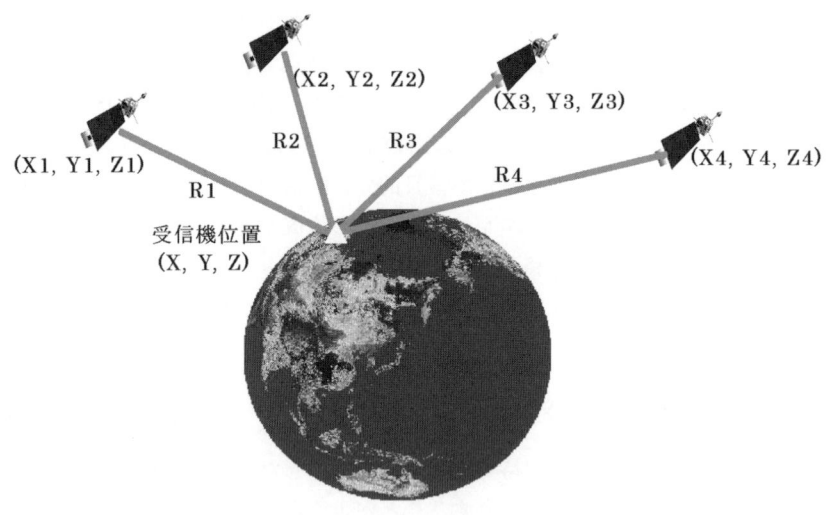

図5-4 GPSによる測位のイメージ

(2) ICタグ技術

ICチップを利用した無線ICタグ（Radio Frequency Identification、RFID）が高い注目を集めています。ICタグとバーコードとの違いは、保存できる情報量にあります。バーコードが数十ケタの情報を保存するのに対して、ICタグはチップのメモリ容量にもよりますが、数千ケタ以上の情報を保存できるとされています。また、ICタグは情報を読ませるだけでなく書き換えることも可能です。繰り返し使うこともでき、様々な応用が考えられています。

最近、ICチップを埋め込んだサービスが多く発表されています。例えば、食品の安全管理のために、食品にICチップを埋め込むことにより、関連食品の産地から生産管理、出荷まで様々な情報を確認することができます。ICチップを人体に付ければ、人々の動きもモニタリングすることができます。そうなると、「人」の流れを簡単に追跡できる時代の到来は間近といえます。しかし、それにともなうプライベート侵害の問題（個人情報の問題）をまず解決しなければならないでしょう。

5-5　人の流れの未来像—ユニバーサル社会に向けて

「人」の流れは科学技術の進歩とともに進化してきました。現代社会は安全、安心、迅速、快適さが求められています。今後、そのニーズに合わせ、いつでも

どこでも必要とする支援が受けられ、必要とする情報が入手可能な、いわゆるユニバーサル社会を目指して、インフラ整備を含む様々な取り組みが進められることになるでしょう。そのなかでも、都市のあらゆる空間のバリアフリー化を中心とした自立支援基盤の整備は重要な課題です。**図5-5**はその未来像をイメージしたものです。

図5-5 人の流れの未来像—安全・安心・快適な社会

5-6 街づくりには利用者以外の視点も大切

　交通システムは、利用者の安全性と快適性を向上させるために日々進化しています。それだけでなく、線路や道路に近い住民への騒音や振動などに対する対策も慎重に行われています。しかし、線路や道路から離れた地域への影響となると意識はどうしても低くなります。最後に、利用者以外の人と動植物の眼を通して交通システムを見ておくことにしましょう。

(1) 生活圏の分断

　鉄道も道路も都市生活の利便性を高めるネットワークとしてなくてはならないものですが、地上に現れる物理的なネットワークであるため、地域のコミュニティのネットワークや生態系のネットワークを多かれ少なかれ遮断あるいは分断してしまいます。

　日本ではあまりお目にかかることはありませんが、アメリカのフリーウェイなどをドライブしていると、路上に累々と小動物の死骸が並んでいることがありま

す。道路を横断しようとしていた小動物を自動車が轢いてしまったのです。小動物にとっては、道路を挟んだ右も左も関係なく自分たちの生活圏です。そこに勝手に人間が1本の線を引いて道路をつくったことにより、小動物の生活圏は真っぷたつに分けられてしまったのです。

　同じようなことが私たちのコミュニティでも起こります。人が歩くための道であれば、道を挟んだコミュニティは一体化しています。道は、毎日のように顔を合わせ、あいさつを交わしたり立ち話をしたりするコミュニケーションの場です。しかし、この道がひとたび自動車に支配されると、もはやコミュニケーションの場ではなくなり、以前は一つのコミュニティだった地区が、道を挟んだ右と左に分断され疎遠になっていきます。この傾向は、道幅が広く、多くの自動車が切れ目なく高速で過ぎ去る市街地の道路で特に顕著です。

　道路だけではありません。鉄道も町を分断する大きな要素です。「開かずの踏切」というのがあります。いったん踏切が閉まってしまうと、次から次に色々な電車が通過し、いくら待っても踏切を渡ることができなくなります。ちょっとした買い物に出かけるだけでも、踏切を渡ることになると、家に戻るまでにはかなりの時間を見ておかなくてはなりません。こうした状況の中、無理に踏切を横断しようとして電車に轢かれるという悲惨な事故もありました。

(2) 人が出会える街路に

　アメリカの都市は基本的に自動車を使うことを前提につくられています。ウィークデイは自宅から職場まで自家用車を毎日使い、ウィークエンドは郊外のスーパーマーケットに一週間分の食料を調達しにでかけます。道路を歩いている人はまばらで、立ち止まっておしゃべりをしている人はほとんど見かけません。このような環境では、お互いが助け合うようなコミュニティはできそうもありません。これに対して、中世から続くイタリアの古い都市では、大通りから少し入ると、車が進入できたとしてもスピードを出せるような通りはなく、歩く人が主役の道ばかりです。道そのものが出会いの場となって豊かなコミュニティが形成されています。

　現代の都市の道路はあまりに自動車に支配されすぎています。利便性が優先されて、ゆとりある落ち着いた環境からは程遠いところにあります。思い切って、町から車を追い出すことをもっと積極的に考えてよいように思われます。わが国でよく見られる「歩行者天国」のような一時的な取り組みではなく、日常的に車が町に入ってこないような場所を広域に確保すべきです。ヨーロッパではパーク・アンド・ライドといって、郊外から市街地の外縁までは車を使い、そこから

自転車に乗り換えて目的地に向かう方式をとっているところもあります。町に豊かな自然環境と人間中心の生活を取り戻そうという試みです。おのずと緑も増え、動植物にとっても住みやすい環境が形成されます。現代都市が自然と共生するための第一歩は車社会からの決別ではないでしょうか。

(3) ストリート・キャニオン

　道路に沿って高層ビルが建ち並ぶと、道路は両側を崖で囲まれた峡谷のようになって車の排気ガスを閉じ込めてしまいます。これをストリート・キャニオンと呼んでいます。道路から奥まった住居にとっては、排気ガスがビル群によって遮られてありがたいという面もありますが、いったん外に出て表道路を歩きはじめると濃密な排気ガスを吸い込むことになります。

　道路に風を呼び込むことができれば、滞留した排気ガスを希釈する効果が期待できます。ドイツのシュツットガルトでは周辺の山から吹き降ろす風を町に呼び込み、空気循環を高める試みがなされています。風の道として道路が利用されているのです。

　海岸平野に発達した日本の大都市の場合は、山風よりもむしろ海風を利用したいところです。しかし、最近は海側の高層ビルが海風の流れを遮っているということも指摘されています。このような場合、河川や運河のような開放水面を使って海風を町の中に呼び込むことを考えてもよいのではないでしょうか。

(4) 暗渠を開放水面に

　東京も大阪も、かつては水の都でした。町の中にたくさんの運河が掘られ物資の輸送が行われていました。イタリアのベニスは多くの運河のある町として有名ですが、ここでは現在でも人と「もの」の輸送の主役は船で、町の中に自動車が入ってくることを禁じています。このため、すべての道は人に開放され、活き活きとしたコミュニティが営まれています。

　かつての東京には自然河川もたくさんありました。「春の小川はさらさらゆくよ　岸のすみれやれんげの花に……春の小川はさらさらゆくよ　えびやめだかや小鮒の群れに……」と歌われる小川は、今は暗渠となっている東京の渋谷川に流れ込む宇田川（町名として残っています）の支流を唄ったものですが、少し前までこんな豊かな自然が手近なところにあったことに驚かされます。

　東京でも大阪でも、あの運河や川はどこに行ってしまったのでしょうか。埋め立てられてしまったものも多いのですが、実は道路の下に暗渠として残っているものも結構あります。しかし、昔のように清らかな水が流れているわけではなく、下水道となっているのが実情です。2005年秋、韓国で、このような暗渠の上を覆っ

ていた全長6kmの幹線道路の蓋を取り去り、さらに高速道路の高架も取り払って川を太陽のもとに戻すという画期的な工事が行われました。ソウルの中心市街地に復活した清渓川（チョンゲチョン）です。このような取り組みがわが国でも始まることを期待したいと思います。暗渠ではありませんが、最近、日本橋川の上を走る高速道路を取り去り、日本橋と日本橋川を太陽のもとに曝し、日本の道路の原点である日本橋の歴史を取り戻そうという動きが本格化しています。

(史　中超、濱本卓司)

参考文献
1) 内閣府：平成17・18年度　交通安全白書、http://www8.cao.go.jp/koutu/taisaku/index-t.html
2) 日産自動車 環境・交通研究所：自動車交通、1998
3) 「エネルギー・資源」、エネルギー・資源学会誌、10巻5号、1989
4) ジェイアール貨物リサーチセンター：日本の物流とロジスティクス、成山堂、2004
5) 交通工学研究会：ITSインテリジェント交通システム、丸善、1997
6) 都市交通研究会：これからの都市交通、山海堂、2002
7) J.ジェイコブス：アメリカ大都市の死と生、鹿島出版会、1977
8) B.ルドフスキー：人間のための街路、鹿島出版会、1973

6章　「もの」の流れ

都市にはありとあらゆる「もの」が大量に流れ込んできます。都市はこうして集まってきた「もの」を大量に分配し、消費し、廃棄する場所です。「もの」の消費の仕方は都市のライフスタイルと密接にかかわっています。「水・空気・光が豊かに流れる街づくり」をしたいのなら、それに見合った都市のライフスタイルがあるはずです。「もの」の分配と廃棄は、現在、「人の流れ」でも使われている道路交通に頼っています。都市環境への負荷を最小化する分配と廃棄のシステムとはどのようなものなのでしょうか。

6-1　都市における「もの」の流れ

　消費活動の中心となる都市では、人間の欲望に比例して「もの」の流れは活発になります。多くの場合、「もの」の生産は、都市の外部で行われるので、都市における「もの」の流れは、商品の流通、不要物の運搬が中心です（図6-1）。近年では、宅配便の普及からもわかるように小口輸送が急速に増大しており、リサイクルのための不要物の運搬も増えています。

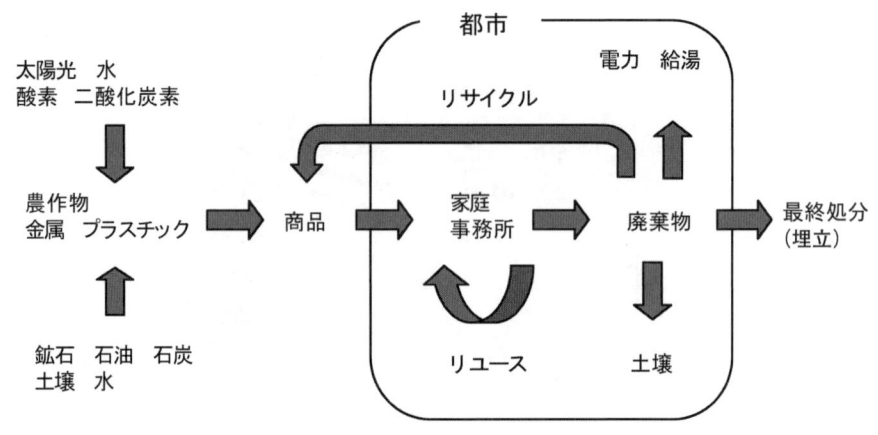

図6-1　都市における「もの」の流れ

　「もの」の流れは都市生活に不可欠ですが、商品や不要物は、水や空気、光と違って、自然に動くことはありません。人間が知恵を絞って理想的な流れをデザインする必要があります。また、「もの」を移動させるためには、トラックを走らせるなど、エネルギーの消費が必要になりますから、それにともなって、騒音や排気ガスなどの環境問題も生じます。このため、快適な都市生活を実現するためには、商品や不要物の移動を最小化するような都市のデザインが望まれます。都市における「もの」の流れは、人間の身体のように、商品を住居に配達する動脈と、不要物を住居から排出する静脈からできています。動脈と静脈がうまくつながり、「もの」が円滑に流れることが、快適な街づくりにとって最も重要です。

6-2　商品の流れ―動脈物流

　都市における「もの」の流れのほとんどは自動車が担っています。生活環境の

ことを考えれば、自動車輸送を減少させることが快適な街づくりに役立ちます。自動車輸送には、便利さの代償として多くの無駄があり、これからでも自動車の量を大きく減らす余地があります。現在、トラックの積載率は自家用が約25％、運送会社などの営業用が約50％であり、減少傾向が続いています[1]。

　自動車の量を減らすには、「もの」を共同で運ぶ仕組みが必要です。個人の荷物ならば、郵便や宅配便のように、たくさんの荷物を一緒に運ぶのが当然ですが、企業間の取引では、注文を受けるたびに販売者が自ら注文主に配達することが多くあります。効率的な輸送を目指して様々なアイデアが提案されていますが、大企業が中心になっているもののほかは、いまだに模索が続けられている状況です。

(1) 眠らない都市

　現代の都市は24時間、眠らずに活動しています。1980年代に登場したコンビニエンスストアは、店舗数は4万店以上、売上高は7兆円に上り、その8割は24時間営業しています。小売業全体に占める割合は、店舗数で3.5％、売上高で5％程度にすぎませんが、個人商店はコンビニエンスストアの台頭により衰退が目立っています。人口当たりでみると、コンビニエンスストアの数は都市と地方で大差ありませんが、例えば、東京には5,000店以上の店舗が集中しており、都市の生活を大きく変化させています。

　コンビニエンスストアが24時間営業することにより人々の生活は大きく変わり、「もの」の流れは極端に小口化されました。都市で生活する人々は、必要なものがあれば、その都度、必要な分量だけ買うようになりました。深夜であっても、お菓子が欲しくなればコンビニエンスストアに行くことが当たり前になったのです。昔ながらの八百屋や魚屋であれば、昼過ぎに商品が入荷し、夜になれば商品が売り切れるのが当然だったのですが、コンビニエンスストアでは品揃えが不足することは24時間許されません。

　コンビニエンスストアは店舗が狭く、広い倉庫もないので、商品は小分けにされてコンビニチェーンの配送センターから納入されます。例えば、冷蔵商品、冷凍商品、常温商品、雑誌類の配送センターからは1日1回、弁当類の配送センターからは朝食用、昼食用、夕食用と1日3回納品があります。このように、少量・高頻度の商品輸送が都市における動脈物流の特徴です。

　このほか、最近の都市で目立つのは外食産業です。東京に住んでいれば、ファミリーレストランや居酒屋のチェーン店が徒歩圏内に何軒かあるはずです。これらも24時間営業するか早朝まで営業することが多く、人々の生活を大きく変えています。こうした店では、肉、魚、野菜などの素材から料理が作られることは

少なく、途中まで調理された材料、あるいは加熱するだけでよい材料が工場から送られてくるのが普通です。このため、外食産業でも、コンビニエンスストアと同様に少量・高頻度の物流が求められています。

(2) 物流の経済学

　都市の物流では、少量・高頻度の輸送が求められています。これは、「もの」の流れとしては大きな無駄ですが、商品の配送には顕著に現れています。特に、業者間の取引の場合には、注文から配達までの時間を短縮すること、定められた納期を守ることが重視されています。これは、日本の商慣習として、商品は発注者の手元に届けることが前提であり、商品代金に輸送経費が含まれているためであるといわれます。すなわち、発注者は値切る代わりに納期についてわがままをいい、受注者は経費が明確にならない納期の早さで競合他社と競っています。このような慣習を早急に変えるのは難しいことですが、近年では輸送経費を意識する企業も増え、過度な少量・高頻度輸送が改められる兆しも見られます。

(3) 物流の工夫 ― 一括物流

　コンビニエンスストアを見ていると、1台のトラックで様々な商品が配送されてくることがわかります。店頭在庫がオンラインシステムによって常時把握されていて、郊外の配送センターから必要なものが一度に配送されてくるのです（図6-2）。大手コンビニチェーンの場合、常温商品、冷蔵商品、冷凍商品、雑誌、弁当類など部門別の配送センターが納入業者の協力により地域ごとに作られています。このような「一括物流」によって、大手コンビニチェーンでは、トラックの台数や走行距離を大幅に減少させることに成功しています。このシステムは、食品スーパーやコンビニエンスストアのほか、家電量販店、中堅小売業、外食チェーンなどにも広がっています。

(4) 物流の工夫 ― 共同集配

　交通混雑の激しい商業地では、商店などの協同組合による共同集配が全国各地で模索されています。例えば、繁華街のはずれに共同倉庫をつくり、各商店あての荷物をいったん共同倉庫に保管したのち、1日に数回、定期的に配達するような仕組みです。家庭に宅配便が届くのと同じようなものですが、電話一つで納入業者が直接持ってくるのが業者間取引の常識ですから、これは画期的なことです。その結果、トラックの台数や1日当たりの駐車回数が半減するといわれています。現在、いくつかの商店街で実施されていますが、このシステムを普及させるには、利用する商店が魅力を感じるような工夫が望まれます。

図6-2　一括物流の概念

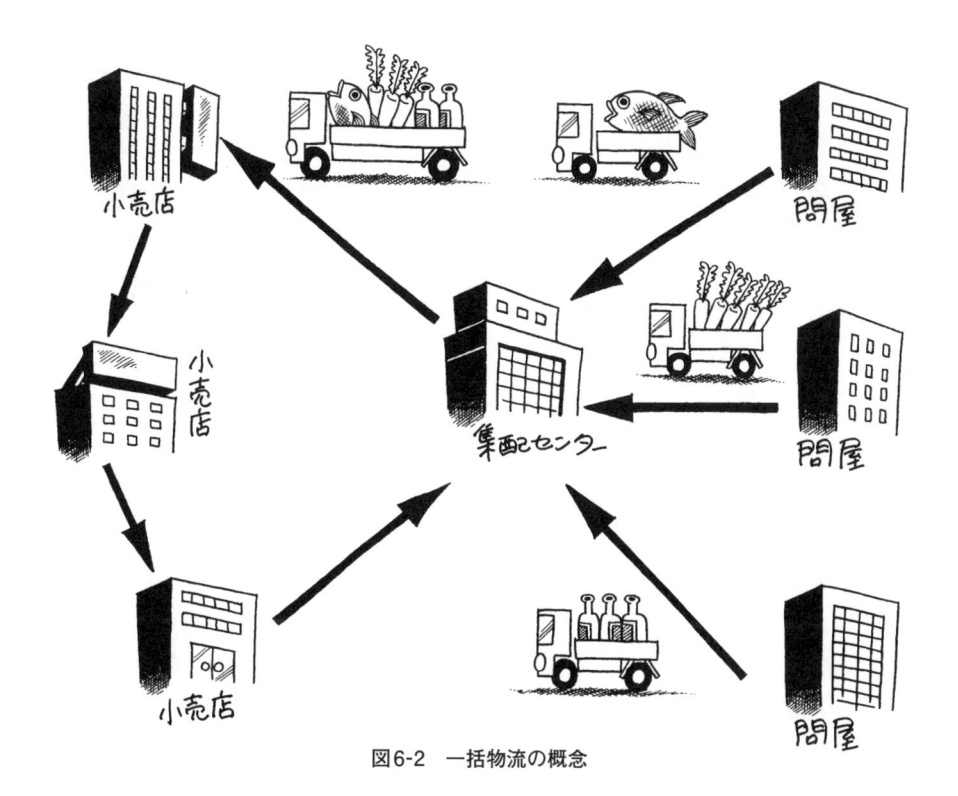

(5) 物流の工夫 ― ミルクラン方式

　自動車工場などでは「ミルクラン方式」と呼ばれる物流方式が使われています（**図6-3**）。この名前は、牛乳メーカーが毎日牧場を巡回してミルクを集めるところからきています。自動車工場は、「カンバン方式」として知られるように、部品在庫を極力減少させることを重視してきました。部品メーカーは、必要に応じて少量ずつ工場に納入することを余儀なくされ、納入時刻は分きざみで指定されていました。このため、自動車工場の周辺では交通渋滞などが激しくなり、その対応策として「ミルクラン方式」が採用されたといわれています。

　この「ミルクラン方式」は、スーパーマーケットの配送センターに問屋が納入する場合にも使われます。「ミルクラン方式」は自動車会社や大手小売業では成功したといえます。しかし、どちらかというと自動車工場や配送センターといった郊外の施設が対象です。都心部のトラックを減らすために使えるかどうかは今後の課題でしょう。

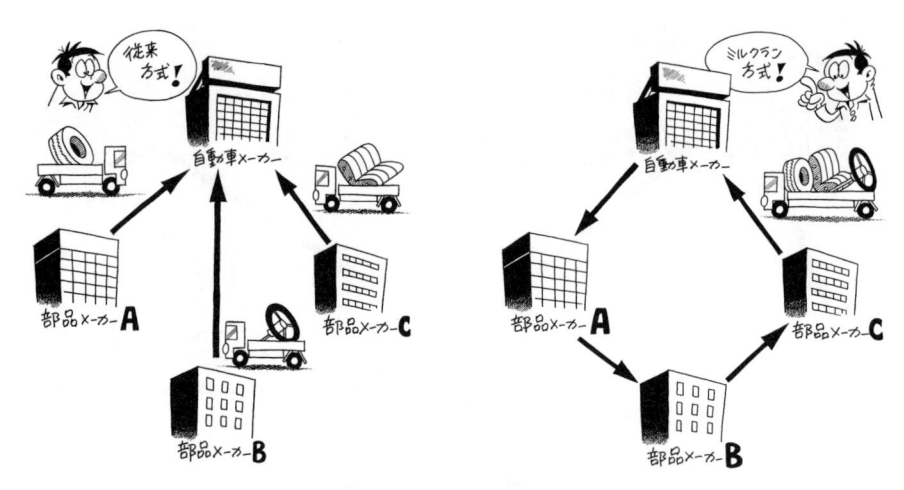

図6-3 ミルクラン方式の概念

(6) 自動車に代わるシステム

　都市における「もの」の流れのほとんどは自動車が担っています。自動車を減らすために、「一括物流」、「共同集配」、「ミルクラン方式」などが提案されていますが、自動車に代わる交通システムを模索することも必要でしょう。例えば、東京の地下空間に、荷物専用のベルトコンベアーを配備するという壮大な話もあります。また、地下鉄を貨物輸送に利用するという提案もあります。この場合、利用できるのは深夜だけになりますが、不要物などの「静脈物流」には十分であるともいわれています。このほか、路面電車を復活させて、旅客だけでなく小型の物品を運ぶという提案もあります。路面電車は、昭和40年代に日本のほとんどの都市で廃止されましたが、欧州の中都市では、都市交通機関の中核として機能しています。最近では、日本でも路面電車の改良や新設の計画があります。路面電車は、住宅や商店の至近距離まで到達できるため、トラックの代わりになるかもしれません。

(7) 人と「もの」の流れの融合

　大都市においては、人の流れと「もの」の流れが分離されています。例えば、買い物をすると、多くの場合、商品を自宅まで配送してもらうことができます。電気製品はもちろんのこと、書店などでも配送サービスを始めています。海外旅行に行く場合、スーツケースを宅配便で送る人は多く、ゴルフバッグを宅配便で送る習慣も定着しています。もちろん、人それぞれに事情はあるでしょうが、大都市の交通機関、道路、公共施設などが、とても荷物を持ち歩ける環境でないことも理由の一つでしょう。荷物があっても乗りたくなるようなバスや路面電車の

走る都市はできないものでしょうか。

6-3 不要物の流れ —— 静脈物流

(1) 廃棄するための流れ

　都市では大量の不要物が発生します。家庭だけでなく、商店や事務所からもゴミが発生します。また、あまり意識されることはありませんが、建築工事、土木工事、下水処理場などの廃棄物はこれらの数倍になります。

　都市で発生した不要物は、まず清掃工場に集められます。清掃工場は主に都市部にあり、数千台のゴミ収集車が都市を走り回って廃棄物を運び込みます。十数年前まで、ゴミ収集車はディーゼル車がほとんどで排気ガスが問題になりましたが、最近では天然ガス車を導入するなどの対策が進んでいます。しかし、清掃工場には1日に数多くのゴミ収集車が出入りするので、その周囲は事故や渋滞などに悩まされています。

　清掃工場に集められた廃棄物は、再利用できるものが取り除かれたのち、粉砕されたり焼却されたりして最終処分場に埋められます。東京の場合、最終処分場は港湾部に集中していますが、山間部にも数カ所あります。また、他県の最終処分場にも大量の廃棄物が送られます（図6-4）。

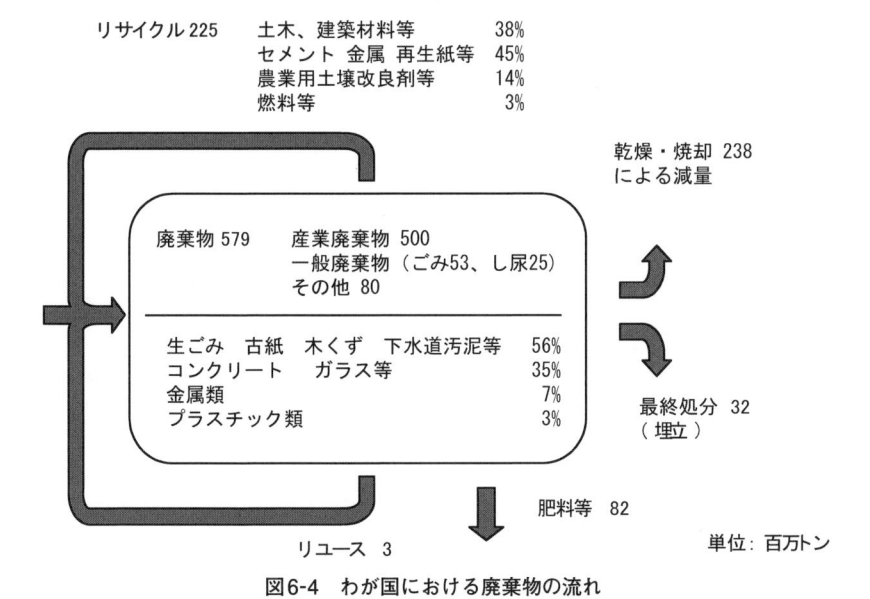

```
リサイクル 225    土木、建築材料等           38%
                 セメント 金属 再生紙等      45%
                 農業用土壌改良剤等         14%
                 燃料等                    3%

                                                    乾燥・焼却 238
                                                    による減量

   廃棄物 579    産業廃棄物 500
                一般廃棄物（ごみ53、し尿25）
                その他 80

                生ごみ 古紙 木くず 下水道汚泥等  56%
                コンクリート ガラス等           35%
                金属類                          7%      最終処分 32
                プラスチック類                  3%      （埋立）

                                    肥料等 82
         リユース 3                                     単位：百万トン
```

図6-4　わが国における廃棄物の流れ

都市における不要物の流れは、思わぬ被害をもたらします。東京では、昭和60年頃には約7,000羽といわれたカラスが、平成13年には36,000羽に増えました。ゴミ集積所を餌場だと思ったカラスが郊外から移ってきたためです。カラスはゴミ集積所を散らかしたり、人を襲ったりして、社会問題にもなりました。最近では、ゴミ集積所に収納箱を設置したり、繁華街のゴミ収集を明け方に行うなどの対策が講じられています。このため、平成17年までにカラスは半減したといわれます。

(2)　リユースのための流れ

　瀬戸物のタヌキは大徳利を持って歩いています。彼は酒を持って旅をしているようにも見えますが、実は酒を買いに行くところです。このことは、左手に下げた通帳（かよいちょう）を見ればわかります。つまり、このタヌキは、大徳利を持って酒屋に行き、ツケで酒を買おうとしているのです。ちょっと前まで、酒、醤油などは瓶を持参して買い求めることが広く行われていました。このように、「もの」をそのまま再使用することを「リユース」といいます。自分が使わないのであれば酒屋に返せばいいわけで、このような容器を「リターナブル容器」といいます。江戸の街には「空樽買い」という商売があり、古樽専門の問屋ができるほど流通経路が確立していました[2],[3]。現在でもビール瓶は100％に近い回収率です。

　約20年前から普及しだした「使い捨てカメラ」は、実際には使い捨てではありません。写真屋の現像に出されたのちメーカーに戻され、電池も含めて部品の90％が再使用されます。近年では、コピー機のトナーカートリッジなども回収されて再使用されるようになりました。電気製品や自動車でも、部品の再使用が進められています。自動車の場合、車体が鉄屑としてリサイクルされるだけでなく、自動車重量の2〜3割に当たる部品が再使用されています。

(3)　リサイクルのための流れ

　鉄は高温にすると、どろどろの液体になり、型枠に流し込めば新しい製品ができあがります。このため、鉄の再利用（鋳直し）は古くから行われ、江戸の町では、「古金屋」と呼ばれる人々が鉄屑を回収していました。現在、日本では年間約1億トンの鉄製品が生産されますが、その半分に当たる5,000万トンがスクラップとして回収され、電気炉などでいったん融解されてから再生されます。なかでも、ジュースなどのスチール缶は、90％近くが再利用されています[4]。

　このほか、ガラス瓶、アルミ缶、ペットボトルなどがリサイクルを目的として、街の中を流れてゆきます。アルミ缶は、使用量30万トンのうち、85％以上が再利用されています。再びアルミ缶にされる割合も60％を超えています。ガラス瓶は約150万トンが生産されますが、その90％以上は古いガラス瓶を粉砕したカ

レットから作られています[6]。ペットボトルはペレットと呼ばれる小さな粒子にされ、プラスチックの原料として用いられます。ペットボトルの回収率は毎年上昇を続けて約50％になりますが、ほとんどが土木建築材料、洗剤用ボトル、合成繊維などの原料に使用されます[4]。

古紙の回収は古くから行われています。伝統的な和紙は繊維が長く、添加物も混入していないため、再生が容易でした。このため、江戸時代から「紙屑屋」、「紙屑拾い」といった商売がありました[2],[3]（図6-5）。現在では、家庭だけでなく、商店からも段ボール箱などが回収されています。古紙の回収率は70％近くなり、原料に占める古紙の割合も60％を超えています[6]。

図6-5　江戸時代のリユース・リサイクル

(4) リユースとリサイクルの経済学

現在、大量の不要物がリユースやリサイクルのために街の中を流れています。しかし、街の中を走り回る廃品回収のトラックは、大気汚染、騒音、交通事故などを考えると、決して歓迎できるものではありません。また、リユースやリサイクルは、目の前にある「もの」を大事にするという意味では美徳かもしれませんが、そのために化石燃料を消費するのであれば、必ずしも資源保護に役立っているわけではありません。

例えば、ペットボトルのリサイクルは、回収だけでなく再生にもかなりのエネ

ルギーが必要です。再生後の用途も限られるので、総合的に考えると資源の無駄遣いかもしれません。また、紙や木材は、水と空気と光により数年から数十年で成長する植物が原料です。入手するにも、鉱石を掘るようなエネルギーは不要です。このように、時間があれば再生できる資源を、枯渇しそうな化石燃料を使ってリサイクルすることは、地球規模の時間スケールで考えると、慎んだ方がよいかもしれません。

これに対し、アルミニウムを生産するには莫大な電力が必要です。アルミニウムの精錬工場には、専用の水力発電所を持っているところもあるくらいです。アルミニウムは新しく生産するときの3%のエネルギーで再生できるともいわれ、リサイクルすべき代表的な資源です。このほか、鉄や銅など金属類も、比較的容易に再生できるという点で、リサイクルすべき資源でしょう。

6-4 「もの」を完全に消費する試み

日本では、1年間に5億8,000万トンの廃棄物が排出されます（図6-4）。このうち、家庭や事務所から出るゴミは一般廃棄物と呼ばれ、年間約5,000万トン、1人当たり約400kgになります。この数字は欧米先進国のうちでは最低水準であり、米国の約半分です（図6-6）。焼却するにせよ、再利用するにせよ、不要品を積んだトラックが乱暴に走り回るようでは快適な都市とはいえません。理想をいえば不要品が出ない生活をすべきですが、それが無理であれば、再利用すべきものは回収し、それ以外は家庭や事務所で「使い切って」しまう方がよいでしょう。

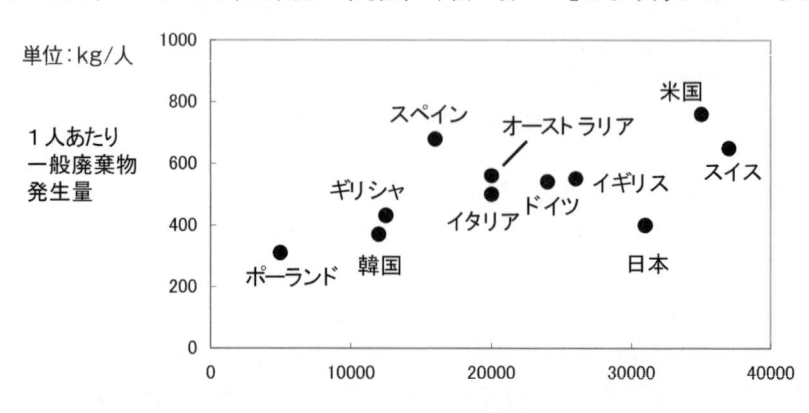

図6-6 各国の廃棄物量

(1) 生ゴミ燃料電池

廃棄物は古くから燃料として使われてきました。しかし、現在、エネルギー源としてはあまり役立っていません。例えば、ゴミ処理場の発電能力も日本全体の発電能力の1％程度にすぎません。

家庭や事務所において、生ゴミや紙くず、プラスチックなどの廃棄物を活用するなら、燃やしてお湯を沸かすのが、現状ではもっとも効率的な方法です。ゴミを燃やすというと、排出される二酸化炭素のことを気にする人もいますが、回収するためにトラックを使えば同じことです。特に、ペットボトルをはじめ、再生するのにエネルギーを要するプラスチックは、燃料として利用する方が、地球規模の資源保護に役立ちます。

また、微生物を利用すると、生ゴミや紙くずからメタン、水素、メタノールなどが得られます。これを燃料電池に供給すれば、電力を得ることも可能です。まだ、実験段階の技術ですが、遠くない将来に実用化されるでしょう。

(2) 生分解性プラスチック

都市において不要になったプラスチックは、エネルギー源として活用できます。しかし、エネルギー源として使わないのであれば、トラックで回収するよりも、その場で自然に帰す方が、快適な街づくりに役立ちます。生分解性プラスチックは、土に埋めれば地中の微生物によって分解されるプラスチックです。すでに、農業用品、漁業用品、梱包材などのほか、文房具、家庭雑貨なども市販されています。生分解性プラスチックには、様々な種類があります。今のところ、トウモロコシ、サトウキビ、キャッサバなどの植物を原料としたものが主流ですが、通常のプラスチックに比べて値段が高いことが課題です。今後は、稲わら、麦わらなどの安価な農業廃棄物が原料として用いられるようになるでしょう。

（吉田真史）

参考文献
1) 数字でみる物流2008、(社)日本物流団体連合会、2008
2) 石川英輔：大江戸リサイクル事情、講談社、1994
3) 笹間良彦：大江戸復元図鑑、遊子館、2003
4) 環境省編：環境・循環型社会白書、2008年版

7章 エネルギーの流れ

家庭やオフィスで使用されるエネルギーは1年間で1人当りガソリン930ℓに相当！

930ℓ

都市の中では「もの」の消費と同じように大量のエネルギーが消費されています。都市に投入された大量のエネルギーは、都市内で面的に広がる建築群と線的にネットワークを形成する鉄道や道路などの都市インフラに分配され、消費されて消えていきます。「水・空気・光が流れる街づくり」は、このような現在の都市におけるエネルギー消費の量と質に再検討を迫ります。エネルギーの質とは、現在の化石燃料や原子力を使ったエネルギー源から、水・空気・光の流れを利用した再生可能なエネルギー源へのモーダルシフトの達成度のことです。

7-1 エネルギーの基礎知識

現代人が石油、電気といったエネルギーを大量に消費しているという感覚は、日本の大都市に住んでいれば直観的に理解できます。日本には、1年間に5.4×10^{15}kcalに相当するエネルギー資源が投入されています（**図7-1**）。1人当たりにすると、ガソリン約5,000ℓに相当します。このうち、半分以上は工業などに使われるので、家庭や事務所で使用されるのは1人当たり約900ℓとなります。

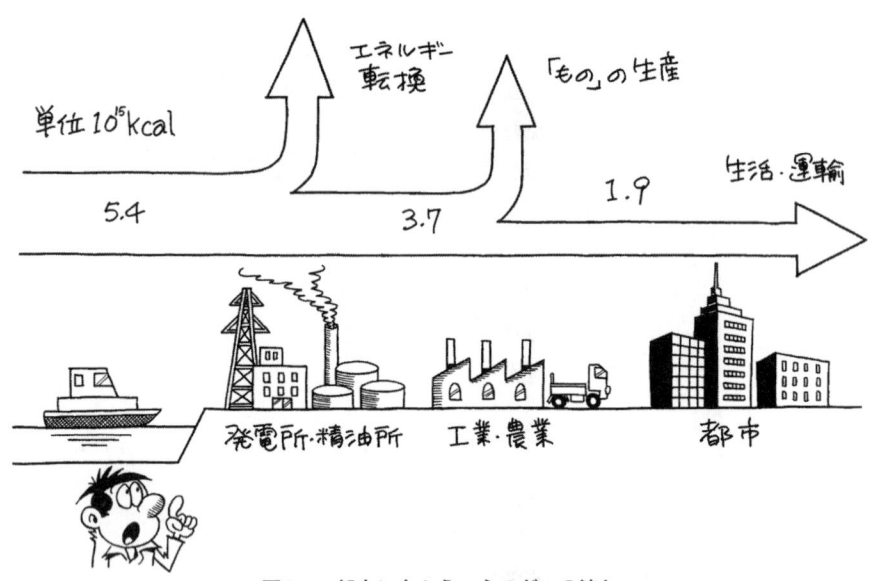

図7-1　都市に向かうエネルギーの流れ

私たちの生活を支えるエネルギーは、石油、石炭、天然ガスなどの化石燃料であり、発電には原子力も使われています。しかし、化石燃料や原子力には、環境汚染や資源枯渇の心配があり、この調子で永久に使い続けることはできません。このため、近年では、水力、風力、太陽光などの自然エネルギーが注目されています。これらは、環境汚染の心配が少なく、枯渇しないことが特長です。このほか、水と空気と光によって成育する植物も枯渇しないエネルギー資源です。植物はそのまま燃やすこともできますが、エタノールなどに変換することにより、自動車を走らせたり、燃料電池に利用したりすることができます。このとき、水や二酸化炭素が発生しますが、その量は、その植物が成育するときに吸収した量と同じです。すなわち、水と二酸化炭素は自然界を循環して、私たちは太陽光だけ

を利用することになります。このように、自然の流れに組み込まれ、枯渇しないエネルギーは再生可能エネルギーと呼ばれます。

都市の中をエネルギーが流れていくとき、一番やっかいなのが熱の発生です。どんな器具であっても、石油、ガス、電力などを利用すると、必ず熱が発生します。暖房として使うときはそれでよいのですが、自動車やパソコンが発熱する必要はありません。このような発熱は、資源の無駄遣いであるばかりでなく、都市の気温を周辺部よりも上昇させ、いわゆるヒートアイランド現象を引き起こします。都市における快適な暮らしを実現するためには、無駄な発熱が生じないように、エネルギーの流れをデザインすることが大切です。

(1) エネルギーの流れ

日本に投入されるエネルギーの内訳と、それが都市に届くまでの変化を図7-2に示します。ここでは、エネルギー消費量の合計から農業、林業、水産業、鉱業、製造業、建設業などに使ったエネルギーを除いたものを都市のエネルギー消費量としています。日本に投入されるエネルギー資源は増加を続けています。石炭が4割を占めることは意外かもしれませんが、その半分は火力発電に利用され、残りの半分は鉄鋼業に利用されています。図7-2における「民生」とは、家庭や事務所のほか、商業施設、学校、病院における消費です。「運輸」は文字通り、鉄道や自動車のための消費であり、家庭用も含まれています。

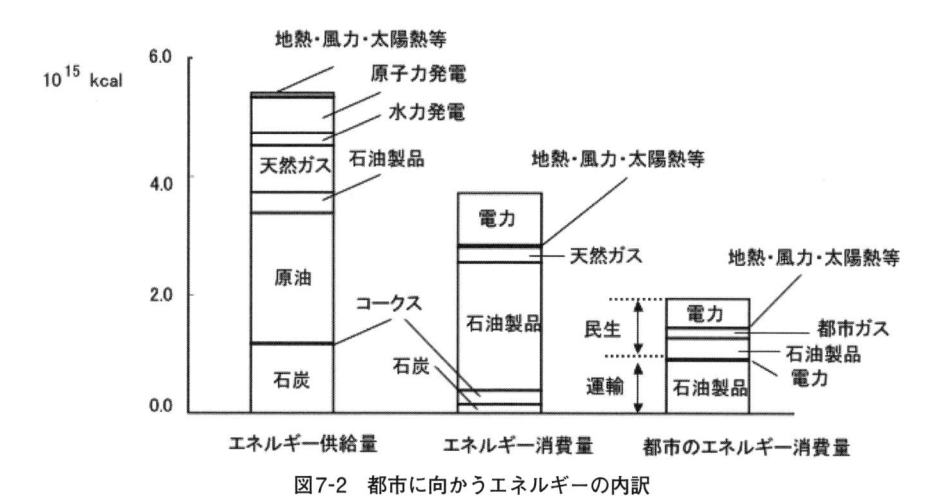

図7-2 都市に向かうエネルギーの内訳

(2) エネルギーの変換

都市で使われるエネルギーは、使いやすいかたちに変換されています。身の回

りを見れば、自動車のガソリンと台所のガスのほかは、エネルギーとして電気を使っています。実はここに深刻な問題があります。**図7-2**のように、日本に供給されたエネルギーのうち、実際に消費したエネルギーは約7割です。すなわち、約3割は失われています。エネルギーは、**図7-3**のように、自由自在に変換できますが、その変換効率には限界が存在します。例えば、火力発電所や原子力発電所で電気をつくるときには、約6割のエネルギーが無駄になっています。電気を中心とした都市生活にとっては、何とか克服したい課題です。

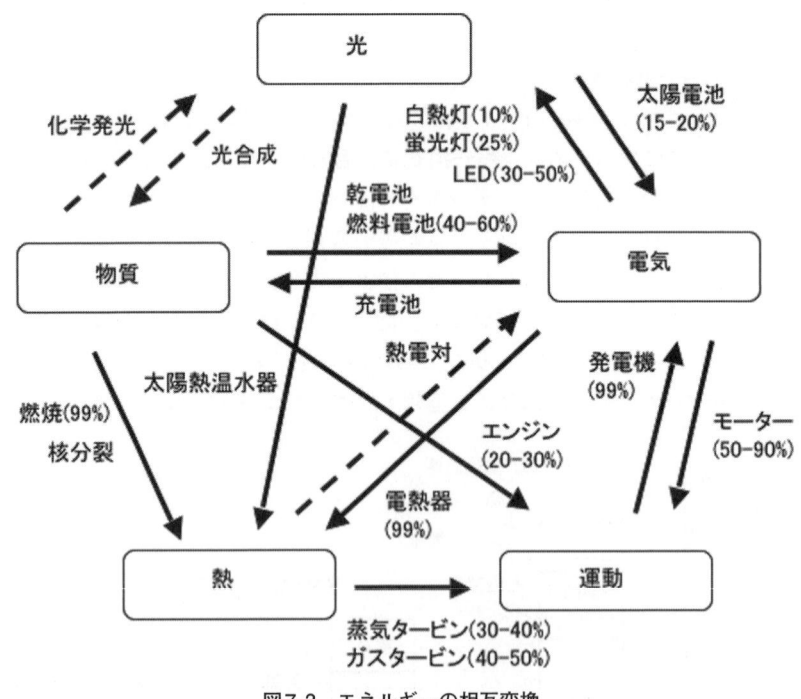

図7-3　エネルギーの相互変換

(3) 熱を利用するむずかしさ

　火力発電所は、燃料の持つエネルギーの約4割しか電力に変えることができません。これは、技術が未熟なためではなく、熱を利用するときの本質的な問題です。火力発電所では、無秩序に飛びまわる高温の水蒸気を利用してタービンを回しています。このとき、水蒸気のエネルギーをすべて利用できれば効率100%となりますが、実際には、すべての水蒸気が一致団結してタービンを一方向に回してくれるわけではありません。タービンを回すのには、約4割の水蒸気しか寄与

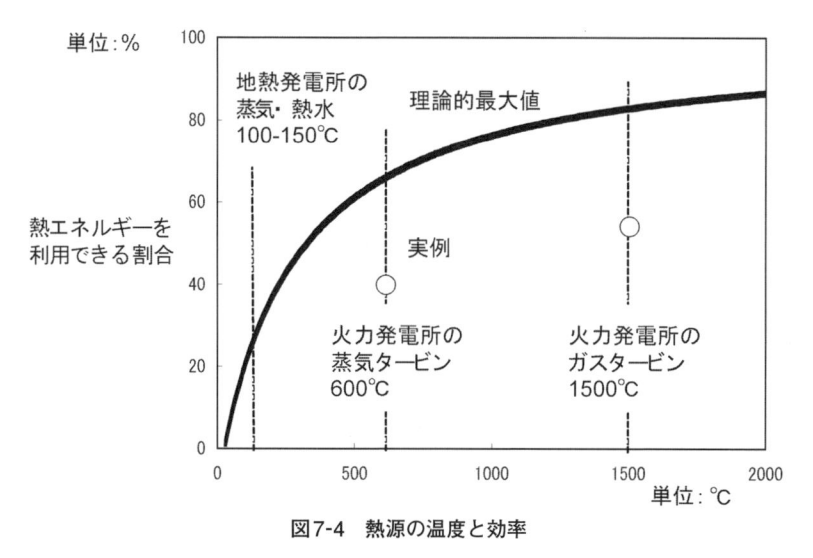

しないのです。この効率は、水蒸気の温度が低いほど、低くなります（**図7-4**）。

図7-4 熱源の温度と効率

7-2 都市に供給されるエネルギー

　都市で消費されるガソリン、灯油、都市ガス、プロパンガスなどは、石油や天然ガスが原料であり、ほとんどが海外から輸入されて、都市周辺で加工されています。一方、電力は火力、水力、原子力によって国内でつくられます。電力は都市生活に不可欠ですが、発電によって生じる環境汚染は憂慮すべき問題です。例えば、火力発電所は都市周辺にありますから、都市における水・空気・光の流れを大きく左右します。また、原子力発電所は、遠く離れた土地にありますが、都市の暮らしに大きな影響を及ぼすだけの危険を秘めています。

　都市における快適な暮らしを続けるためには、地球規模の環境保全にも配慮しながら、化石燃料や原子力に対する依存度を減らして、太陽光や風力をはじめとした再生可能エネルギーを活用していくことが大切です。

(1)　**化石燃料**

　石油、石炭、天然ガスなどは、1～4億年前、恐竜が生きていた頃の動植物が姿を変えたものです。化石燃料と呼ばれることもありますが、正確にいうと「化石」ではありません。これらは、炭化水素と呼ばれる分子の集まりであり、外見に違いはありますが、ほとんど炭素と水素からできています（**図7-5**）。炭化水素のうち、炭素が少なく、分子が小さいものは、天然ガスのように気体ですが、分子

が大きくなるにつれて石油のような液体になり、さらに大きくなるとロウソクや石炭のように固体になります。石油や石炭には、様々な炭化水素が含まれており、どちらかといえば石油には鎖状のものが多く、石炭には環状のものが多くみられます。化石燃料の埋蔵量を正確に求めることはできませんが、いつか枯渇することは確かですから、化石燃料に頼らない社会を創り出すことが望まれます。

鎖式炭化水素

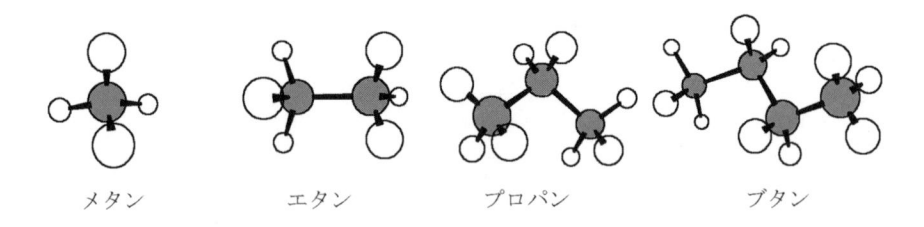

| メタン | エタン | プロパン | ブタン |

環式炭化水素

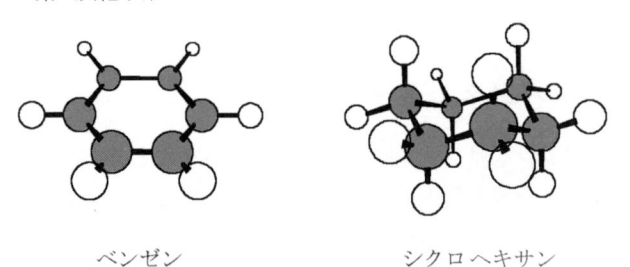

| ベンゼン | シクロヘキサン |

	炭素数	利用例
天然ガス	1〜3	都市ガス
原油	1〜4	液化石油ガス
	5〜10	ガソリン
	10〜14	灯油
	14〜18	軽油
	18〜	重油

図7-5　炭化水素の分類

(2) 石油

　石油は一次エネルギー供給量の約5割を占めています[1]。そして、その約9割はサウジアラビア、アラブ首長国連邦、イランなど、中東諸国からの輸入に依存しています。ちなみに、ごくわずかですが、新潟などの国内油田からも産出して

います。原油は図7-5のように、その沸点によって分離され、液化石油ガス、灯油、軽油、ガソリン、重油などとして利用されます。このうち、液化石油ガス（LPG）は、常温でも圧力をかけると液化するプロパンやブタンが中心であり、いわゆる家庭用プロパンガスのほか、タクシーなどの燃料としても使われています。

(3) 天然ガス

　天然ガスは一次エネルギー供給量の13.8％（2005年）を占めています[1]。また、ごくわずかですが、秋田県、新潟県、千葉県など、国内でも産出されています。江戸時代の新潟地方では天然ガスを「風草生水（かぜくそうず）」と呼び、生活に利用していました。「東遊記」によれば、新潟県三条市付近の男が庭に井戸を掘ったところ、天然ガスが吹きだしたので、これを竹のパイプで家に引き込んで、燃料や明かりとして使ったといいます。現在でも、新潟で産出された天然ガスは、首都圏や仙台までパイプラインによって輸送されています。

　天然ガスは、1969年に液化天然ガス（LNG）がアラスカから輸入されてから本格的に利用されるようになりました。天然ガスの主成分であるメタンやエタンは、液化石油ガス（LPG）の主成分であるプロパンやブタンと違い、圧力をかけても液体にならないので、マイナス162℃に冷やすことによって液体にしています。液化天然ガスは冷却するときに粉塵、硫黄分、水分が除去されるため、もとの天然ガスよりもきれいであるといわれています。液化天然ガスを燃料としたトラックやバスも実用化されています。

(4) 都市ガス

　都市ガスの消費量は、毎年増加を続けています[2]。都市ガスは、メタン88.0％、エタン5.8％、プロパン4.5％、ブタン1.7％の混合物（東京ガス13A）であり、主に天然ガスからつくられます。天然ガスのほとんどは液化天然ガスとして輸入されており、約3割が都市ガスとして使われ、約7割は発電に使われます。天然ガスの埋蔵量は石油とほぼ等しく、安心できるわけではありませんが、中東諸国に対する依存度は石油よりも低く、日本には、インドネシア、マレーシア、オーストラリアなどから輸入されています。都市ガスを供給する会社は、全国に市町村単位で200社以上存在し、地域に配管のネットワークを持っています。例えば、東京ガスの場合、高圧ライン（1.0～7.0MPa）、中圧Aライン（0.3～1.0MPa）、中圧Bライン（0.1～0.3MPa）、低圧ライン（1～2.5kPa）などによって、工場から1千万軒近い家庭まで、延べ5万kmのパイプによって供給されています。

(5) 電力

　都市生活で中心となるエネルギーは電力です。電力は石炭や石油と違って自然

界から直接的に得ることができないので、各種のエネルギーを利用して発電します。発電に利用されるエネルギーは図7-6のとおりです。電力の弱点は、貯蔵することができないため、供給量の調整が難しいことです。例えば、1年のうち、夏の電力需要は春や秋よりも2～3割多く、1日のうちでも昼は夜の2倍ほどになります。このため、日本の発電能力は、夏の昼下がりに合わせて、平均的な消費量の2倍を確保しています。さらに困ったことに、原子力発電や石炭による火力発電は、容易に停止、再起動ができません。このため、1日のうちの電力の調節は、天然ガスによる火力発電と揚水発電によって行っていますが、エネルギーの無駄は避けられません。

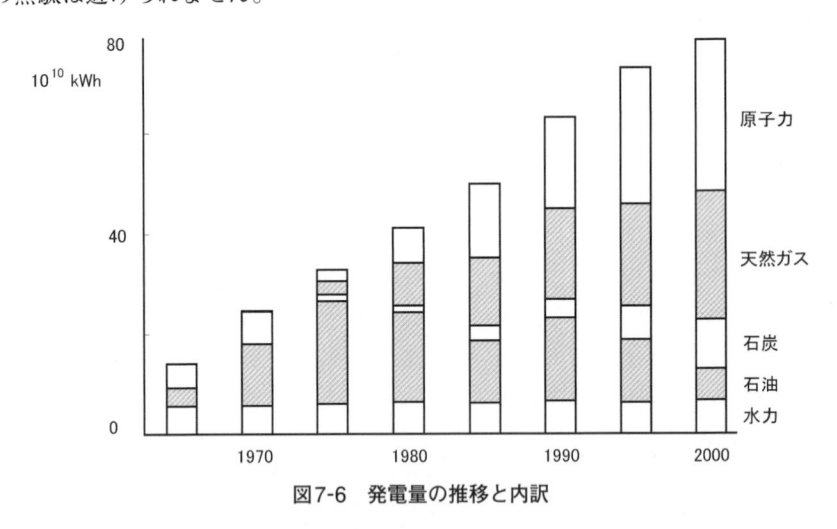

図7-6 発電量の推移と内訳

近年では、電力需要の変動を調整するために家庭や企業などに設置することのできる蓄電池や電気二重層キャパシタ、フライホイールなど、電力貯蔵装置の開発が進められています。また、電力各社は夜間電力を利用した給湯装置や、夜間電力によって氷をつくって冷房に利用するシステムを販売しており、電力消費の平均化に努めています。

電力のほとんどは大手9社によって供給されており、自家発電などは1割にすぎません。電力は、電圧が高いほど送電による損失が小さくなるので、電圧を段階的に変えながら家庭まで届けられます。発電機から家庭までの損失は10％以下にすぎません。電線は都市の隅々まで張り巡らされており、例えば、東京電力の場合、総延長は約100万kmに達します[3]。

(6) 原子力

　原子力はすべて発電のために使われています。現在、全国55カ所の原子力発電所において、総発電量の約3割を発電しています[1]。核分裂の燃料となるウランは、カナダ、オーストラリア、イギリス、アメリカなどから輸入しており、原油と違って産出国が政治的に安定していることも、政府が原子力発電を推進する理由の一つです。原子力発電のコストは、火力発電と同等といわれていますが、永久保管するしかない廃棄物にかかわる費用を過小評価している危険があります。原発事故の恐怖をあおるのは控えるとしても、事故処理の費用、廃棄物の保管費用などを考え直す必要があります。二酸化炭素を排出しないのは長所かもしれませんが、二酸化炭素を排出しないために原子力に頼るというのは、健康維持のために危険なスポーツを続けているのに似ています。

7-3　都市で消費するエネルギー

　都市では莫大なエネルギーが消費されます。正確にいえば、化石燃料や電力が様々に使われたのち、すべて熱となって大気中に放出されていきます。環境汚染や排熱問題から街を守るためには、エネルギー消費量を減らせばいいのですが、交通機関や電気製品の利用を控えると、快適な生活を送ることができません。しかし、幸いなことに、交通機関や電気製品のエネルギー効率は、技術革新によって大きく向上を続けており、利用方法を少し工夫すれば、都市のエネルギー消費はもっと減らすことができそうです。

　また、太陽光や風力などの自然エネルギーは、快適な都市生活を実現するために期待されていますが、今のところ、エネルギーの供給量は化石燃料に及びません。これらの自然エネルギーを活用するためにも、電気製品などのエネルギー効率を高めることが望まれています。

(1)　交通機関のエネルギー

　日本国内で旅客や貨物の輸送のために消費されたエネルギーは9.2×10^{14}kcal（2004年）であり（**図7-2**）、1975年からの30年間で倍増しています[2]。また、30年間に自家用車の普及が進んだため、1975年に1：1であった旅客と貨物の比は2004年には2：1になっています。都市における消費エネルギーを減少させるには、乗用車からバスや鉄道への転換が役立ちます。近年では、路面電車を見直す動きも出ています。欧米における路面電車の再生、復活を受けたものですが、日本の地方都市でも新路線建設の計画があります。同じ統計によると、貨物自動車

の消費エネルギーは、鉄道の13倍、海運の3倍になります。しかし、都市内の鉄道貨物輸送や海上輸送は現実的ではないので、前章で議論したような、貨物自動車の効率的利用法が望まれます。

(2) 冷暖房のエネルギー

家庭における1世帯当たりの消費エネルギーは、暖房用が27.1％（2004年）を占めており、その内訳は石油、都市ガス、電力、プロパンガス、石炭の順です[2]（図7-7）。1970年と2003年を比べると、全消費量は約7割増加しているのに対して、暖房用は1割ほどの増加にすぎません。全消費量の増加には、3倍以上になった電気製品などの消費が寄与しています。事務所や商店でも同様の傾向がみられます。

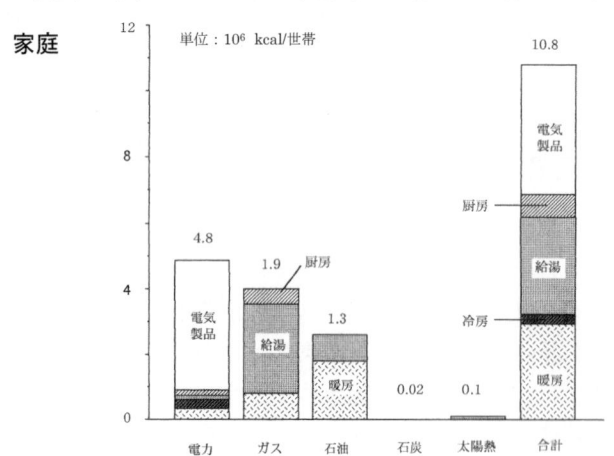

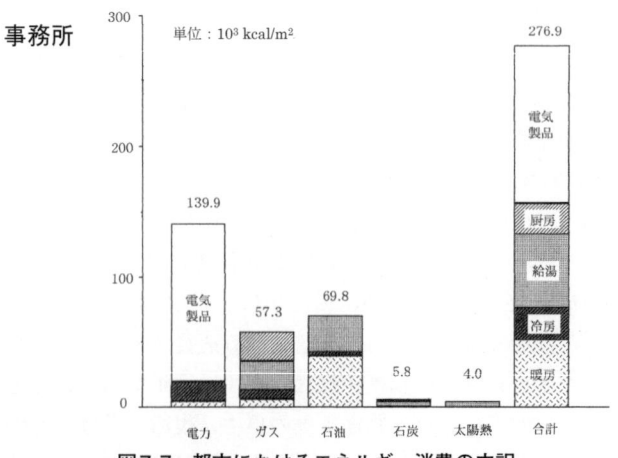

家庭　単位：10^6 kcal/世帯

事務所　単位：10^3 kcal/m^2

図7-7　都市におけるエネルギー消費の内訳

冷房用のエネルギーは、家庭における全消費エネルギーの2.4％（2004年）、事務所や商店などにおいても9.0％（2004年）にすぎません（図7-7）。冷房はエネルギーの無駄遣いの象徴のようにいわれていますが、電力会社の都合によるところも大きいのです。夏の昼下がりが1年間で一番、電力需要が大きくなるため、電力会社はこのピーク時の需要に合わせて発電設備を建設しなければなりません。1年のうち、夏の昼下がりにしか稼働しない設備は、建設に要する資源やエネルギーの無駄であり、環境保護の立場からも望ましくありません。

(3) 電気製品のエネルギー

家庭や事業所において、エネルギーを最も多く消費しているのは、暖房や冷房ではなく、電気製品です。テレビやパソコンなどの電気製品のために、家庭用の36.4％（2004年）、事業所の46.6％（2004年）が消費されています[2]。したがって、都市の消費エネルギーを減らすには、これらの電気製品の改良が望まれます。実際に、過去10年間、冷蔵庫の消費電力は1/3になり、テレビの消費電力は2割ほど低下しています。しかし、電気製品の台数自体が飛躍的に増えており、1世帯当たりの電気製品による消費電力は10年前の3割増、20年前の2倍になっています。

7-4 都市で創り出すエネルギー

現代社会は、化石燃料と原子力に依存していますが、快適な暮らしを持続させるためには、これらに対する依存度を減らし、太陽光や風力などの自然エネルギーをはじめとする再生可能エネルギーを活用していくことが重要です。

幸いなことに、自然の恵みである水・空気・光は、都市部にも平等に与えられます。太陽光や風力を上手に利用できれば、外部に依存せずに都市の中でエネルギーをつくりだすことが可能です。また、都市では膨大なゴミが発生します。これらも貴重なエネルギー資源です。例えば、生ゴミは、水・空気・光により育成された植物の最終形態であり、立派な再生可能エネルギーです。現在、廃棄物に関しては、リサイクルが大きな関心を集めていますが、エネルギー源として活用する方が、資源の有効利用となる場合が多くあります。

(1) 太陽熱

太陽の光は、都市にも農村にも平等に降り注いでいます。地表における太陽光のエネルギー1時間分は、1年間に地球で消費するエネルギーに相当するといわれており、上手に利用できれば、化石燃料が枯渇する恐怖から解放されます。現

在のところ、太陽熱の主な利用方法は、太陽熱温水器と太陽電池です。

太陽熱温水器は、20年以上前から市販されていますが、この装置によって供給されるエネルギーは、家庭の場合、全エネルギー消費量の1.0%（2004年）にすぎません。普及の障害となっているのは、装置価格の問題もありますが、給湯以外に使えないことです。太陽熱温水器から得られる50～70℃の温水は、発電などに使えないのです（図7-4）。1990年をピークとして、原油価格の安定などの影響もあり、太陽熱温水器によるエネルギー供給は減少しています。

(2) 太陽電池

太陽電池は、全世界で370万kW（2005年）の発電能力があり、ドイツと日本がそれぞれ約4割を占めています[1]。また、太陽電池の半分は日本で生産されています。現在、発電能力3000W程度（100V、30Aに相当）の装置が200万円台で市販されており、すでに、5万軒以上の家庭で利用されています。

太陽電池は、自然エネルギーの代表的な利用方法ですが、全世界の発電量でみると、風力発電の1/10にも及びません。太陽電池が普及しない理由は、発電に要する費用が火力発電の10倍近くになるためです。現在の太陽電池は、主にシリコンを利用したものですが、低価格化のために色素増感型太陽電池などの開発も進められています。現在のところ、太陽電池は、太陽の光のうち、紫外線を中心とした一部の光しか利用できません。植物の光合成のように、可視光線まで利用できるようになれば状況は大きく変わるでしょう。

(3) コジェネレーション

熱力学の法則によると、熱を完全に動力や電力として利用することは、いかに機械を改良してもできません。したがって、利用できなかった熱を、せめて給湯などに使おうというのがコジェネレーションの考え方です。実際には発電と給湯を組み合わせた設備が中心であり、発電機の効率は40%だとしても、廃熱の60%を暖房や給湯に利用して、全体として熱エネルギーの70～80%を利用できるといわれています。日本では、1985年頃からコジェネレーション設備が着実に増加しており、すでに約5,000カ所に設置され、約800万kW（2004年）の発電能力があります。コジェネレーション設備は、ビル単位で設置できる小規模のものが望まれます。都会から離れた原子力発電所でお湯が沸いたとしても、お茶を飲んだり、風呂に入ることはできないからです。現在では、都市部の小規模ビルに設置できる装置も数多く市販されています。その中心は、都市ガスやプロパンガスを燃焼させて発電機を稼働させ、同時に廃熱を用いて給湯するものですが、燃料電池と給湯装置を組み合わせた製品も実用化されています。

(4) 雪氷エネルギー

　江戸時代、加賀藩では冬の間に氷室（ひむろ）に保存しておいた氷を、毎年6月1日（旧暦）に将軍家に献上していました。氷は、一見、すぐに融けそうですが、大きな塊になるとなかなか融けません。氷室といわれる断熱倉庫に入れておけば、冬の氷雪を夏まで保存できたのでしょう。氷室という言葉は、日本書紀にも記載があり、氷雪を保存する技術は古くからあったようです。近年では、氷雪エネルギー利用施設に国の支援が受けられるようになり、北海道や東北地方を中心として、数十カ所の施設で約7万トンの氷雪が利用されています。利用方法は、今のところ、江戸時代と変わりません。冬の間に貯蔵室に雪を貯め込み、夏になったらその貯蔵庫を通した風を冷房として利用します。氷には脱臭効果もあり、通常のエアコンよりも快適だといわれています。

(5) バイオマス

　太陽のエネルギーを最も効率的に利用しているのは植物です。太陽光を利用して大気中の二酸化炭素を糖類に変えて、自らの成長に使っています。私たちは、古くから、これらを薪（まき）、柴（しば）、炭（すみ）としてエネルギーに変えてきました。現代では、もみ殻などの農業廃棄物、製紙工場や食品工場の廃液、家畜の糞尿なども、植物由来のエネルギー源（バイオマス）と考えられます。

　日本ではこれらのバイオマスの利用は、全エネルギー供給量の1％に満たない状態です。現在のところ、焼却によって発電や給湯に利用することがほとんどですが、微生物によってメタン、水素、エタノールなどに変換できれば、燃料電池などに利用することができます。

　このほか、植物を積極的に栽培する方法もあります。例えば、サトウキビやトウモロコシなどを発酵させてエタノールをつくると、自動車の燃料として利用することができます。しかし、近年、トウモロコシによるエタノール生産が注目されて、食用のトウモロコシ価格が高騰するなどの弊害も出ています。今後は、食用にならないものからのエタノール生産を進める必要があるでしょう。

(6) 燃料電池

　化学反応を直接、電力に変える装置を燃料電池といいます。現在、実用化されているのは、水素と酸素を反応させるものです。この場合、排出されるのは水蒸気だけであり、空気を汚す心配がないので、都市における発電装置には最適です。発電効率は自動車用や家庭用の固体高分子型で30〜40％、小型発電所に使う固体電解質型で45〜50％ですが、さらなる効率化が期待されます。

　今のところ、燃料となる水素は、石油や天然ガスに由来しており、化石燃料か

ら完全に脱却したものではありませんが、石油精製や製鉄の副産物である水素を使うなど、資源の有効利用に役立っています。今後、燃料となる水素などを農業廃棄物、家畜の糞尿、生ゴミなどから得られるようになれば、燃料電池は、自然界における水・空気・光の流れに組み込まれた再生可能エネルギーに仲間入りすることになります。

(7) 風力発電

オランダでは、17世紀から灌漑などのために風車が普及していました。近年、風車を利用した発電は世界中で急速に普及しています。全世界で約7,000万kWの発電能力があり、国別にみると、ドイツ、スペイン、アメリカの上位3カ国が全体の2/3を占め、日本の発電能力は約110万kWで10番目です。日本では、1997年に売電制度が整備されてから急速に設置が進み、1000基以上が稼働しています。

風力発電は、風が吹かなければどうしようもありません。日本において、どれだけの発電が期待できるかという試算には幅がありますが、風はただであり、風車もさほど精密機器ではありませんから、発電費用は太陽電池や燃料電池よりも安価です。定常的に大容量の発電ができれば、火力発電に対抗できるともいわれています。都市近郊の丘陵地や海上に大規模な風力発電施設が設置できれば、電力需要のかなりの部分をまかなうことができるでしょう。

(8) 廃棄物発電

都市における最大の資源は廃棄物です。廃棄物の利用法のうち、最も普及しているのが発電です。2005年現在、約300の施設があり、合計150万kWの発電能力があります。これは、ゴミ焼却施設の約2割に当たり、日本全体のゴミの約半分が廃棄物発電に利用されています。それでも、廃棄物発電は、火力や原子力を含めた総発電能力の1％に満たない状況です。廃棄物発電の熱効率は、廃棄物の燃焼温度が低いことなどから約10％であり、廃棄物を燃やした熱の約90％は捨てていることになります。このため、給湯や冷暖房などのコジェネレーションによって廃熱を有効利用することが望まれています。

(9) 地熱の利用

日本は世界有数の火山国であり、火山地帯の高温の岩盤は、エネルギー源として活用できます。例えば、地熱発電は、火山地帯などの地下に蓄えられている高温の熱水を取り出して、蒸気タービンを回して発電するものです。全世界の発電能力は890万kWであり、国別にみると、上位からアメリカ、フィリピン、イタリア、インドネシア、日本、ニュージーランド、アイスランド、エルサルバドルとなり、

火山帯にある国々が自然を有効に利用していることがわかります。日本の発電能力は約50万kWであり、総発電能力に占める地熱発電の割合は0.2%にすぎませんが、フィリピン、エルサルバドル、アイスランドでは10%を超えています。現在、国内には約20カ所の地熱発電所がありますが、保守管理などの費用がかかることから、新規設置は低迷しています。地熱発電を普及させるためには、発電費用を下げるための抜本的な技術革新が望まれます。

地熱の利用方法は発電だけではありません。例えば、暖房や給湯などに利用できれば、他のエネルギー消費を大幅に減らすことができます。例えば、アイスランドでは都市の暖房のために、数十km離れた火山付近から熱水のパイプラインが引かれています。日本の風土を活かした再生可能エネルギーである地熱は、大きな発展の可能性を秘めています。

(10) 河川や海洋のエネルギー

水力発電は、日本の総発電量の約2割を占めますが、これまでは、山奥の大規模ダムを用いたものが主流でした。しかし、近年では、水量や高低差が小さくても発電できるマイクロ水力発電の開発が進められています。水の流れに恵まれた街であれば、マイクロ水力発電によって、都市の中で地区ごとに電気をつくりだすことが可能になるかもしれません。

海もエネルギーの宝庫です。現在、実用化を目指して、波力発電、潮流発電、潮汐発電、海洋温度差発電などが研究されています。このうち、設置場所の制約の少ないのが波力発電です。波力発電は、海面のゆっくりした上下動によって発電機を動かすものであり、全国各地で大規模な実験が進められています。他の三つは、設置場所に制約があるのが課題です。潮流発電は潮汐による流れを利用するので、鳴門海峡のような潮流が激しいところに限られます。また、潮汐発電は、干満の差が大きいこと、海洋温度差発電は、深海と海面で20℃以上の温度差があることが必要です。

日本のほとんどの都市は河川に恵まれ、海に面しています。その土地の地形的特徴を活かしながら、河川や海洋のエネルギーを活用することにより、再生可能エネルギーを基盤とした快適な街づくりが可能になるでしょう。

(11) 新しい流れ

都市における快適な暮らしを維持するためには、化石燃料や原子力に対する依存度を減らし、太陽光や風力などの再生可能エネルギーを最大限に活用することが必要です。これらの再生可能エネルギーは、環境汚染や排熱などの心配が少ないため、快適な街を創るだけでなく、地球規模の環境保全にも役立ちます。

今のところ、再生可能エネルギーの利用は、全エネルギーの2％ほどにすぎませんが、技術革新により大きな伸びが期待できます。また、地道な作業ですが、エネルギーの利用効率を高めたり、エネルギー需要を時間的に平均化することも必要です。何度も述べたように、日本に投入されるエネルギーの半分は、いつのまにか消えてしまいます。このような無駄をなくすことが、自然界の水・空気・光の流れを基盤とした都市を創造するために大切でしょう（図7-8）。

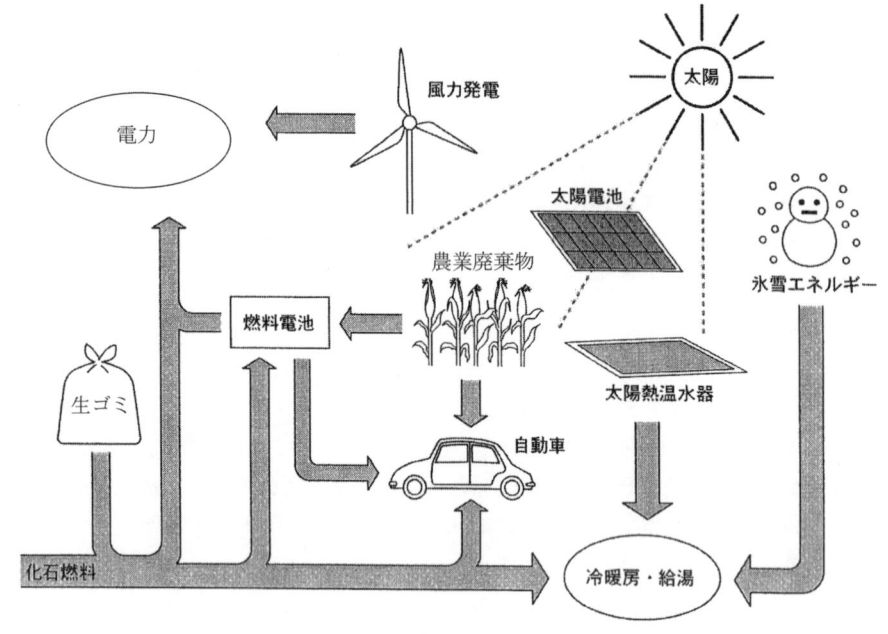

図7-8 新しいエネルギーの流れ

（吉田真史・田口　亮）

参考文献
1) 経済産業省編：エネルギー白書2007年版、山浦印刷出版部
2) （財）日本エネルギー経済研究所編：エネルギー・経済統計要覧2006年版、（財）省エネルギーセンター
3) 電気事業連合会統計委員会編：電気事業便覧2005年版、日本電気協会

8章 情報の流れ

　都市では膨大な情報が様々な媒体を使って流れていきます。特に情報媒体の進化は目覚しく、その変化についていくだけでも大変です。情報の価値は人によって違います。都市には異なる価値観を持ったたくさんの人々が住んでいるので、ある人にとって価値ある情報も別の人には何の価値もないということはよくあります。「水・空気・光が流れる街づくり」にとって、価値ある情報とはどのようなものなのでしょうか。その価値ある情報をキャッチして処理するためには、どのような情報システムを構築する必要があるのでしょうか。

8-1 スモールワールド

　人が社会の中で生きていくためには、何らかの情報のやり取りが必要です。蟻や蜂のような社会性昆虫は、各個体には飛び抜けた知能も力もありませんが、群として行動すると、私たちもびっくりするような高度の振る舞いを見せるようになります。個体間で行われる情報のやり取りの相乗効果が、このような振る舞いを生み出すのです。複雑な都市機能もまた、都市に住むひとりひとりの情報のやり取りが集積した結果として発現しているといえます。

　明治の近代化が始まる以前は、都市内の情報のやり取りは口コミ、立て札、瓦版などにより、また都市間の情報は飛脚や早馬などにより行われていました。しかし、現代に比べればその情報量は比較にならないほど少なく、情報を共有する範囲も情報のやり取りによる相乗効果も極めて限定されていました。ほとんどの人々が小さな枠の中での情報のやり取りだけで一生を終え、ごくわずかの人だけがその枠を越えた情報のやり取りを利用していました。

　明治以降、郵便・電信・電話といった個人間コミュニケーションが普及するとともに、新聞・ラジオ・テレビといったマスコミュニケーションが発展することにより、国内外に大量の情報が行き交うようになりました。特に、近年のインターネットによる情報のやり取りは、不特定多数の人々が参加する情報ネットワークを自然発生的に形成し、情報の爆発をもたらしました。社会学のなかには「スモールワールド」と呼ばれる興味を惹かれる問題があります。この世界を友人で構成される膨大なネットワークとみると、世界中のどの人へも友人のネットワークを通すとわずか数ステップで到達できるというのです。世界は本当に狭くなっています。

　人工の流れの中で、最も急速に変化しているのが情報の流れです。ちょっと気を抜くと、すぐに情報の流れから取り残されてしまいます。本章では、まず、情報化時代といわれる現代において、都市における情報のやり取りがどのように行われるようになっているのかを見ておきたいと思います。その上で、人工の流れと自然の流れのバランスをとるために、現代の情報の流れをどのように利用していけばよいのかを考えてみたいと思います。

8-2 都市における情報の流れ

(1) 21世紀の情報都市

1990年代後半から、世界的規模で爆発的に普及したインターネットや携帯電話をはじめとする情報通信技術の進歩はめざましく、こうした技術の進歩による「情報化」は、都市におけるライフスタイルや企業活動に大きな変化をもたらしています。情報通信技術の革新により、この技術を活用した新興の企業が起こります。多くの企業が集まる都会では、情報通信ネットワークを基盤とした情報流通サービスが普及し、都市の活性化が進んでいます。今後は、高度な情報通信技術、情報通信ネットワークを中核とした産業構造の変革が進み、経済の発展とともに都市を中心に情報の流通がますます活発化していくものと考えられます。

このように、「情報化」は21世紀における都市の社会、経済、生活のあり方を根本から変革する鍵といえます。「情報化」の進展により活力のある都市から価値ある情報が創造され、世界に向けて情報の発信基地へと成長していきます。また、インターネットの普及により国内外のどこからでも、いつでも同じ情報を入手できる地域間格差の少ない時代になりつつあります。

(2) 情報通信サービスの変遷

主要な情報通信サービスを表8-1に示します。有線伝送路でサービスの提供が行われる固定系通信と無線伝送路で提供される無線系通信に大別されます。ディジタル化が本格的に普及する以前のアナログ通信の時代には、加入電話による音声通話が主流でした。その後、データ通信用の専用ネットワークが企業向けに商用化され、家庭向けにISDN（Integrated Service Digital Network：統合ディジタルサービス通信網）が開発されるにともない、徐々にディジタル化が進んでいきました。

無線系通信では携帯電話、PHS（Personal Handy Phone System）が代表的なサービスです。最初は東京、大阪、名古屋などの大都市でサービスが展開され、その後、全国へと急速に普及するようになりました。また、インターネットは1990年代のはじめに商用化され、1990年代後半からコンピュータ、携帯電話と組み合わせた多様なサービスが展開されて、全世界で多くの人々に利用されるようになっています。

都市部を中心とする情報通信ネットワークの構成を図8-1に示します。当初は電話網を中心に音声通信サービスが主流でした。しかし、現在では、ディジタル技術の進歩により携帯電話、無線LAN（Local Area Network：構内通信網）、

ADSL（Asymmetric Digital Subscriber Line：非対称ディジタル加入者線）、CATV（Community Antenna TeleVision）、FTTH（Fiber To The Home：光ファイバ通信）などの多くのアクセス系通信サービスが登場し、音声・音響データ、静止画像、動画像などのマルチメディア通信サービスが情報通信サービスの主体になっています。

表8-1 情報通信サービスの概要

	ネットワーク種別	サービスの種類
固定系通信	インターネット	インターネット電話 インターネットアクセス
	電話ネットワーク	加入電話 総合ディジタル通信（ISDN） DSL(ADSLほか) FTTH
	コンピュータネットワーク	パケット交換 フレームリレー セルリレー
	データ専用ネットワーク	一般専用 高速ディジタル伝送 ATM専用
無線系通信	無線ネットワーク	携帯電話 PHS 無線LAN 衛星携帯電話 衛星放送

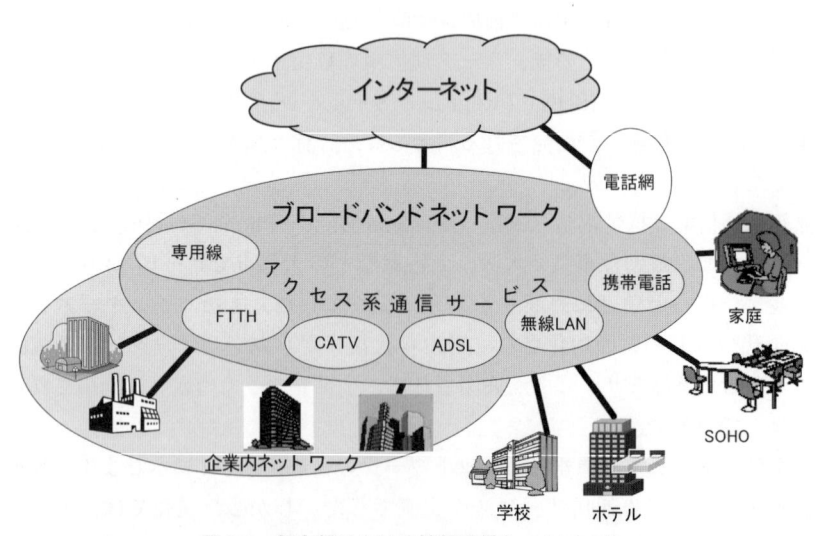

図8-1 都市部における情報通信ネットワーク

(3) ブロードバンド

現在普及しているブロードバンド・アクセス系通信の特徴を**表8-2**に示します。ブロードバンド（広帯域）とは周波数の幅が広いということで、アクセス系通信とは利用者と最寄の電話局や基地局とを結ぶ通信手段です。固定系のアクセス通信サービスでは、FTTHが最も高速ですが、光ファイバケーブルの敷設費用や家庭までの配線コストが高いため、ADSLに比較して通信料金が若干高くなっています。無線系のアクセス通信サービスである携帯電話、無線LANはケーブル敷設費用が不要であり、どこでも利用可能ですが、面的にエリアをカバーするには多くの基地局が必要です。携帯電話の課題は、地下鉄、地下街などのサービスエリアの拡大です。携帯電話は簡単な上、手軽に電子メールの送受信やインターネットへのアクセスが可能なので、アクセス方式としては最も利用が進んでいます。

アクセス系のブロードバンド契約数の推移を**図8-2**に示します。図からもわかるように、平成14年末以降、ブロードバンド契約数の伸びが著しいことがわかります。また、平成19年末ではADSLなどのDSL（Digital Subscriber Line：ディジタル加入者線）の割合はブロードバンド契約数全体の約46％であり、FTTHの割合は約40％です。FTTHは対前年度比で約300万契約以上の大幅な伸びとなっており、今後はDSLからFTTHへの移行が急速に進むと考えられます。

表8-2　ブロードバンド・アクセス方式の特徴

		ADSL	FTTH(光ファイバ)	無線LAN	携帯電話(W-CDMA方式)	CATV
最大通信速度	下り	50Mbit/s	100Mbit/s	54Mbit/s	7.2Mbit/s	30Mbit/s
	上り	3Mbit/s	100Mbit/s	54Mbit/s	384kbit/s	2Mbit/s
長所		既設のアナログ電話回線を利用するため、すべての地域で導入可能。	伝送速度が高速。また、雑音に強く、距離に依存しない。	屋内での配線工事は不要で、いつでも、どこでも利用可能。	いつでも、どこでも、誰とでも移動しながらの利用が可能。	多チャンネルTVが楽しめる。
短所		銅線ケーブルを利用するため、電話局からの距離が遠くなると、通信速度が低下する。	対応地域が少なく、通信料金が高い。	屋外での移動しながらの利用は困難。	地下街、地下鉄構内では利用できない場合がある。	ケーブルの配線工事が必要。

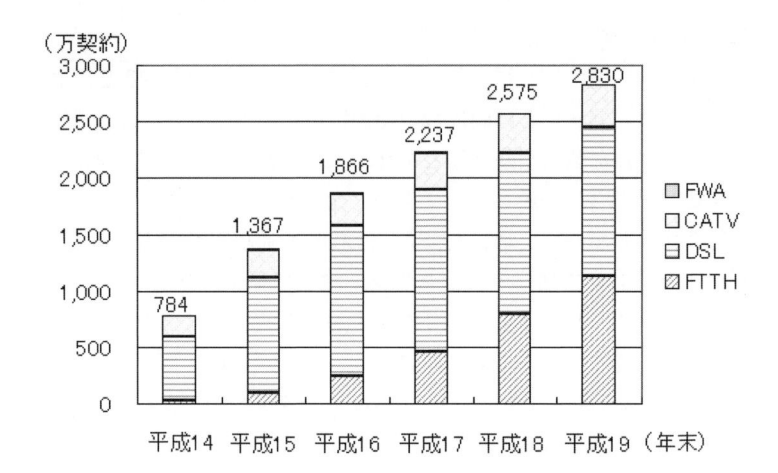

出典: 平成20年情報通信白書

図8-2　ブロードバンド契約数の推移

8-3　情報通信技術の時間的な発展と空間的な広がり

(1)　アクセス系通信

　アクセス系通信サービスの変遷を図8-3に示します。最初はアナログ通信時代の電話サービスが主流でした。その後、音声、文字、データ、画像を伝送するためのディジタル化、マルチメディア化の流れの中でISDN、第二世代携帯電話（アナログ方式の第一世代からディジタル化された方式で、国内でしか使用できない）が商用化され、情報通信サービスの多様化が進みました。1990年代以降になるとインターネットや第三世代携帯電話（データ通信速度を第二世代の10倍以上に高速化した方式で、端末に内蔵されたICチップを取り外し同方式の海外の端末に挿入すると国内と同様に使用できる）が登場し、従来のディジタルメディアのほかに、動画を中心とする映像サービスの提供が始まりました。現在、いつでも、どこでも、誰とでも多彩なサービスを利用できるブロードバンド化とワイヤレス化が発展途上にあります。

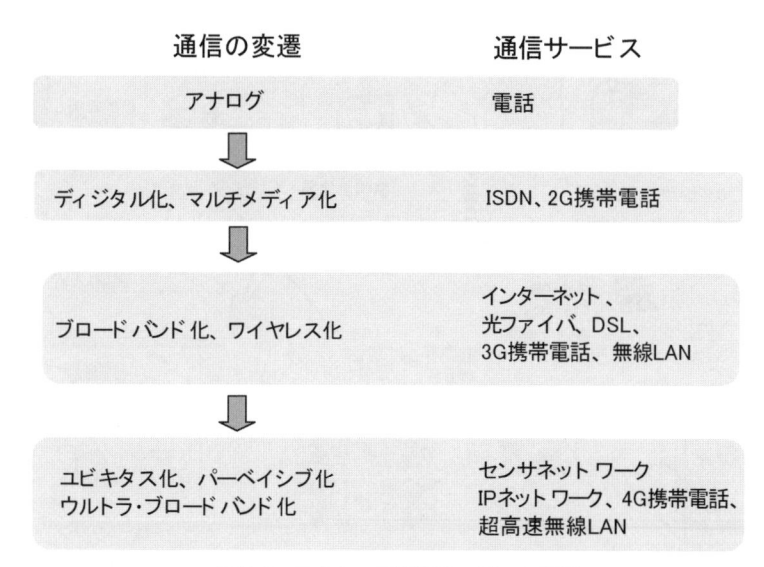

通信の変遷	通信サービス
アナログ	電話
ディジタル化、マルチメディア化	ISDN、2G携帯電話
ブロードバンド化、ワイヤレス化	インターネット、光ファイバ、DSL、3G携帯電話、無線LAN
ユビキタス化、パーベイシブ化 ウルトラ・ブロードバンド化	センサネットワーク IPネットワーク、4G携帯電話、超高速無線LAN

図8-3　アクセス系通信サービスの変遷

　今後は、RFIDタグを利用した生産履歴情報管理、物流管理などを行うユビキタス化、マイクロコンピュータとワイヤレス技術が一体となって家電製品の機器制御や自動車の制御を行うパーベイシブ化の方向に進むと予想されています。また、ネットワークはインターネットとの親和性を図るためインターネットプロトコルに準拠したIPネットワーク（Internet Protocol Based Network）への移行が始まっています。携帯電話、無線LANなどのワイヤレス方式は超高精細なHDTV（High Definition Television：高品位テレビ）を伝送できるウルトラ・ブロードバンド方式が実用化される見通しです。

(2)　ワイヤレス通信

　現在、携帯電話、無線LANなどのワイヤレス技術は必要不可欠となっており、今後ともますます重要で期待される技術です。ワイヤレス・アクセス方式は都市内では、図8-4に示すように、固定での利用、移動しながらの利用、家庭内での利用、無線LANとしての利用など様々な形で展開されています。多くの通信事業者は通信料金、サービスメニュー、利用エリアなどをユーザにアピールしつつ契約者の獲得のために激しい競争を繰り広げています。

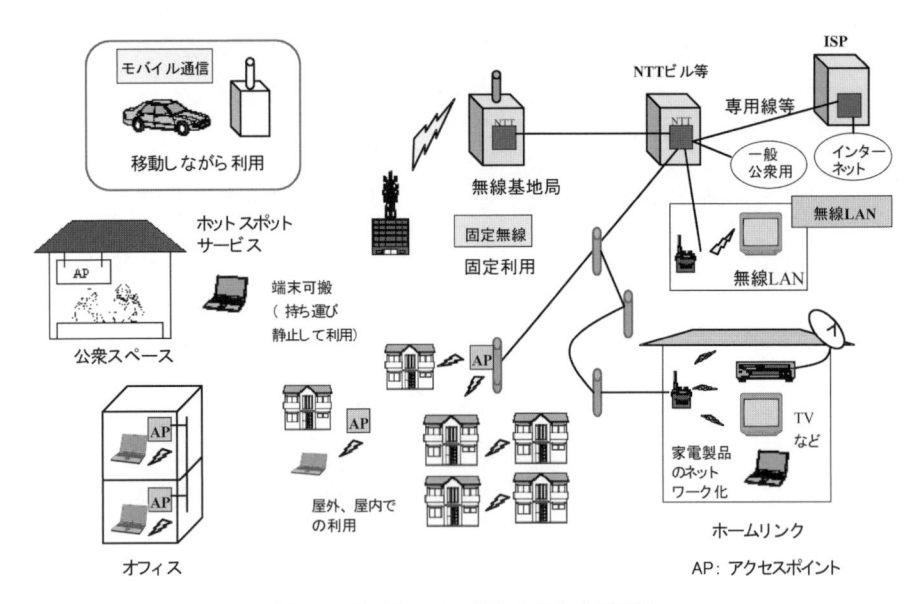

168　III　人工の流れを変える

図8-4　ワイヤレス・アクセス方式の展開

　携帯電話の加入者数の推移とサービスエリアの状況を**図8-5**、**図8-6**に示します。平成19年度末で、加入者数は1億270万です。また、第三世代携帯電話（ドコモFOMAサービス）の三大都市圏における都市部人口カバー率は、**図8-6**のように一部の地下街などを除きほぼ100％となっています。

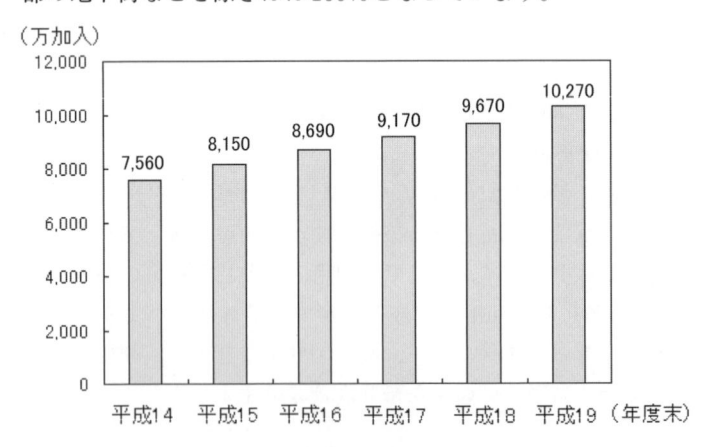

出典：平成20年情報通信白書

図8-5　携帯電話加入者数の推移

| 関西 | 東海 | 関東 |

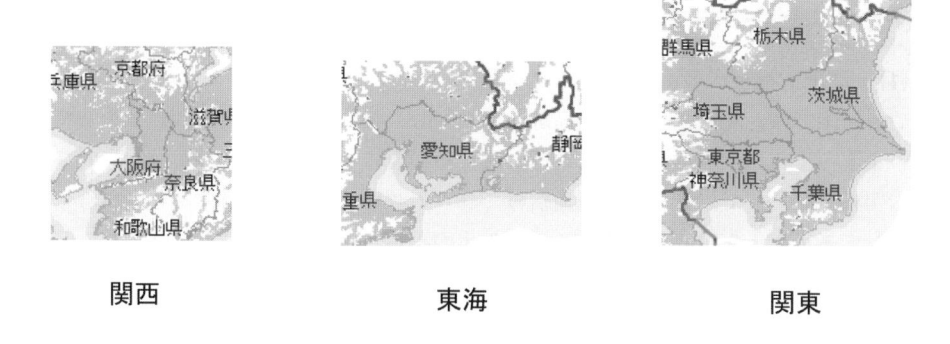

都市部人口カバー率はほぼ100%

図8-6　携帯電話携帯電話（FOMA）のサービスエリアの例（2008年）

アクセス系の通信速度は今後10年間で図8-7のように高速化が進むものと予想されています。光ファイバと携帯電話の高速化が目覚しいことがわかります。特に携帯電話では、現在の光ファイバ程度の通信速度（移動中での通信速度が100Mbit/s以上）は10年以内に実用化される見込みです。アクセス系ネットワークは、今後、IPネットワークを共通基盤として固定系通信と無線系通信の両者の融合が起こり、通信方式、通信事業者を意識することなく、シームレスなサービスの提供がいつでも、どこでも、どの端末を用いても行われるようになると考えられます。

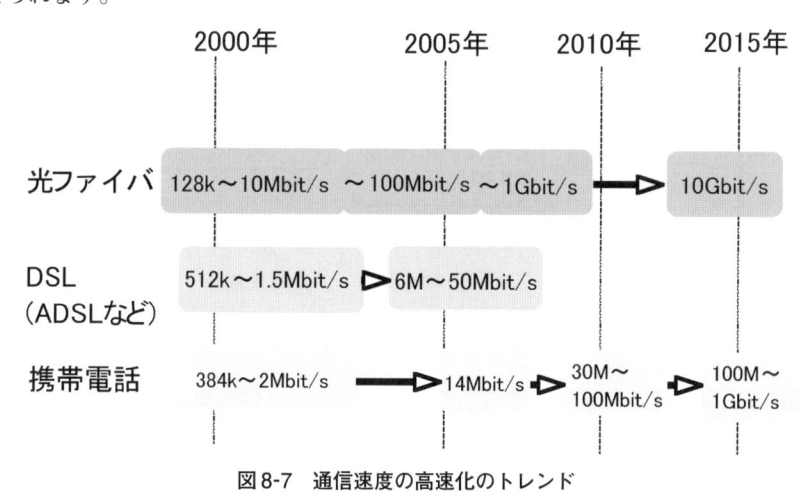

	2000年	2005年	2010年	2015年
光ファイバ	128k～10Mbit/s	～100Mbit/s　～1Gbit/s		10Gbit/s
DSL（ADSLなど）	512k～1.5Mbit/s	6M～50Mbit/s		
携帯電話	384k～2Mbit/s	14Mbit/s	30M～100Mbit/s	100M～1Gbit/s

図8-7　通信速度の高速化のトレンド

8-4 ユビキタス社会の到来

(1) 環境・福祉への適用

わが国では、現在、少子化、高齢化が進行し、社会福祉の充実が課題となっています。また、世界的な規模で地球温暖化が顕著になっており、環境問題に対する関心が深まっています。情報通信はこれらの課題の解決に有効であり、さらにインターネットを中心としたディジタル化の浸透とともに社会活動の活性化、経済活動のグローバル化に役立っています。

図8-3に示すようなユビキタス通信が現実化すれば、情報の伝送のほかに図8-8に示すような各種アプリケーションサービスの提供が可能となります。環境、「もの」、生物、人間などを対象としたよりきめ細かなサービスを実現することができます。例えば、監視、制御などによる空調の省エネ運転、物流効率化などによる環境への貢献、動植物の生育監視による自然保護および在宅管理、セキュリティ向上による福祉への貢献が挙げられます。

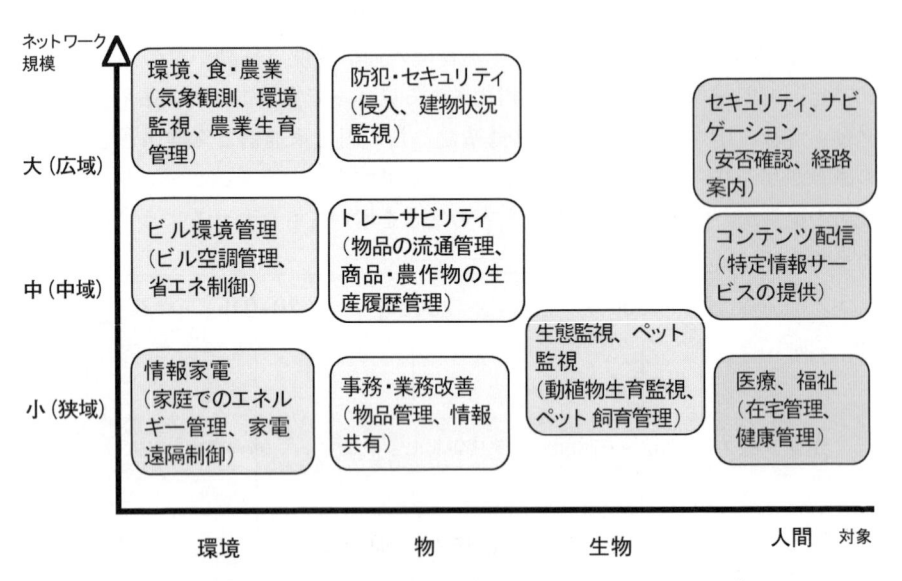

図8-8 ユビキタス通信における各種アプリケーション

図8-9は東京都市大学環境情報学部のキャンパス内に構築した環境モニタリングシステムの例です。学内に設置した環境モニタリングサーバ(ディジタルカメラによる静止画像)、気象観測装置(気象データ)の様々なデータをLAN経由で

研究室のPCで閲覧できます。ノート型PCがあれば、無線LANによりどこからでも測定データにアクセス可能です。このようにして、24時間いつでも、どこでも植物などの生育監視画像データ、温湿度データなどを取得することができるようになっています。

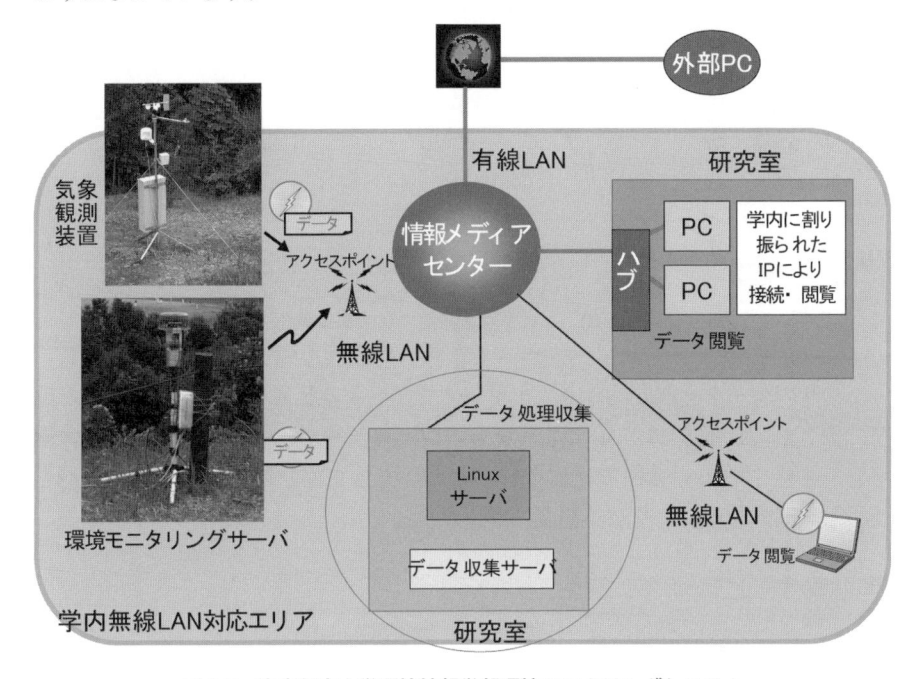

図8-9 東京都市大学環境情報学部環境モニタリングシステム

(2) センサネットワーク

図8-10はユビキタス通信のシステム構成です。図8-1では、ブロードバンド・ネットワークとして基幹となるコアネットワークとユーザが電話局や基地局へアクセスするアクセス系ネットワークを示しました。今後は、各種センサを多数配置し、それらのデータをワイヤレスで伝送するネットワークがアクセス系ネットワークの下部に構築されるでしょう。これをセンサネットワークと呼びます。

センサネットワークで収集したデータは、アクセス系ネットワーク経由でインターネット上のサーバに格納されます。ほかのユーザは、インターネット上でサーバにアクセスしてセンサのデータを利用することができます。ユビキタス通信は、各種のワイヤレス通信技術、ネットワーク技術、さらにコンピュータ技術を集大成して実現されます。

III 人工の流れを変える

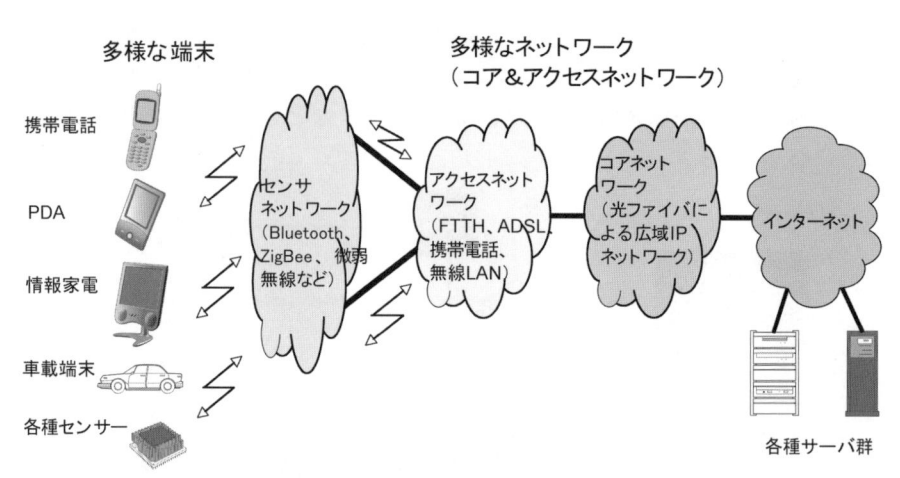

図8-10 ユビキタス通信のシステム構成

　センサのデータを取り込み、ワイヤレスで伝送する装置をセンサ・ノードと呼び、例としては図8-11に示すようなものがあります。300MHz帯の微弱無線を用いて半径十数mの範囲で通信を行うことができます。電源はリチウム電池を使用し、間欠動作により数年程度の動作が可能です。

規格	微弱無線
周波数	303.2MHz
送信出力	電界強度500μV/m以下（3mにおいて）
変調方式	ASK変調
伝送速度	4800bit/s（マンチェスター符号2400bit/s）
CPU	PIC16LF648A
RAM	SRAM: 256Byte
ROM	EEPROM: 256Byte
電源	2.2V-3.5V 2032ボタン電池、外部電源
本体	28×36×6mm（突起部分、アンテナ除く）

出典: http://www.ymatic.co.jp/ayidspec.pdf

図8-11 センサ・ノードの例

8-5 都市における情報化の課題と解決策

　8-2で述べたように、情報の地域格差は少なくなったとはいえ、情報発信の量は都市部が圧倒的に大きく、地方は都市に比べてはるかに少なくなっています。このため、情報の流れは都市から地方へという一方向の傾向がみられます。今後は地方も、この格差を是正するように様々な企画の発案や地方に根ざした文化の発信を行っていくべきです。情報のインフラを整備しつつ、発信できるコンテンツについて時間をかけてじっくり醸成することが大切です。

　一方、多様な情報が大量に飛び交う都市においても、以下のような課題が残されています。

① 多様なライフスタイルへの対応……価値観の多様化が進み、様々な個人のライフスタイルが生じました。その結果、ライフスタイルに対応した情報サービス、コンテンツが求められています。

② 少子・高齢化、人口減少への対応……子供の数が減少し、高齢者が増加しています。この状況に対応した情報基盤の整備が必要となっています。

③ 持続発展可能な社会への対応……地球温暖化にともない、省エネなど環境に優しい技術の適用が社会から要求されています。

　このような課題に対する解決策は、自治体レベル、企業レベル、個人レベルにより異なりますが、ここでは自治体として取り組むべき方向を示しておきたいと思います。

① 多様なライフスタイルへの対応……情報通信の活用によりSOHOなど在宅勤務を積極的に推進すべきでしょう。また、電子商取引を利用して、いつでも、どこでも物品の購入を可能とすることにより、物流の効率化と輸送の省エネ化、人件費削減を実現すべきです。さらに、遠隔学習システムを導入し、在宅しながら勉学できる環境を整備することも必要です。

② 少子・高齢化、人口減少への対応……ユビキタス通信を児童の通学における安全確保、高齢者（独居老人）の見守りなどに積極的に利用すべきです。また、高齢者のための遠隔医療システムを導入し、在宅しながら医療診断が受けられるような環境をつくることが必要です。

③ 持続発展可能な社会への対応……人の流れに関しては、ITS（高度道路交通システム）により車両の混雑状況をリアルタイムに把握し、渋滞によるストレスや環境負荷を軽減することができます。「もの」の流れに関しては、ユビキタス通信を利用することにより、物流管理、在庫管理を効率化するこ

とができます。業務車両についても、適切な指令を出すことにより、円滑な配車、集配が行えるようになります。エネルギーの流れに関しては、情報通信ネットワークによりビル空調システムの省エネ運転などの機器制御、監視などが可能になります。

8-6 情報の流れを利用した街づくり

　都市における情報の流れそのものをモニタリングすることは極めて難しい問題です。電話回線やインターネット回線など特定の情報の流れをモニタリングすることはできても、輻輳が激しい情報全体の流れとなると、モニタリングすることはひとまず諦めざるを得ません。ここでは、情報の流れを利用して、都市における情報以外の流れをモニタリングすることにします。「人工の流れ」についてはすでに触れましたので、以下では「自然の流れ」をどのように情報の流れに乗せてモニタリングと制御を行えばよいかという観点から考えてみたいと思います（図1-14参照）。

(1)　ワイヤレス・センサネットワーク

　都市の中の「水」、「空気」、「光（熱）」の流れを豊かにするために、まず「自然の流れ」の現状をモニタリングする必要があります。いつ、どこで、流れは速くなるのか、流れは澱むのか、流れは消えるのか、流れは分かれるのか、このような流れのダイナミクスをしっかりと把握することが第一歩です。しかし、「水」、「空気」、「光（熱）」は無色透明で、そのダイナミクスを眼で捉えることはできません。

　流れそのものは見えなくても、流れが引き起こす現象、例えば川面を流れる落ち葉、風にそよぐ柳、海水浴での日焼けなどから、「水」、「空気」、「光（熱）」の流れの方向や強さを間接的に知ることはできます。そのような考えでそれぞれの流れを測るための様々なセンサが開発されています。しかし、複雑な流れの全体像を知るには、一種類のセンサでは十分とはいえません。流れは色々な顔を持っているので、色々な切り口で流れを測る必要があります。そのためには、多くの種類のセンサを用意しておき、それらのセンサをそれぞれ都市の中に大量にばら撒いておく必要があります。

　こうなると、センサは場所を選ばずに取り付けられることが要求されるので、できる限り小型のセンサが好ましいということになります。また、膨大な数のセンサが必要になるので、できる限り安価なセンサが欲しくなります。さらに、セ

ンサが捉えたデータを伝送するのは、有線では配線が膨大なものになってしまうので無線しか考えられません。しかし、強い電波を出すと電波法に抵触するため、微弱な電波しか使えません。このため、伝送距離が限定されてしまうので、センサはデータを取得する機能だけでなく、ほかのセンサが取得したデータを中継する機能も持たなければならなくなります。データはセンサからセンサへと次々に送られ、ハブコンピュータへとたどり着きます。このデータの伝送方式をアドホック通信方式と呼びます。ハブコンピュータまで来たデータは、今度はインターネット回線でホストコンピュータへと送られ、ここですべてのデータが統合管理されます。

　「自然の流れ」を測るためには、超小型半導体センサを用い、アドホック伝送通信が可能なワイヤレス・センサネットワークが好ましいと考えられます。ワイヤレス・センサネットワークが構築されれば、センサの設置場所までいちいちデータを記録しにいく手間が省け、現場に出向くことなく広域できめの細かいモニタリングが可能になります。2005年愛知県で開催された「愛・地球博」では、ワイヤレス・センサを用いて、会場内の約20カ所の観測ポイントで、10分おきに温度、湿度、CO_2濃度、雨量、日射、風向風速の観測が行われました。各観測ポイント間で自律的にネットワークを形成し、計測データを互いに中継して送信し、インターネットを介して広域環境モニタリングがリアルタイムで公開されました。

　この場合は、自然のなかでの計測であるため、センサ間の距離もある程度は離すことができましたが、これが都市の中での計測となると状況はだいぶ違ってきます。建築や都市インフラがデータ伝送の障害物となるため、データ伝送を確実に行うためにはセンサ間の距離を短くせざるを得ず、そのためネットワークの密度は高くなって、その分だけ大量のセンサが必要になります。都市内のローカルな流れはかなりの精度で把握することができそうですが、これが逆にグローバルな流れを見えにくくしてしまうことも考えられます。これを補うためのモニタリングがリモートセンシングです。

(2)　リモートセンシング

　ワイヤレス・センサネットワークにより地上での流れをモニタリングする一方、都市のはるか上空に位置する人工衛星を用いて、地上の流れに影響を与える要因を調べることができます。人工衛星から撮られた写真の解像度は年々上がっており、都市の中の建物や構築物の細かなところまで三次元画像として提供されています。

GoogleがNASAの宇宙衛星データから作り上げたGoogle Earthのサイトを開いてみると、大都市の中の道路、鉄道、水路、建築群、公園などの人工物を好みのスケールと角度で上空から眺めることができます。これらの人工物は都市の流れに大きな影響を与えています。

一方、地球からの反射光を周波数分析した結果からは、緑の被覆分布とか都市の温度分布などがわかります。このような情報を、地上の流れのデータに重ね合わせることにより、流れのメカニズムを解明する手がかりになることが期待されます。コンクリート・ジャングルの中で地表面や緑地による環境緩和効果はどの程度あるのか、高層ビルや都市インフラの建設により風の流れはどのように変化するのか、緑地や公園からの冷気や新鮮空気の周辺への染み出し効果はどの程度期待できるのか、人間活動によるCO_2濃度は空間的・時間的にどのように変化するのか、といったような都市のグローバルな流れとその効果を把握する上で、リモートセンシングの果たす役割は大きいものがあります。

(3) 空間情報システム

都市の流れを解明するには、ワイヤレス・ネットワークやリモートセンシングなどで得られた膨大なデータを統合管理する技術が必要になります。高低差のある地面の上に人工物を稠密に立ち上げてできた都市の三次元空間の中に、様々な都市の流れの計測データをレイヤー構造にして積み上げます。都市の流れを分析したいときは、必要なレイヤーをいくつか取り出して相関関係や因果関係を調べることができます。三次元の空間軸だけでなく、流れのダイナミクスを捉えるために、時間軸も組み込む必要があります。

このような目的のために、近年急速に用いられるようになったのが空間情報システムです。現在のところ、目で見える建築や都市インフラといった人工物を空間情報システムとして管理した例は数多く見られますが、目に見えない自然の流れを空間情報システムとして管理している例はほとんどありません。

(4) モデリング、シミュレーション、可視化

流れの解明ができれば、次に流れの予測を行います。流れの予測ができるようになれば、都市をどのように創り上げれば豊かな流れが得られるのかという方針を立てることができます。今後の方向としては、流れを創り出す主要な要因の相関関係や因果関係に基づき、流れのモデリングを行い、コンピュータ・シミュレーションにより都市の流れを仮想現実として提示するという方向になると考えられます。

同一条件下におけるシミュレーションの結果と実際のモニタリングの結果を比

較し、両者が同じであれば、都市の流れが十分に再現できていることが確認できたことになります。このような流れのモデリングの検証には、シミュレーションによる仮想現実の流れと実際の流れを可視化する技術が有効です。

　流れを可視化することにより、様々な建築や都市インフラの機能と構造を設定して、都市の流れがどのように変化するのかを予測できるようになります。さらに、都市における「水」、「空気」、「光（熱）」の流れを豊かにするには、既存のシステムのあり方を含めて、どのように建築と都市インフラを創り上げていけばよいのかという逆問題に対しても、誰でも科学的な予測を理解した上で議論に参加することができるようになります。情報の流れを利用して、市民、専門家、行政が都市環境を同じ土俵で考える時代になっているのです。

（諏訪敬祐、濱本卓司）

参考文献

1) 諏訪敬祐、渥美幸雄、山田豊通：情報通信概論、丸善、2004
2) 平成17年版 情報通信白書、総務省、2005
3) 諏訪敬祐：環境フィールドセンシングにおけるセンサネットワークの適用に関する検討、武蔵工業大学環境情報学部紀要、第6号、pp.71-79、2005
4) 内藤康二、諏訪敬祐：柔軟な構築が可能な環境モニタリングシステム、武蔵工業大学環境情報学部情報メディアセンタージャーナル、第7号、pp.52-59、2006
5) http://www.pref.osaka.jp/kikaku/kagakujyoho/it/frame_index.html、都市の情報化（第一部）
6) 富士総合研究所情報化年研究会：情報化で蘇る都市―都市再生への処方箋を求めて、ビジネス教育出版社、2002
7) M.ミッチェル・ワールドロップ：複雑系、新潮社、1996
8) S.カウフマン：自己組織化と進化の論理、日本経済新聞社、1999
9) D.ワッツ：スモールワールド・ネットワーク、阪急コミュニケーションズ、2004
10) A.L.バラバシ：新ネットワーク思考、NHK出版、2002
11) S.ジョンソン：創発、ソフトバンク、2004

IV
自然と人工の流れの調和

9章　流れのデザイン
　　9-1　環境共生住宅の試み
　　9-2　屋久島環境共生住宅
　　9-3　深沢環境共生住宅

9章 流れのデザイン

> プレ・デザインは地域の特性を調査・分析することから始まる!

水・空気・光の流れを読み取って建築を設計する一建築家のアプローチを通して、「流れの解明」と「流れのデザイン」をどのように繋げていけばよいのかという問題のヒントとなるふたつの例を紹介します。一つは、自然豊かな屋久島の環境共生住宅、もう一つは都市の中に位置する世田谷区深沢の環境共生住宅です。建築をつくる前に流れを読み取る「プレ・デザイン」、それに基づき豊かな流れを創り出す「デザイン」、そして建物が建った後も流れをケアし続ける「ポスト・デザイン」というデザイン・プロセスの可能性が浮かび上がります。

9-1 環境共生住宅の試み

9-1-1 バナキュラー建築

　地域性と無名性に深くかかわるバナキュラー（vernacular）という言葉は、ラテン語のvernaculus（=native）に由来し、その土地で日常的に使用されるお国言葉を意味しています。1969年にオーストリアの建築家バーナード・ルドフスキー（1905~1988）が風土に根ざした「建築家なしの建築」[1]を著しましたが、それをきっかけに、建築の世界でも、私たちが身を置く現代社会との乖離ゆえに、建築デザインにおけるモダニズムの台頭の過程でつねに対極的で魅力的なテーマとしてあり続けてきました。しかも、それを単なるノスタルジックで表層的なデザイン論としてではなく、地域に根ざした環境や暮らしの視点から総合的に見つめ直すとき、そこに実に奥深いテーマがあることに気がつきます。私たちはいつの頃からか、そこに多くを学ぼうとする姿勢を失ってしまいました。ここでは、そうしたデザインの視点から、建築と地域との間の関係性に重点を置き、バナキュラーな資源が持つ豊かさと、発見的に学んだ「地域に根ざす流れと循環のデザイン」ともいうべきデザイン・プロセスについて検証してみようと思います。そこには、環境デザインの包括的な方法論としてほかにも適用できる普遍性が潜んでいるからです。

9-1-2 デザイン・プロセス

　同じ一つの建築物を巡っても、そこにかかわる人々の立場や見方に応じて様々な評価がなされます。しかも、評価の基準は、企画の段階から、設計、工事監理、運用段階、増改築へと移行するに従って徐々に変化していきます。また、建築物が存在するタイムスパンは、仮設的なものを除いて数十年から百年を超える長期にわたるため、時代背景や社会の動向とともに、評価そのものの考え方や方法が変化します。住まい・まちづくりを通して、地球温暖化等の重層的・複合的環境問題に対処しようとする「環境共生住宅」[2]という概念そのものも、そうした変化の過程で迎えた地球環境時代の産物です。

　ところで、建築行為の全体像を時間の流れのなかで変化するもの、すなわちプロセスとして捉える見方は決して新しいものではありません。かつて1960年代初頭には、建築や都市も生物と同じように新陳代謝すべきであると主張した菊竹清訓や黒川紀章等の「メタボリズム」[3]の運動がありました。しかし、環境共生住宅やサステイナブル建築は、さらに資源・エネルギーの流れと環境とのかかわ

りの視点を導入し、建物が生まれてから死ぬまでのライフサイクルと対応するデザイン・プロセスの流れのなかに、関連するあらゆる建築的な行為を総合化し検証することを求めています。

しかも、そのプロセスの各段階では、デザインする側の価値観をユーザや事業者に一方的に押し付けるのではなく、多くの当事者による客観的な評価にも耐え得るデザインを展開する必要があります。そして、それが社会化される前提として、経緯や結果が情報公開されるとともに、齟齬（そご）や瑕疵（かし）の継続的な改善に反映されることが求められるのです。

建築物の一般的な設計業務の全体像と流れを図9-1に示します。従来の設計監理業務では設計・発注・工事監理段階にその大半の労力が割かれてきました。これに対し、その前後に関連する作業の重要性に着目すると、設計の流れは大きくプレ・デザイン→デザイン→ポスト・デザインという三つの段階に整理することができます（図9-2）。その全容とそれぞれの段階における建築のデザイン行為の概要を以下に記します。

1. 企画段階
建築主と共同して、要求項目・余条件を明確にし、必要な調査・計画を行う。
2. 設計段階
2-1 基本設計段階
要求項目・与条件をもとに、建築物の構想を確立する。また構想に法的・技術的な裏付けおよび工期・工費の確認を行い、完成時の姿を明確にする。
2-2 実施設計段階
デザインと技術の両面にわたって詳細な検討を進め、設計の最終決定を行う。
3. 発注段階
実施設計図に基づいて発注図書を準備する。建築主が行う工事施工者の選定、工事請負契約の締結等に対し、支援または代行業務を行う。
4. 工事段階
4-1 工事段階
施工者が行う工事および施工管理を指導しつつ、その経過と結果を確認し、発注図書に従って建築物の竣工まで計画を遂行する。
4-2 工事完成段階
設計者・監理者として竣工検査を行うとともに、建築主事の検査など各種検査の合格を確認した上で、施工者から建築主への引渡しに立ち会う。
5. 維持管理段階
建物引渡し後も、専門家の立場から建物所有者や維持管理者に助言・補佐を行う。

出典：日本建築家協会「建築家の業務」2002年

図9-1　設計業務からみた一般的なプロジェクトの流れ

(1) プレ・デザイン

建築のデザインは、どのような場合であっても、直接的な背景となる事業環境はもちろん、時代性や立地する地域の特性を的確に調査し分析することから始まります。そのとき、調査・分析の対象は、建築の物理的な性能やアメニティに直接影響するその土地の気候風土や地理・地勢的ないわゆる「自然環境」に属する側面と、その建築に直接かかわる人々や社会文化に関連するいわゆる「社会環境」に属する側面に分けられます。建築の設計はこうした複合的で総合的な与条件と向き合い、読み取り、課題や問題点を発見し、その解決に向けて関係者が共有できる方針を計画の全体を貫くコンセプトとして纏め上げることから始まります。この段階の到達目標を達成するには、自然科学から社会科学に及ぶ

幅広い関連領域との協働が要請されるとともに、そこから発見される多角的な知見を一つの明瞭な方針に纏め上げる統合化の見識と手法が不可欠となります。

(2) デザイン

前項の調査分析やその結果構築されたコンセプトに基づき、与えられた与条件の下でプログラムを空間化・建築化し、周辺環境を含めて専門化・細分化されている建築意匠、構造、設備、造園、ランドスケープを纏め上げた最適解、すなわちベスト・プラクティスとして統合化しなければなりません。その際、通常は基本設計から実施設計に進むに従い設計の精度は上がっていきますが、同時に法規制や行政指導、あるいは積算などの経済的側面、さらには技術的、現実的な側面がより重要な要素として検討されることになります。

ここで、実現しようとする建築物が環境に対してどのような負荷を及ぼし、一方どのような環境性能を持った品質を確保するのか、一定の評価ツールによって、設計者自らが自己評価を繰り返すことの重要性をあえて強調しておきたいと思います。環境配慮の程度を測るエコ・エフィシェンシー（環境効率）[4]

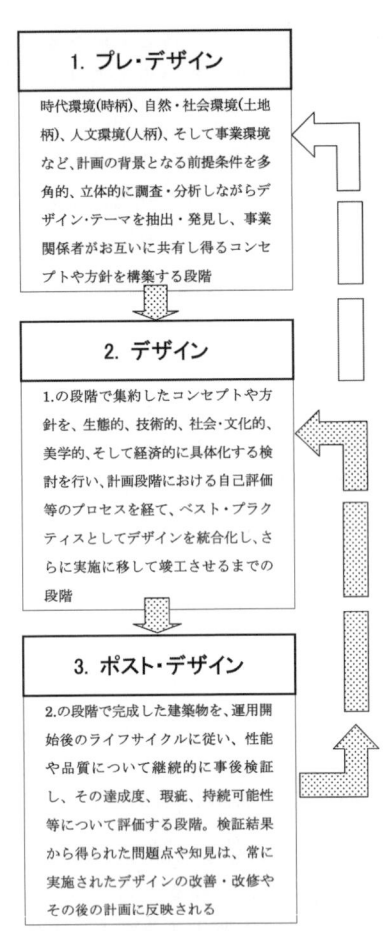

1. プレ・デザイン
時代環境(時柄)、自然・社会環境(土地柄)、人文環境(人柄)、そして事業環境など、計画の背景となる前提条件を多角的、立体的に調査・分析しながらデザイン・テーマを抽出・発見し、事業関係者がお互いに共有し得るコンセプトや方針を構築する段階

2. デザイン
1.の段階で集約したコンセプトや方針を、生態的、技術的、社会・文化的、美学的、そして経済的に具体化する検討を行い、計画段階における自己評価等のプロセスを経て、ベスト・プラクティスとしてデザインを統合化し、さらに実施に移して竣工させるまでの段階

3. ポスト・デザイン
2.の段階で完成した建築物を、運用開始後のライフサイクルに従い、性能や品質について継続的に事後検証し、その達成度、瑕疵、持続可能性等について評価する段階。検証結果から得られた問題点や知見は、常に実施されたデザインの改善・改修やその後の計画に反映される

図9-2　持続可能な環境デザインの循環フロー

の考え方にならえば、建物の環境品質の向上度を全ライフサイクルでの環境負荷の低減度合いで除した値、すなわち「建築環境効率」の大小がその優劣の基準となります。それを利用すれば、設計の過程で方針とその度合いとの関係をあらかじめ検証し、当事者間で事前に確認し合うことができます。

建築環境性能を測るツールの開発に関しては、グローバルな地球環境問題を背景にして、サステイナブル建築（あるいはグリーン建築）を巡る世界の大きな潮流のなかで、1990年代に急速に研究開発が進みました。そしてわが国でも、それらの成果や知見をベースに、国レベルで共有しうる画期的なツール**CASBEE**（総合的建築環境性能評価システム）[5]が産官民の協同で2003年に開発され、す

でに自治体に採用されるなど、普及が進んでいます。

　ここでいうデザインの段階には、工事現場における監理業務までが含まれており、竣工・引渡しをもって一応の終了を迎えます。着工から竣工まで、設計変更をともなわない工事現場などほとんどないといっていいでしょう。したがって、デザインの最終段階の記録は、竣工図などの竣工情報として施主やユーザに開示されるとともに、次の段階に備えて建築の環境情報として整理されねばなりません。

(3)　ポスト・デザイン

　建物が竣工し、ユーザによる使用が始まった一定期間後、その建物が実際に設計通りの環境性能を発揮しているか否かを検証します。そして、その過程で瑕疵が発見された場合、原因の究明と改善や設計のやり直しなどの具体的なアクションに移ることがこの段階の目的です。重要なのは、この事後検証や対策を場当たり的に行うのではなく、プレ・デザインの段階から計画的に循環的なデザイン行為の一環として位置付けることです。設計者がこの段階にも主体的にかかわることによって、運用段階のユーザや現場の実態に触れ、そこから学んだ知見を常にデザインの質的向上に向けて反映し、担保することができるからです。

　ただし、この事後検証も、建築環境の物理的、性能的な側面から、ユーザや地域住民の側に立ったライフスタイルやワークスタイルなどの人的な側面にまで及ぶことが想定されます。したがって、ここでもプレ・デザインと同様に、関連する様々な領域から専門家との協同による分析と提案が要請されることになります。

9-2　屋久島環境共生住宅

9-2-1　プレ・デザイン

(1)　南の島

　初めて訪れる屋久島の印象はまことに鮮烈です。そこで遭遇する南の島の洋上生活圏は、鹿児島県という近代の行政区分や、数多の島々からなる「島嶼（とうしょ）地域」という括りではとうてい理解できないほど、島独特の自然環境と生活文化で彩られています。しかも、それらは驚くほど多彩です。その一端を、「洋上のアルプス」という異名を持つ屋久島でまず触れることができます。さらに沖縄本島近くの沖永良部島まで南下し、近傍のいくつかの島を訪れる機会があれば、その歴史や文化に触れる過程で、「日本列島」として理解している空間的な広がりとは全く異なる生活文化が、広く、深くそこに息づいているのを知ることになります。

(2) 場所性の発見

ところで、「環境共生住宅」[2)] はその拠って立つ地域の特性を注意深く発見し、人々の暮らしとの関係のなかで、いかに応答可能な住環境を構築できるかを最大の課題の一つとしています。「省エネルギー」、「省資源」といった個別の技術的な課題は、そうした地域や暮らしとの関係性を改善するテーマの一部にすぎません。もちろん、マクロな観点からエネルギーや資源の効果的な利活用が建築における重要な今日的テーマであることには全く異論の余地はありません。しかしながら、ある地域で有効な方法が他の地域でも有効であるといった理論的一般性を机上で獲得したとしても、その無批判な反復に走るべきではありません。例えば、断熱性や気密性を巡る議論があります。こうした個別の要素技術の単なる高度化や安易な足し算によって、「優れた住まい」ができるほど事は単純ではないのです。寒冷地で大きな成果を見せた設計手法や技術であっても、それを温暖・蒸暑地に適用しようとするとき、私たちはまずその「場所性」に立ち帰るべきです。土地の姿に目を向け、土地の声に耳を傾けなければなりません。そして、今に伝わる住まいや暮らしの文化を知り、その知恵や工夫に学ぶことで（**図9-3**）、そこに新たな知見を発見できるのです。

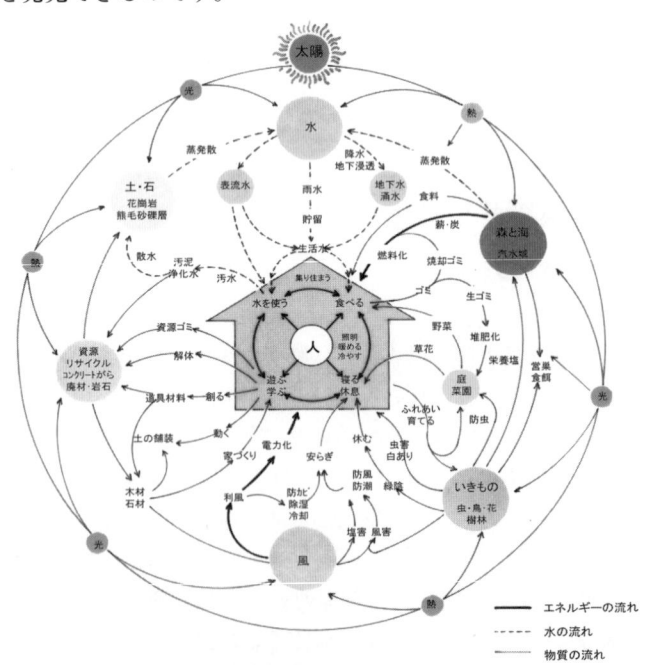

図9-3 屋久島環境共生住宅の循環モデル図

(3) 環境との共生

総面積約300km²の屋久島の山地や海辺を歩き回り、土地の人々の話に耳を傾ければ、そのような思いをことさら強く抱くようになります。本事業の目的は、県と町の公営住宅（24戸＋26戸）計50戸を関連施設とともに環境共生住宅団地として計画し建設することです。約2haの敷地は、ちょうど島の北半分を占める上屋久町（計画・設計時点：人口約7,000人）の拠点・宮之浦の近郊にあります。島の沿岸130kmを一周する県道に接し、背後に山を控え、眼前に海を臨む海岸段丘上の自動車教習所跡地です。

計画当初から、発注者である県の意向は、戦後の植林による屋久島のスギ材を活用した木造平屋住宅群からなる、島の自然環境に十分配慮した団地の実現でした。1993年に世界自然遺産に登録されたこの島で、おりしも世界遺産会議（2000年5月）の開催準備が進められていました。そこで、島の稀有な環境資源に見合った住まいと暮らしのモデルを構想し、会議開催に向けて完成させることが目標とされました。

(4) フェノロジー・ガイド（重ね暦）

私たちはいつものように、まず屋久島に関する可能な限りの資料を収集し、現場周辺の踏査と島の集落巡りを集中的に行いました。同時に現地で世代や属性や立場の異なるできるだけ多くのキーパーソンと会い、グループインタビューなどの手法を駆使して自由な話ができる機会づくりに奔走しました。上述した建築環境の具体的なデザインに入る前の予備的な段階、すなわちプレ・デザインの展開です。このとき、設計チームを組んだ鹿児島の設計事務所との協同と、彼らの地域に根ざした貴重な人脈を通じて、地場の知見の多くを学ぶことができました。

こうしたプレ・デザインの成果の一例は、私たちが「フェノロジー・ガイド」、あるいは「重ね暦（かさねごよみ）」と呼ぶ暦の作成です（**表9-1、表9-2参照**）。これは、一年を通じ1月から12月までの時系列に従って、各種の気象データから始まり、動植物、作物、収穫、お祭りや季節の行事等々を重ねて一枚の表に落とし込み、重層的な暦として整理したものです。この表は入居後の活動プログラムを企画する上でとても便利なものです。また、設計者にとっては、その作成過程で土地や人々の姿が月ごと、四季折々の時系列で活き活きとした環境情報として整理され、その場所性が総合的、立体的に浮かび上がってくることの意味が大きいと思います。この方法は、暮らしのプログラムとそれに対応する空間を提案する役割を担う設計チームが、イメージを膨らませる上でことのほか有効です。

188　IV　自然と人工の流れの調和

表9-1　重ね暦（その1）

		1月	2月	3月	4月	5月	6月	7月	8月	9月	10月	11月	12月
気象	最高気温（℃）	10.6	11.2	15.1	19.7	22.5	25.1	28.8	29.8	27.6	23.4	18.1	20.7
	最低気温（℃）	4.6	3.7	6.8	7.2	12.7	17.2	20.7	21.5	19.2	13.7	10.5	5.9
	平均湿度（%）	64	70	73	77	81	85	82	81	78	76	70	72
	日照率（%）	25	21	23	42	49	36	47	47	31	27	29	31
	降水量（mm）	132	178.5	308	497	343.5	469.5	430	345	420	335.5	404	250.5
一般行事		・正月（1日）・七草（7日）・3月節句			・川開き ・山開き		・奥島観光・盆（13日） ・七夕（7日・十五夜（1日、15日） ・シャクナゲ登山（6月第一日曜日）						
民謡童戯		（特に時期はなく歌い継がれている） ろ漕ぎ歌、マツバンダ、磯節、セットー節、ハンヤ節 ・竹馬、メン打ち（S10年頃まで）、針打					・七夕歌 ・相撲			・十五夜歌・口説			
人文（作物、山菜、海産）		・実エンドウ（1月〜4月、12月） ・キャベツ（1〜5、11〜12月）	・ツワ（2月〜4月）	・タラメ（3月〜4月） ・クサギ（3月〜5月） ・ガジュツ（2〜5月） ・タケノコ（3〜5月） ・イワノリ（4月〜5月）			・ヤマモモ（6月） ・お茶（1番茶4月、2番茶、5/末〜6/上、3番茶、6/下〜7/上） ・トコブシ（5月〜9月）					・ポンカン（12月） ・タンカン（12月） ・ビワ（12月）	
信仰（郷土祭り）		・二十三夜祭り、船祝い、鬼火たき ・如竹祭 ・山神祭り			・トビウオ祭り		・益救神社大燃						
岳参り		＊各部落によって時期や場所が異なる。4月〜8月、永田、楠川地区（永田は学校行事て ・中間 ・栗									＊在来村落を中心に今も引き継がれている ・中間 ・小瀬、安房地区			

表9-2　重ね暦（その2）

		1月	2月	3月	4月	5月	6月	7月	8月	9月	10月	11月	12月
植物					・アセビ（4〜5月） ・サクラツツジ（4〜6月） ・シキミ（4〜5月)	・ヤクシマシャクナゲ（5〜6、8〜9月） ・オオハマゴネウ（6月〜）	・シャクナンガンピ（6〜5月） ・フトモモ（5〜8月） ・アブラギリ（5〜6月、8〜9月) ・ハマナデシコ（6〜7月) ・ハイノキ（5〜6月） ・ヤクシマキイチゴ（4〜6月） ・ガジュマル（7〜9月) ・ハマオモト（6〜8月）		・ツルテン（7〜9月) ・フヨウ（8〜9月) ・リンゴツバキ（1〜3月、8〜9月) ・モジヒルガオ（6〜1月)	・ヤクシマホシグサ（8〜9月) ・ヤクシマリンドウ（8月) ・ヤクシマシオガマ（8〜10月) ・ヤクシマアザミ（8〜9月) ・アコウ（8〜9月)	・センリョウ（10〜12月) ・ハマビワ（10〜11月)	・ヤクシソウ（10〜11月)	・ツワブキ（12月〜2月)
	＊開花の目安	・ウメ開花（1月25日）		・タンポポ開花（3月2日）	・ヤクシマツツジ（4月25日) ・ヤマツツジ（4月25日)	・アジサイ開花（5月23日)							
動物		・サル・シカ（一年）			・サシバの渡り（北上）							・サシバの渡り（南下）	
鳥・昆虫			・モンシロチョウ初見（2月20日) ・ウグイス初鳴（3月4日） ・ツバメ初見（3月10日)			・シオカラトンボ初見（5月23日)		・アブラゼミ初鳴（7月10日)					
ウミガメ						・ウミガメ産卵（5月〜7月) いなか浜、前の浜、中間浜							
魚（釣り含む）		・アサヒガニ（1〜4月) ・イセエビ（1〜4月) ・オボリ（1月) ・ブリ（1〜3月上旬)		・サバ（3〜5月) ・クレイオ（2〜5月) ・モハミ（2/下旬〜6月) ・アカバラ（1〜3月) ・クロダイ（1〜5月)	・トビウオ（4〜12月) ・エバ（4〜5月) ・ミズイカ（1駆)		・ヘキ（6〜10月) ・イシダイ・クサビ（6〜7月)		・エバ（8月)		・ナポリ（10〜12月) ・アサヒガニ（9〜12月) ・イセエビ（9〜12月) ・アカバラ（10〜12月)	・キンダイ（10〜12月)	・ミズイカ（11〜12月) ・クロダイ（11〜12月)

(5) 永田の集落

　もう一つの大きな収穫は、島の西側に位置する永田の集落に残る伝統的な家並み、住宅の配置と作り方、そして暮らし方の発見でした。日本の平均降水量1,800mm程度に比較して、極端に多い雨量（島の沿岸部で約4,400mm、中央部では11,000mmに達する）、その結果としての高い湿度、そしてシロアリの発生、頻繁に訪れる台風、その塩害等々、外部の私たちから見れば実に過酷な自然環境に見えます。しかし、この永田では、こうした厳しい条件が生み出した外構および住まいの配置、形状等の工夫が一体となって、背後の山の形状とともに非常に美しく安定した家並みと住環境を生み出し、今に伝えています（**写真9-1**、**写真9-2**）。

写真9-1　永田の集落：正面

写真9-2　永田の集落：水路＋石垣＋垣根＋切妻屋根＋前岳

　例えば、南方島嶼地域の住宅では入母屋の屋根形状が多いのですが、屋久島の伝統的な民家のほとんどが切妻平入りです。それは、島で屋根を葺く茅がとれずスギの平木か石置きであったこと、そして雨量の極端な多さや、強風の影響を避

けるために密集した家屋配置がその主な理由です。このように材料や工法の限られた選択肢の中からでも、気候条件を緩和しようとする工夫が、実に魅力的で美しい情景やまちなみの居住環境を生み出しているのです。この事実は、本計画が目指すべき基本的な方向性を与えてくれました。

(6) 暮らしの空間構造

ところで、ほとんど沿岸部にしか可住地域のない、ほぼ円形の洋上アルプス屋久島では、目前に開ける海と背後に迫る山との位置関係はどこでもあまり変わりません。九州地方最高峰の宮之浦岳（1,935m）をはじめ島の中央部の山々はつねに雲で覆われています。このほとんど視界に入らない山々は神性を帯びた「奥岳（おくだけ）」、一方生活空間から見える山々は身近な「前岳（まえだけ）」と呼ばれています。極端にいえば、場所によって違うのは方位のみです。この山と海を結ぶ傾斜した軸線と、それと直交するように交わる県道の生活・開発軸が創り出す暮らしの空間構造は、その場所の方位とともに、居住環境の多くを決定しています（図9-4）。例えば、住まいの表（おもて）は開放的な海を向くことになるため、島の北部では居間を北側に置くことが多いようです。また、塩気をたっぷり含んだ日中の海風と爽やかな夜間の岳おろし（山風）、季節によって吹き変わる卓越風、そして頻繁に訪れる台風による東西からの暴風。そして四季を問わない大量の雨。与えられた上屋久の敷地では、その特徴がことさら明瞭でした。

図9-4 屋久島の暮らしの空間構造

(7) 土地の履歴

さらに、敷地周辺の海岸段丘一帯には、島内のほかの沿岸地域に見られるような豊かな樹林が非常に少なくなっていました。その原因が、かつての「たたら製鉄」であることが調査の過程で明らかになりました。黒潮に乗って種子島に伝来した鉄砲の生産のために、原料としての砂鉄が大量に存在していたことと、製鉄用燃料としての樹木を豊富に供給できたことが屋久島の役割を決定付けたのです。そのことを教えてくれたのは、島の薬草を産業化し、地誌や郷土史にも詳しい宮之浦在住の山本秀雄氏です。そのとき、日本の歴史の一コマがにわかに我々の足元に近づきました。この事実から、私たちは公営住宅団地の整備を機会に、この海岸段丘に周囲の緑地帯とともにかつての樹林の再生を図ることが、たとえ時間がかかったとしても、世界自然遺産の島で開発される住宅団地の中心的な課題の一つであるべきことを認識したのです。

残念ながら、長年山本氏が集めてきた膨大な資料は、台風によって霧散消滅し、屋久島に関する貴重な近代の記録の多くは失われてしまいました。しかし、屋久島出身の環境民俗学者中島成久氏の著書「屋久島の環境民俗学」[6]をはじめとして、季刊誌「生命の島」[7]の出版を続けてきた日吉眞夫氏や、そのほか島に魅せられ移り住んだ多くの研究者や文化人の質の高い著作や活動を通して、奥深い島の履歴と背景に触れることができました。

9-2-2 デザイン
(1) 南の家

ほかにも実に多くの問題に直面しながら、屋久島環境共生住宅では在来型軸組木造をベースとして、プレ・デザインやデザインの過程で学んだ多くのことを、新しい技術や工夫に反映することができました。例えば、屋久島の伝統的住宅では、母屋とカマドが平面的に合体し母屋の前後に縁側が設けられています。軸組は、台風時の強風に備えて、ウドコ（大床、根太受けの大材）、キャクロ（鴨居兼用の柱上部をつなぐ横架材）を用いた安全で重厚なつくりになっています。私たちはこれらに学ぶとともに、「南の家」に求められる最大限の自然換気を可能とする開放的な空間構成を優先し、伝統的な田の字形の平面プランと土間を持つ玄関の構成を採用しました（**図9-5、写真9-3**）。

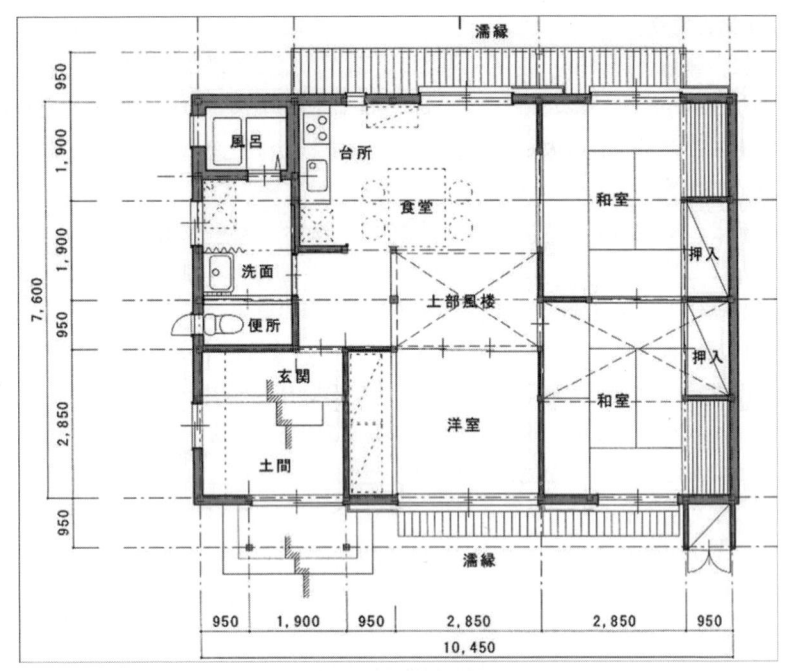

192　Ⅳ　自然と人工の流れの調和

図9-5　標準平面図

写真9-3　玄関土間と田の字型間取り

また、屋久島の人々は一般に夏でも自然の空気の流れ（風）を利用しクーラーを使いません。そこで、ここでもそのような環境共生型の生活を前提にした住まいの温熱環境を構築しました。先に触れたように、島には様々な風が吹きます。屋久島の家の歴史は、この風との戦いの歴史でもありました。パッシブ・デザインによる住まいづくりは、家の周囲を整えることから始まります。石垣や生垣、そしてアコウ、イヌマキなどの屋敷林による暴風対策は、台風時の風圧を1/2に減じ、夏は摂氏3〜4度の減温、冬は保温の効果をもたらします。また、平屋の切妻屋根は、強風をやり過ごすのに好都合です。

屋久島環境共生住宅では、こうした優れた住まいの伝統の多くを引き継ぐとともに、屋根の構造と断熱を強化するため、和瓦、ルーフィングの下に厚さ114mmのフォームコアパネルを敷きました（**写真9-4**）。さらに、平時の自然換気と自然採光を促す「風楼」を各戸に設けました（**図9-6、写真9-5**）。また、台風時に強風の当たる妻側の壁面はできるだけ開口部を小さくし、外壁通気層の効果を強化し、耐久性を高めるために、上半部はカラー鉄板スパンドレルで仕上げました。こうして、外構や配置、建物形状によって緩和された風とともに暮らす「南の家」のモデルとなりうる住まい・集落づくりを目指しました。

写真9-4　屋根の断熱構法と家並み（模型写真）

図9-6　標準矩計図と風楼

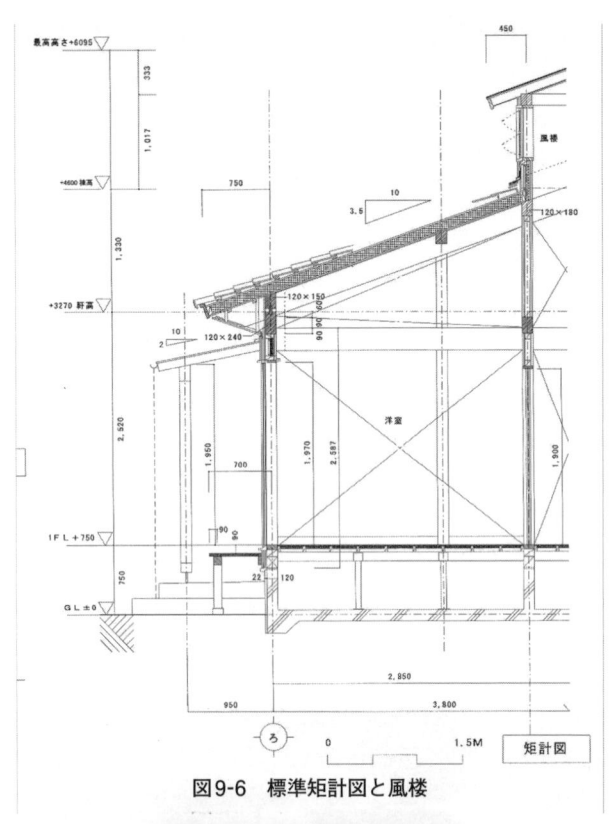

写真9-5　風楼の見上げ

冷房を前提としないパッシブな家づくりは、以上のような独特の建築的工夫を生み出すとともに、住み手の側にも環境とのアクティブな関係づくりを促しました。2001年度の県営住宅を中心とする第1期分の供用開始後、すでに8年が経過し、ヨシズをかけたり（**写真9-6**）、つる性の植物を施したり、初めての夏から冷房のいらない南の家での生活の工夫が始まっています。そこには住み手の日常の営みによって、生活感のある美しい集落として熟成する萌芽を見ることができます（**写真9-7**）。

写真9-6　日射遮蔽の工夫

写真9-7　南面する家並み

196　Ⅳ　自然と人工の流れの調和

　さらに、平屋（戸建、2戸1、3戸1）を台風対策の一つとして密度高く配置し、その間や周囲の外構に明瞭なヒエラルキーを持たせつつ、現代の集落として相互につながる大小の広場や緑地、緑道からなる共用地「コモン」を配しました（**図9-7**）。それらによって、かつての集落のような厳しい自然に対処しながらも、魅力的な集住空間の創出を試みました。その特徴的な一例として、通常貧しくなりがちな、画地の背割り沿いに近隣住人が行き来できる路地状のコモン（「背割りコモン」と呼ぶ）があります（**図9-8**、**写真9-8**）。また、そのほかにも団地内の歩行・滞留空間として様々な形や機能を持ち、有機的に連関する外部共用空間を実現しました（**写真9-9〜9-15**）。

● かつての海岸段丘樹林の再生をめざす緑化ネットワークの拠点化
● 屋久島の自然素材（木・石）を活かした住い・まち
● 台風・豪雨・塩害・白蟻に耐え、長く使える基盤整備と家のつくり
● シンプルな軸組とバリエーションで、多彩な型別供給

● 一坪菜園
● 集合駐車場
● 親水緑地保全区域
● 団地内道路（ボンエルフ）
● 既存小河川
● 中央広場
● せせらぎ
● 緩衝緑地帯
● 水盤と橋

● 辻広場（クルドサック）
● 住棟（2戸1、3戸1住宅）
● 石垣、生垣と家なみ・まちなみ
● サブゲート
● 駐車場
● 東屋とコモン
● 中央モール
● ブロア室・LPG庫
● 集会室
● 風車（風力発電機）
● メインゲート

● 現地形になじんだ安全で美しい造成、まちなみの創出
● 住人による自主的な育成管理がしやすい
　したくなる団地の設え

図9-7　全体配置図

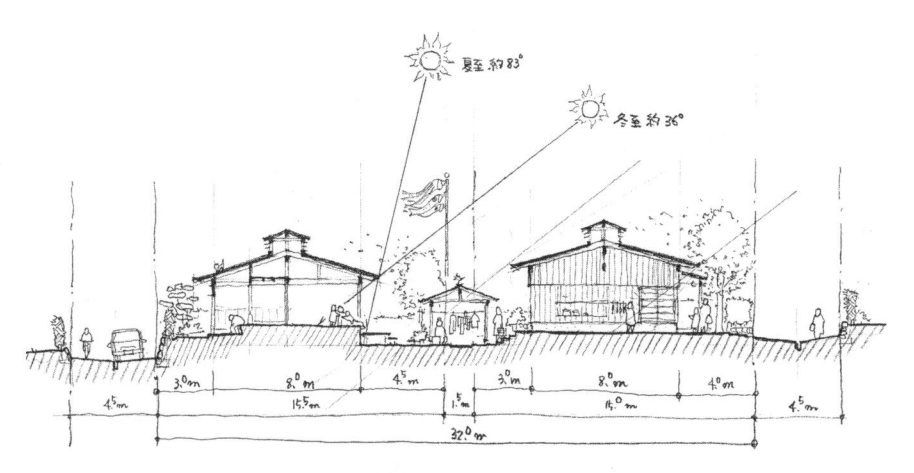

図9-8 背割りコモンの断面スケッチ

写真9-8 背割りコモン

198　Ⅳ　自然と人工の流れの調和

写真9-9　中央広場

写真9-10　中央モール

写真9-11　中央広場の一角

写真9-12　ブロック内の路地

写真9-13　集会場

写真9-14　保存緑地とせせらぎ

写真9-15　前岳と集落の遠景

(2) 木材流通

　ところで、島の独特な住宅生産構造と経済の仕組みに関しては、住宅の工法や材料の選択、単価等の側面で、内地とは異なる価値観が支配的です。本計画の当初からのテーマであった、戦後の植林によるスギ材をはじめとする島内の地域資源を活用した自立循環型の住まいづくりへの挑戦は、理念的な企画・設計段階の方針と現実的な工事段階での実務とではかなり食い違った実態に直面し、そして破綻しました。いわゆる木材流通の「川上」と「川下」の思惑の違いが招いたギャップです。結論からいえば、供給された島内産のスギ材の質が極端に悪く、必要な量も安定的に確保できないことから、その全面的な活用は当初の一部を除いて諦めざるを得ませんでした。公共側の単年度予算による発注方式が、伐採や乾燥等をともなう材木を確保するために必要とされる時間と折り合わないことや、発注価格や流通上の思惑の問題がその理由の大半です。地理的な制約もあって、この慣習的な「もの」と金の流れの仕組みをコントロールし、改善する力が私たちに不足していたと反省せざるを得ません。「地域に根ざした流れと循環のデザイン」を巡る現実的な課題です。

9-2-3　ポスト・デザイン

　このように、屋久島のケースでは住まいの工夫や提案の多くを地域に根ざしたバナキュラーな土地柄や人柄、そして集落に学びました。しかし、既存団地の建て替えの場合と異なり、今回は計画段階で住民の顔が全く見えない状況での計画・設計を余儀なくされました。だからこそ、入居後の観察や事後検証、そして住民とのコミュニケーションがより重要となるのです。私たちはそれをポスト・デザインの不可欠な作業と位置付け、2003年以来大学の研究室を拠点として、ほぼ一年おきに調査研究を実施しています。実踏観察調査に加え、入居者に対してアンケートやグループインタビュー等を繰り返してきました。その結果からは、大半が満足している一方で、意図が伝わらず理解されていない計画や設計上の事柄がたくさんあることも明らかになりました。私たちはそこから改めて多くを学んでいます。そこに現れたギャップを埋め、改善するための住人、行政との持続的な交流がこれからの課題です。

　入居開始以来、町営住宅は毎年数棟ずつ建設され、2006年度に全50棟が完成しています。私たちは団地の熟成の経緯を今後も持続的に見守り続けていく予定です。住まいの「地域に根ざした流れと循環のデザイン」とは、このような場所性や住み手と一体となって、住まいのデザイン全体のプロセスにかかわっていく

営みにほかならないからです。

屋久島環境共生住宅計画概要
- 所在地：鹿児島県熊毛郡上屋久町宮之浦2453ほか（計画・設計時点）
- 敷地面積：約19,750m^2
- 住宅供給戸数：県営住宅24戸＋町営住宅26戸
- 構造：住宅／在来木造軸組構造平屋建て
  集会場／RC壁式構造平屋建て
- 付帯施設：集会室、広場等、緑道、保全緑地、緩衝緑地、車道、駐車場ほか
- 計画設計：鹿児島県土木部住宅課＋上屋久町建設課
  岩村アトリエ・鹿児島県建築設計監理事業組合設計業務企業体
- 計画・設計期間：基本計画＋基本設計／1998年12月〜1999年3月
  実施設計／1999年5月〜2000年1月
- 施工期間：敷地造成＋県営住宅＋集会室＋外構／2000年2月〜2000年11月
  町営住宅／2000年4月〜2006年11月

9-3　深沢環境共生住宅

9-3-1　プレ・デザイン
(1)　戦災復興と建て替え

　戦後灰燼に帰した日本の主要都市における最大の課題の一つは、住宅の量的な充足でした。昭和20年代以降、大量に建設された住宅群は、その時代の事情をつぶさに反映しています。誰しもが、雨露の凌げるとりあえずの住まいと生活の安定を、そして国や個人の少しでも明るい未来を切実に求めた時代でした。しかし、そのわずか半世紀後に到達した今日の状況を、当時の誰が予測し得たでしょうか（**写真9-16**）。

写真9-16　戦災直後の東京

　私たち日本人は、長い間、木造住宅をスクラップ・アンド・ビルドする伝統を持っていました。今もその延長上にありますが、火事や台風や水害などの災害が繰り返されるたびに、そうした風土や住文化を疎みながらも、やがて再生産可能な木材流通による復興を果たしてきました。しかし、その後の復興が本格化する過程で、建築の材料が大量生産によるコンクリートや鉄やプラスチックなどに「近代化」されるにつれ、疎ましい「悪しき伝統」は封印されていきました。そして、住まいの原風景は日常の実体験の蓄積が乏しいままに、イメージとしての「近代化」や「欧米化」を追い求めました。戦後の私たちが知っている住まいやまちの復興も、おおむねそんな方向に進んでいきました。
　そうした背景から立ち上がり、現在各地に点在する大小の住宅団地は、完成後30〜40年の時を数え、次々と建て替えの時期を迎えています。狭く老朽化する一方の建築物（躯体と設備）と同時に高齢化・少人数化する住人、そして風土と

時間と住人の愛情が育てた深い緑（自然）が印象的という構図は、その多くの団地に共通します。こうした時の積み重ねは、住人の生活史の一部として思い出や心の糧となり得ますが、それを体験的に共有できない事業者をはじめとする当事者にとっては評価の対象から外れてしまいます。すなわち、スクラップ・アンド・ビルドの経済的営みの妨げとはなっても、保存や再生への積極的な意味を持ち得ないのです。

こうして、そこに住み続けてきた人々と、政策的に建て替えを迫られている公の事業主体との間で、建て替えの「量」と「質」を巡る抜き差しならない争いが繰り返されることになります。

(2) 原風景と生活史

その問題を言い換えると、戦後の復興過程で大量に建てられた集合住宅団地に住む人々にとっての原風景は、過渡期的な住宅建築とその後に重ねた時間と住人の試行錯誤が醸成した自然環境や人間・社会環境の総体であるということです。そして、そうした場所が現在獲得するに至った豊かな緑や生態系、さらに住人たちが共有する折々の記憶や思い出などが、実に様々な有形無形の「環境資源」を構成しているのです。しかし、それらの多くは、現在の効率至上主義的な計画手法や諸制度、短期のコスト・パフォーマンスの算盤（そろばん）、そしてマニュアル主義の「維持管理」方式に馴染まず、なかなか建て替え計画の中で保全・活用する対象として認識・評価されることがありません。つまり、住人の原風景や生活史のような「市井の無形文化」が、現代の経済行為やそれを支える制度の背後にある「価値の間尺」に合わないのです。

(3) 制度の隙間

また、もう一つの制度上の問題は、往々にして行政内部などで新しい政策が準備され制度化される頃には、次の世代の課題（今でいえば、少子高齢化や地球環境問題等）の萌芽を孕んだ現状が進展してしまい、そこにどうしてもズレが生じることです。

さらに、日本の国や地方公共団体の人事システムは、担当者やその責任者が比較的短期のうちに次々と交代していきます。したがって、住まい・まちづくりのように長期に及ぶ持続的な人の営みを前提とする課題に対して、行政側からは継続した取り組みが必ずしも保証されないという事態によく遭遇します。このようなわが国のシステムそのものの変革は簡単ではなく、一方の当事者である住人にとっては、着々と高齢化が進みそれを気長に待っている猶予はないのです。

このような現行システムに内在する様々な問題にもかかわらず、その事業環境

の仕組みを組み立て、関係当事者（住人、行政、事業主体など）の熱意や思い入れを誘発することよって、それを補完する方法を発見し展開することはできます。そのことを、私たちはいくつかのケースで体験してきました。

これまで繰り返し報告されてきた建て替えを巡るトラブルの原因は、そのような当事者間の「せめぎあい」を調整する場、すなわち感情的、政治的、条件闘争的意図を抜きにして、冷静にそして持続的に議論できるような場が存在しなかったことにあるのです。お互いのいわゆる過剰な「戦略」や「疑心暗鬼」はそこから生じてきたのではないでしょうか。では、そのような場を誰が構築し運営することができるのでしょうか。

(4) 公営住宅建て替えプロジェクト

深沢四丁目の公営住宅団地は、90年代に入って東京都から世田谷区に移管されました。それまでに、公営住宅の払い下げ問題をはじめとして、40年に及ぶ住人と都との間の紆余曲折がありました。そして、最終的に区が事業主体となり国が推進する「環境共生住宅」のモデル団地として高齢者福祉施設と併設し建て替えることになったのです。この約7,500m²の敷地に、39戸の木造平屋の都営住宅が建設されたのは1952年でしたが、移管時には老朽化が著しく、同時に周辺の市街化に応じた建て替えが政策的に迫られていました（**写真9-17**）。

写真9-17　建て替え前の深沢住宅

一方、建て替え計画が始まった当時暮らしていた19世帯の住人は、40年に及ぶ時間を通して、親密なコミュニティと豊かな緑に囲まれた外部環境を育んでき

ましたが、同時に高齢化も進行していました。そして、こじれにこじれた都との関係が暗礁に乗り上げていた頃、幸運にも新たなベクトルが働きはじめ、状況が一転しました。それが「環境共生住宅のモデル団地」という住人、国、都、区、有識者等が関与する新たな理念の下での建て替えプロジェクトだったのです。

その時点から計画に参加することになった私たち（市浦都市開発・岩村アトリエJVの計画・設計グループ）は、通常の計画・設計者の立場にとどまることなく、住人と行政の間に立って双方の本音を感じ、あるいは直接聞き取りながら、言わば両者の間の触媒的な役割を果たすべく試行錯誤を重ねました（**写真9-18**）。つまり、計画の前史を貴重な文脈と捉え、そうした役割を果たすことが我々計画・設計側の不可欠なワークスタイルであると意識し続けたのでした。

写真9-18　建て替え協議会の様子＋住人との交流

どちらかがどちらかを一方的に批判したり、感情的に非難し合ったりするのではない、そんな避け難い人間的な気持ちにも向き合いながら、まずお互いの接点を見出す努力を重ねない限り、こうした試行錯誤は徒労に終わってしまうからです。そのために、様々な作業を通じて当事者同士の信頼感を構築することが何よりも必要です。深沢では、そのための作業を重ねることに理解と時間を得ることができたこと、そして何よりも、そのプロセスと方法に将来への希望と事業の可能性をみようとした人々に出会えたことはまことに幸運でした。

(5) 土地柄と人柄の発見

私たちはいつものように、まず地域・地区の履歴や現状を踏まえた「土地柄」と「人柄」を学ぶことから着手しました。前述のような輻輳した建て替えを巡る

風の向きは、秋から冬に北北西、春から夏に南南西〜南とほぼ呑川の流れに沿っている。
そこで、敷地北側に閉じた住棟配置や常緑樹で防風帯を形成し、辛い冬風を防ぐ。また、南側に開いた住棟配置や落葉樹により心地よい夏風を取り込む。
この考え方は、住戸計画にも反映し、通風や自然換気性能に配慮する。

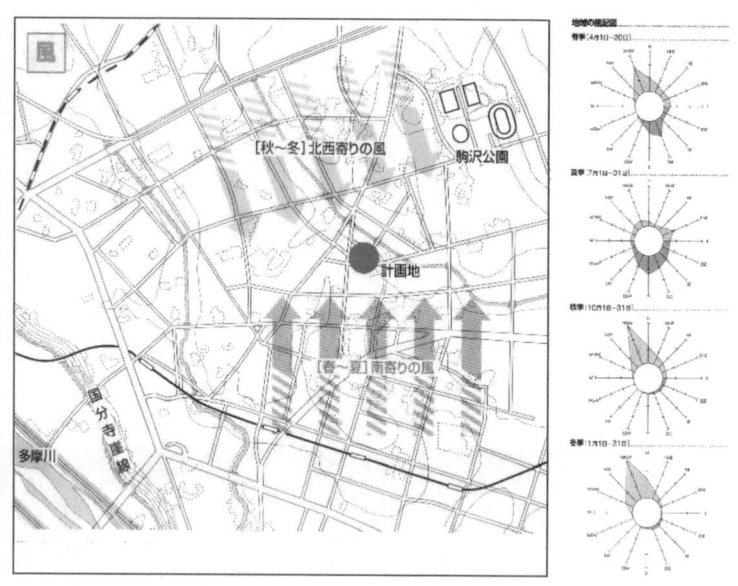

生きものの行動は、樹林地や水辺の分布と固有の行動半径から想定できる。シジュウカラ、ギンヤンマ、赤トンボ等の行動圏を見ると、敷地の緑や水が大切なことがわかる。棲み家となるうえに、移動経路を形成し、彼らの生息環境を広げ支えるからである。
そこで、開放水面や食餌樹を確保し団地の様々な箇所を多孔質にしつらえる。

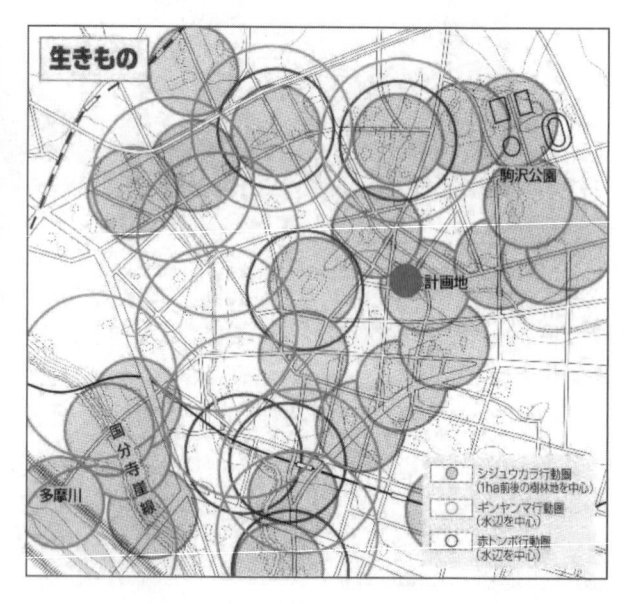

図9-9　広域的に見た

9章 流れのデザイン

水の流れは、敷地が呑川上流の谷戸の斜面にあることから、図のように表流水や浅層地下水の動きを想定できる。そこで、
・土の表面をできるだけ確保する
・透水性の舗装を行う
・雨水を貯留し散水等に利用する
・大規模な地下構造物をつくるのを回避する
ことなどによって、敷地内での雨水浸透や一時貯留を図り、水の循環を守る。

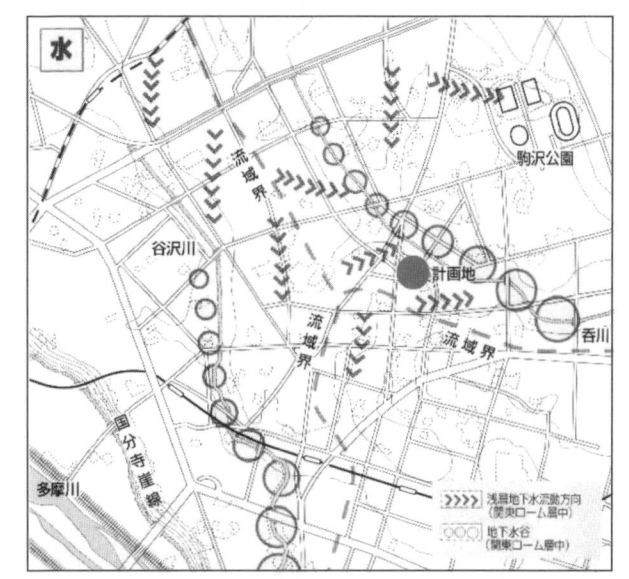

本地域の豊かな緑（緑被率約30％）は、多摩川沿いの国分寺崖線と駒沢公園の大きな緑地を結ぶ位置にあり、広域の緑のネットワークを構築する上で大変重要である。
従って、これまでの40年間に育まれてきた豊かな植栽や土壌を極力保存・再利用し、地域の貴重な緑資源を守る。

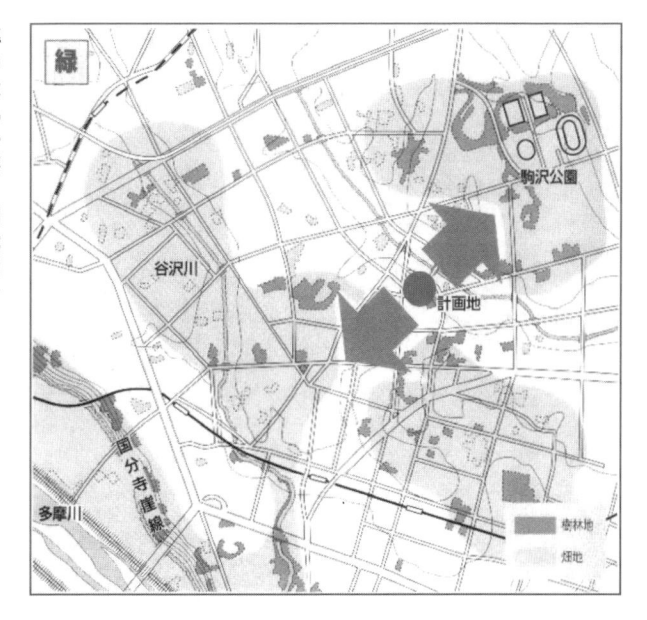

地のポテンシャル

課題を住人と行政とともに発見的に理解するために、敷地内外や周辺地域の自然環境と、住み手を中心とした社会・人文環境に関するフィールド・サーヴェイを幾重にも重ねました。そして、その結果を計画・設計に反映すべく、ソフトとハードの立体的な作業を組み立てました（**図9-9**）。その過程は計画・設計側の私たちにとってつねに刺激的で、実に多くのことを学ぶことができました。そして、そのたびごとに、設計者の恣意的なシステムや手法で押し切ることの傲慢さを思い知ることになりました。

こうして深沢では、地区の持つ優れた生態資源の保全・再生・再編をベースにして、建築の形態・配置や基本性能を整え、パッシブな要素技術のバランスに留意した構成に主眼が置かれることになりました。そして、その目的を「住まいのビオトープの創出」という「生命の宿る住まい・まちづくり」の象徴的な表現に集約しました（**図9-10、表9-3**）。

図9-10　深沢環境共生住宅団地の仕組みのイメージ

表9-3 「深沢ビオトープ」のコンセプト・シナリオ

「深沢びおとーぷ物語」
~生命の宿る住まい・まちづくりをめざして~

まずは...
- 僕のまちは戦後育った東京世田谷の住宅地
- 僕の団地は僕のまちとともに
- 僕がめざすのは環境と共生する住まい
- 僕のまちはみんなでつくる

地域を読めば...
- 僕の団地は周辺の水系とともに
- また、僕は周辺の生態系をつなぐ中継点
- 僕の団地は風と折り合う

団地のしつらえは...
- 僕の団地は資源の宝庫
- 僕は団地の資源を守り、再生する
- 僕の団地は菜園・お花畑の中庭を囲む

住まいのしつらえは...
- 僕の住等配置はゆるやかな囲み型
- 僕の住まいは環境共生住宅
- そして僕の住宅には新しい環境共生の工夫も
- 僕の団地には高齢者や障害者も暮らせる
- 僕の団地は公共施設で集住を支える

そして住み手は...
- 僕のコミュニティーは自治会が核
- 僕の団地は区が建て、住人が育てる区営・区立住宅
- 団地の建替えは、そんなコミュニティーの新たな再編

だから...
- 僕の団地は人と自然の営みが「巡る」まち
  様々な人や生き物が「集う」まち
  みんながともに「憩う」まち
  そして、時とともに「培う」まち

そう、それは生命が宿る
住まい・まちづくり
そして「深沢びおとーぷ」

9-3-2 デザイン
(1) 生命の空間

　私たち人間を含めて多様な生物が生きることのできる空間は思いのほか限られています。例えば、地球上の植物が育ちうる作土層の厚さは平均して18cm、動物が呼吸できる大気の対流圏の厚みは約15km、生物を太陽の紫外線から守るオゾン層に至っては、摂氏0度、1気圧で厚さがわずか3mm、直径約13,000kmの地球の大きさに比べて、その厚みはほとんど西瓜の表皮くらいでしかありません。この精妙で奇跡的な空間、すなわち生物群集の基本的な生活環境を、近代以降の私たちは利便性や快適性の代償として自ら脅かし続けてきたのです。

　日本では、人口の8割近くが「都市」に集中して暮らしています。今後もその割合が増大することは確実ですが、宇宙空間から眺めるとこの都市部が青・緑・茶の自然の色を蚕食する灰色の死の領域に見えるそうです。そこで「緑」を回復することが問われることになるのですが、それは単に灰色や茶色の地表面を緑色に塗り替えることが目的なのではありません。本来の目的は、その場所における緑や水のあり方、土壌や気候、地理地勢を理解し、その世話の方法を含めて、失

210　IV　自然と人工の流れの調和

われた生命の宿る空間を再び回復したり、創り出したりすることにあります。つまり、「ビオトープ」を再生あるいは創出することにほかなりません。同時に劣化した微気候の緩和や空気質の改善によって、そこに暮らす動植物や私たち自身の健康や快適性に資する様々な効果を期待することができるのです。

(2)　緑の効用

　設備機械による空調が普及する以前は、長い間に蓄積された「緑」の効用を活用するノウハウが生活空間の至るところに活かされていました。つまり、環境の生物学的な仕組みが経験的に理解され、その効用が暮らしの知恵として取り入れられていたのです。今また地球や地域の環境問題を前にして、その再評価が新たな技術の開発とともに急務になっています。私たちは、建築やまちづくりの側からこのテーマにこだわり続けてきました。と同時に、それがどんな効果を実際に発揮するのかを実証体験的、科学的に検証してきました。ドイツ・カッセル市の住宅団地での試み（1991）を手はじめに、北九州市（1993）、札幌市（1994）、いわき市（1994）などでの実践例を通してそれぞれの事業特性や地域性を反映した貴重な体験・知見を得ることができました。その延長上にある世田谷区深沢での試みは、政策的な公営住宅団地の建て替えという集住環境の再編成がテーマでしたから、私たちにとってその時点での集大成ともいうべきプロジェクトでした（図9-11、写真9-19）。

写真9-19　世田谷区深沢環境共生住宅鳥瞰（竣工直後）

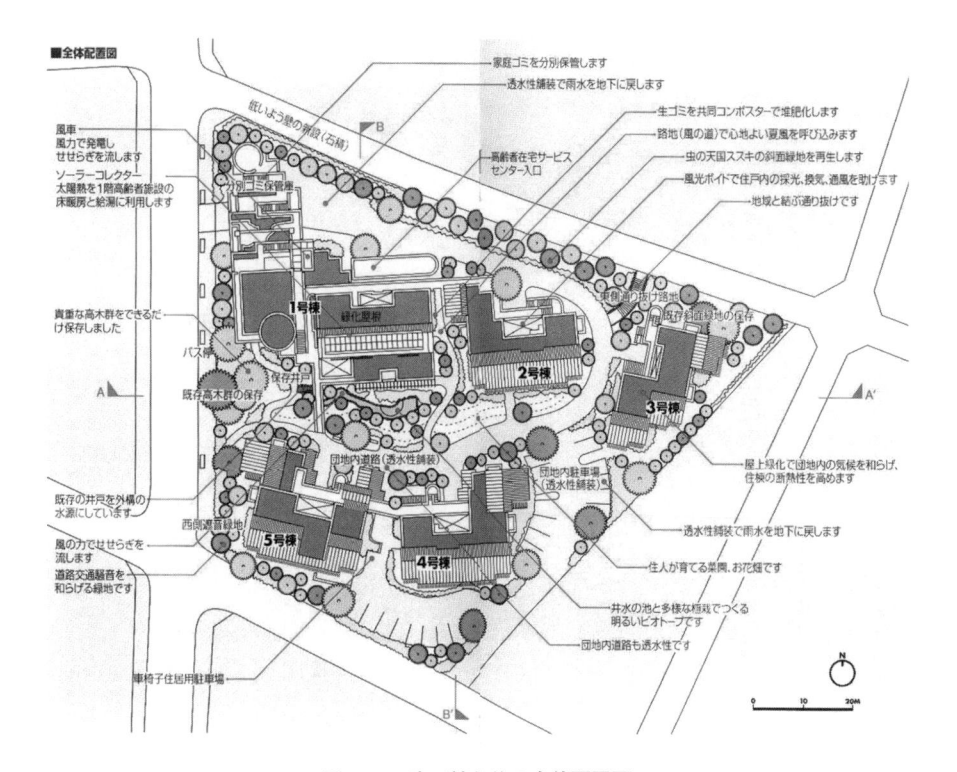

図9-11 建て替え後の全体配置図

(3) 多孔質な空間

「ビオトープ」とは「安定した生活環境をもつ生物群集の生息空間」のことです。そこに関連するキーワードは微気候、循環、食物連鎖、生物多様性などですが、その空間的な特質は大小の孔、空隙が無数にある「多孔質な環境」です。そこに様々な生命が宿るのです。近代以降の工業化社会の進展とともに、こうした孔や空隙は疎まれ、塞がれ、その代わりに均一でツルツル、ピカピカな表面を持つ工業製品の素材で建築も街も覆われました。そしてその形も直線的で無機的なものが好まれるようになりました。しかし、それは工業的な美を纏（まと）うことであって、生命が宿ることを拒否する空間にほかなりません。

　私たちは孔を穿って空隙をつくることにしました。BIO（生物）とTOPOS（場）の合成語であるビオトープの本来の意味に立ち戻り、建築とランドスケープの境に豊かな空間を再生することにしたのです。そして、この40年の歴史を経た人の住まいとまちを「深沢びおとーぷ」と呼ぶことに決めました。それが初めて計

画地に足を踏み入れたときから抱いてきた私たちの思いでした（**写真9-20**）。

写真9-20　中庭ビオトープ周り（竣工直後）

(4) 時の重層

　さて、この戦後間もなくに建てられた木造平屋の住宅群の周囲には、住人が丹精こめて面倒をみてきた樹木や植栽や菜園が、戦後急速に市街化された一角にオアシスのように育てられていました。それは緑被率が約30％と比較的高いこの地域にとっても貴重な環境資源であり、広域の緑のネットワークや小動物の生態系の拠点でもありました（**図9-12**）。この団地の計画プロセスでは、そうした敷地の持つポテンシャルや資源を、視野を広げて広域的な観点から分析し、住人の参加をベースにして、その価値の保全と再利用をまず優先することにしました。

　現代の土木技術をもってすれば、既存の建物、樹木や敷地の撤去や改変は一夜のうちに可能です。しかし、その樹木や土壌の再生にはまた40～50年の月日を要します。住み手の人生と同じように、どんなにことを急いでも、この時の重層を短縮することは誰にもできません。まして、そこに刻まれた記憶は二度と戻ってはきません。

図9-12　住人による建て替え前の団地のスケッチ

　住宅や住戸の具体的な設計の検討に入る前に、私たちは以上のような観点からの環境整備の基本的な方針を「環境形成計画」としてまず構築しました。そこに至る関係当事者間の合意形成には多くの時間とエネルギーが費やされましたが、その結果、例えば緑との関連だけをみても、以下のような項目がその後の設計に反映されることになりました。
　① 既存優良高木17本の保存（**写真9-21**）
　② 保存できない2m以上の既存優良樹木約160本の移植（**写真9-22**）
　③ 風の道の確保と、常緑樹と落葉樹の適切配置による季節風のコントロール
　④ 既存優良表土・裸地の保存・再利用（**写真9-23**）
　⑤ 既存井戸の一部（4本）保存・再利用（**写真9-24**）
　⑥ 陸屋根部分の全面緑化（**写真9-25**）
　⑦ 西日が当たる西立面の壁面緑化（**写真9-26**）
　⑧ 団地内道路・駐車場の透水性舗装（**写真9-27**）　など。
　既存の環境に重ねられたこれらのしつらえは、建て替え入居後すでに10年を経過した団地の環境の母胎となっています。

(5) 環境共生のための要素技術

本計画で採用した主な環境共生要素技術を以下にまとめておきます。

[地球環境保全に関連する工夫]
① エネルギーの消費削減と有効利用
② 自然エネルギーの有効利用：ソーラーシステム、風力発電など（**写真9-28**）
③ 資源の有効利用と廃棄物の削減：井戸水利用、雨水貯留、残土再利用など
④ 長期耐用性の確保

[周辺環境との親和に資する工夫]
① 生態的豊かさと循環性の配慮：雨水地下浸透、ビオトープ創出、屋上・壁面緑化、既存樹木保存、既存優良土壌保存、広域緑地ネットワークなど
② 建物内外の連関性の向上
③ 地域文化・資源との調和
④ 住み手の共生的暮らしの支援

[居住環境を健康・快適にする工夫]
① 自然の恩恵の享受：自然換気・通風・採光（風光ボイド）（**写真9-29**）など
② 安全かつ健康で快適な室内環境：温水式床暖房、調湿素材など
③ 美しく調和したデザイン
④ 豊かな集住性の達成

写真9-21　保存された優良高木群

写真9-22　160本に及ぶ移植中木群

9章 流れのデザイン　　215

写真9-23　優良表土の造園への再利用

写真9-24　既存井戸の保存・再利用

写真9-25　陸屋根部分の全面緑化

写真9-27　透水性舗装

写真9-26
西立面の壁面緑化

写真9-28　風力発電やソーラー
コレクターを備えた住棟

写真9-29
風光ボイド見上げ

9-3-3　ポスト・デザイン

　「建築」と「緑（自然）」との境をあいまいにすることによって建築の切り取る空間を和らげ、その内外の環境を生物学的に緩和することが試みられました。繰り返すようですが、そのためのいずれの方法にも共通しているのは、孔や空隙を抱いた空間がそこに介在していることです。そこに動植物の生命が宿ることによって、景観に加えて熱的条件も緩和されます。そしてさらに重層的に用意された多孔質な窪みやニッチとその回遊動線は、住み手に心理的な安堵感と楽しさをもたらすのです。

　もちろん、これらの工夫やしつらえは、住み手の「煩わしさ」をともなう生物や孔・空隙の「育成管理」の手法や仕組みが前提でなくてはなりません。そして、その「煩わしさ」を楽しみに変えることが必要です。入居後12年の過程を振り返ると、まず戻り入居の方々を核とする自治会をベースに、様々な住み手のかかわりや行政の支援等、その役割分担と仕組みの構築が着手されました（**写真9-30**）。そして、計画にかかわった私たちもそのプロセスに参加しました。しかし、区の担当者の顔ぶれはすっかり変わり、彼らに当初のような熱意や思い入れを望むことは難しくなっています。その意味では、これからが常態としての育成管理の正念場といえるでしょう。

写真9-30　住人による団地内清掃

　それと同時に、計画時に適用した様々な環境共生の工夫が、どのように機能しているのか、住人がどのように感じ、評価しながら暮らしているのかなどの事後検証、すなわちポスト・デザインが必要です。私たちは、大学の研究室を中心にして工学的、社会科学的な調査・分析を継続的に実施してきました。主な調査項

目には以下のようなものがあります。
[屋　外]
　① 緑化屋根の遮熱効果の把握（**図9-13**）
　② ビオトープによる冷却効果の把握（**写真9-31**）
　③ 中庭の表面の違いによる冷却効果の比較（**図9-14**）
　④ 透水性舗装の熱的性能の把握
[屋　内]
　① 室内の通風性能の把握（**図9-15**）
　② 軒とパーゴラによる日射遮蔽性能の把握（**写真9-32**）
　③ バルコニーの植栽と打ち水による「涼しさ」感の実験（**写真9-33**）
[住　人]
　① 全70世帯に対するアンケート・ヒアリング調査
　その結果の一部は学会や専門雑誌などの場で情報公開してきました。このように、戦後の住まいの建て替えに端を発し、「生命が宿る住まい・まちづくり」を目指したこの試みは、今後も流れと循環のデザインの現場として時を刻んでゆくことになります。

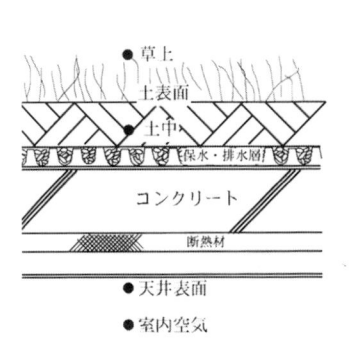

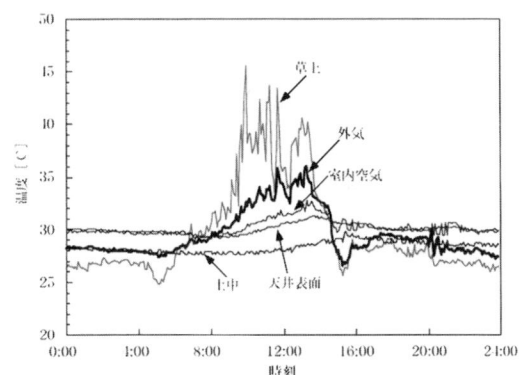

緑化屋根の断面図：屋根面は10cmほどの野芝に覆われ、土中は水分を常に含んでいる

緑化屋根の断面温度分布の経時変化：1998年8月3日
草上は45℃に達するが、土中は28℃で安定している。室内空気、天井表面も30℃前後なので、室内はとても快適である

図9-13　屋上緑化の遮熱効果

218　IV　自然と人工の流れの調和

ビオトープにある豊かな植栽や池

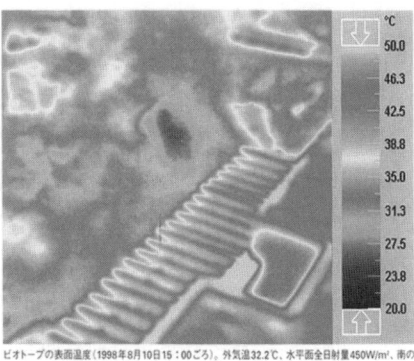

ビオトープの表面温度（1998年8月10日15：00ごろ）。外気温32.2℃、水平面全日射量450W/m²、南の風2.0m/s。表面温度が30℃以下の部分も見られる

写真9-31　ビオトープの冷却効果

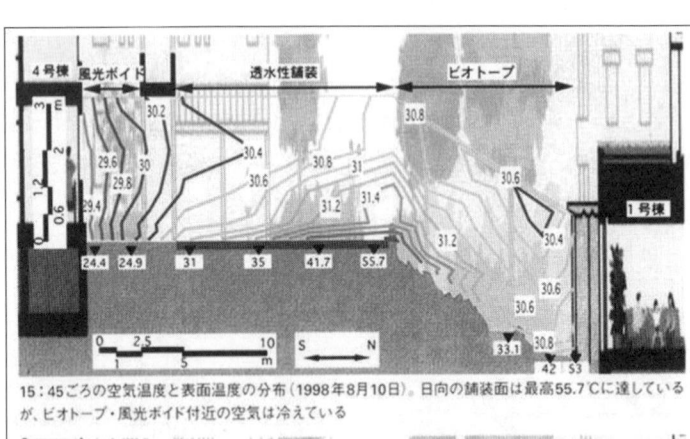

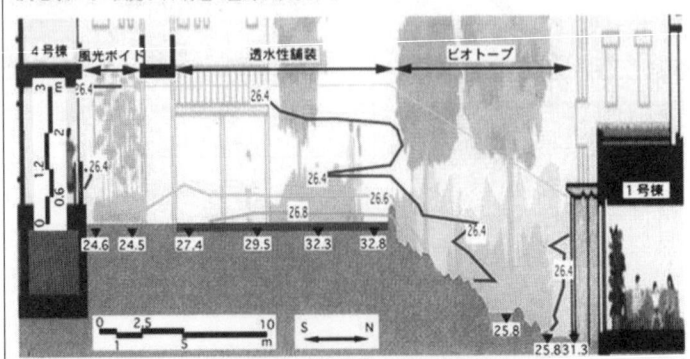

15：45ごろの空気温度と表面温度の分布（1998年8月10日）。日向の舗装面は最高55.7℃に達しているが、ビオトープ・風光ボイド付近の空気は冷えている

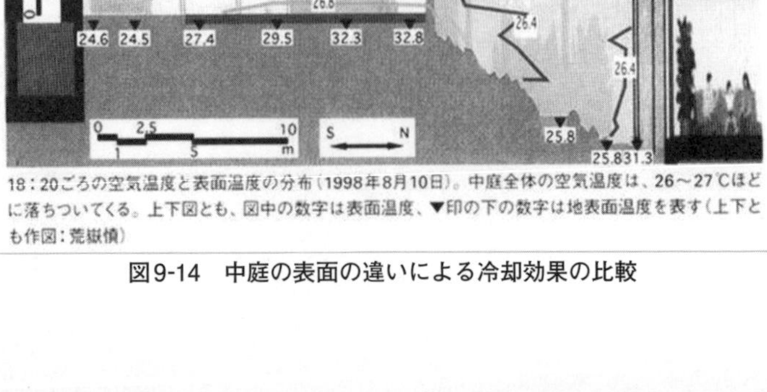

18：20ごろの空気温度と表面温度の分布（1998年8月10日）。中庭全体の空気温度は、26～27℃ほどに落ちついてくる。上下図とも、図中の数字は表面温度、▼印の下の数字は地表面温度を表す（上下とも作図：荒嶽慎）

図9-14　中庭の表面の違いによる冷却効果の比較

5号棟

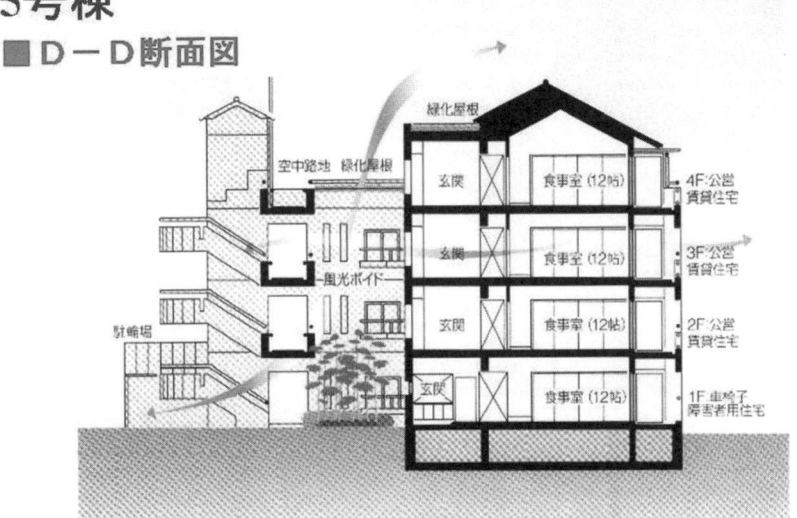

■D−D断面図

(断面図ラベル: 緑化屋根、空中路地、玄関、食事室(12帖)、風光ボイド、駐輪場、4F公営賃貸住宅、3F公営賃貸住宅、2F公営賃貸住宅、1F車椅子障害者用住宅)

■2階住戸平面図

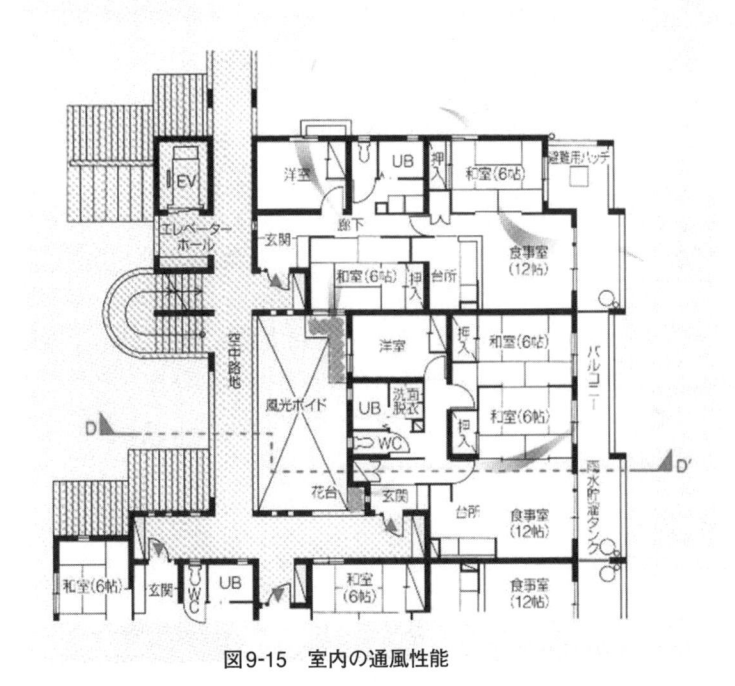

(平面図ラベル: EV、エレベーターホール、洋室、UB、押入、和室(6帖)、避難用ハッチ、廊下、玄関、食事室(12帖)、和室(6帖)、押入、洗面脱衣、WC、風光ボイド、空中路地、花台、バルコニー、雨水貯溜タンク、台所)

図9-15　室内の通風性能

写真9-32　軒とパーゴラの日射遮蔽

写真9-33　バルコニーの植栽と打ち水

世田谷区環境共生住宅計画概要
- 所在地：東京都世田谷区深沢4丁目17番
- 敷地面積：約7,400m²
- 延床面積：約6,200m²
- 住宅供給戸数：区営住宅43戸（障害者用3戸含む）＋区営住宅（シルバー用）17戸＋特定公共賃貸住宅10戸＝計70戸
- 構造：住宅／RC壁式構造3階（一部4階）建て＋RCラーメン構造5階建て
- 付帯施設：高齢者在宅サービスセンター、集会室、公開空地緑地、駐車場25台ほか
- 計画設計：世田谷区住宅計画課＋市浦都市開発・岩村アトリエ共同企業体
- 計画・設計期間：基本計画＋基本設計／1992年12月〜1994年3月
  　　　　　　　　実施設計／1994年10月〜1995年3月
- 施工期間：1995年9月〜1997年3月

（岩村　和夫）

参考文献

1) Rudofsky, B.：Architecture without architects, Double & Company, 1969
2) 岩村和夫ほか：環境共生住宅A-Z、ビオシティ、1998（同新版、2009）
3) 八束はじめ、吉松秀樹：メタボリズム、INAX出版、1997
4) 岩村和夫ほか：サステイナブル建築最前線、ビオシティ、pp.52-55、2000
5) 村上周三ほか：CASBEE入門、日経BP社、2004
6) 中島成久：屋久島の環境民俗学、明石書店、1998
7) 日吉眞夫編：季刊 生命の島、生命の島、現在74号まで
8) 岩村和夫：環境建築論（SD選書211）、鹿島出版会、1990
9) 岩村和夫ほか：共に住むかたち、建築資料研究社、1997
10) 村上周三、岩村和夫ほか：シリーズ地球環境建築・入門編 地球環境建築のすすめ、彰国社、2002
11) 岩村和夫：季刊 ビオシティ、ビオシティ、No.23、pp.66-73、2002
12) 岩村和夫：月刊 新建築、pp.161-167、新建築社、2002.8

V
エピローグ

10章　宇宙の中の都市
　　10-1　昼も夜も輝く地球
　　10-2　現代都市の立地条件
　　10-3　地球の水と空気の循環システム
　　10-4　太陽からの光の流れ

10章 宇宙の中の都市

水・空気・光がつくる緩やかな「自然の流れ」の中で、人、「もの」、エネルギー、情報といった「人工の流れ」が高密度かつ高速に蠢いている場所、それが都市です。この特異な場所に身を置きながら、「自然の流れ」と「人工の流れ」の過去と現在を振り返ることにより、今後、都市に住む私たちと仲間の動植物が共生できる豊かな流れを創り出すために、「流れの解明」と「流れのデザイン」を結び付けるアプローチが大切であることを述べてきました。ここでは、さらにこの方向を一歩推し進めるために、宇宙に飛び出して、より長い時間軸とより広い空間軸で都市の流れをもう一度眺めておきたいと思います。

10-1 昼も夜も輝く地球

　都市環境は、宇宙という大きなスケールの自然環境のなかにあり、地球の外側から都市を見るという視点を持つことも大切です。また、現代の都市が成立する背景には、人間の生存環境を含め、46億年の地球の歴史を知り、そのなかで現代の都市文明を位置付ける必要もあるでしょう。ここでは、都市を巡る空間的・時間的背景を概観し、地球規模の物質循環や地球環境の変遷を通して都市文明を再検討してみたいと思います。

　外宇宙から太陽系を訪ねてきた異星人が、現在の地球に到達すると、太陽に照らされた地球の昼の側は青い海と白い雲に覆われ、森林の緑や砂漠の赤茶色に彩られた陸地を目にすることでしょう。一方、夜の側に回ってみると、本来は暗黒であるはずの夜の地球に、都市の光や漁業の光が点々と瞬いているのに気づくはずです（図10-1）。都市の夜空が明るくなって星が見えないという光害（ひかりがい）が問題になったのも昔のことです。今は見えなくても何の不思議も感じません。都市は人工的なエネルギーを宇宙空間に放出する場でもあるのです。

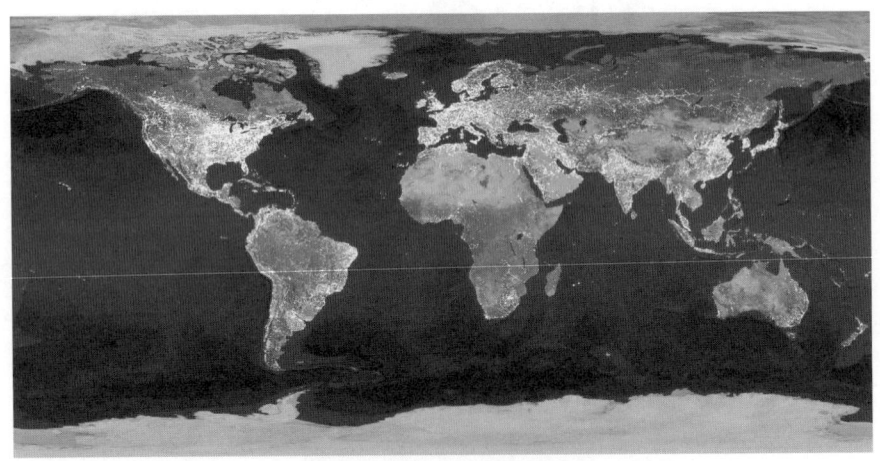

図10-1　宇宙から見た夜の地球
Data courtesy Marc Imhoff of NASA GSFC and Christopher Elvidge of NOAA NGDC.
Image by Craig Mayhew and Robert Simmon, NASA GSFC.

　しかし、そのような都市の姿が地球上に現れたのはごく最近のことです。もし異星人の宇宙船の到着が200年早かったとすれば、都市に街灯はなく、夜の地球に都市の光を見ることもなく、テレビやラジオの電波もなく、何も気づかずに通り過ぎてしまったことでしょう。

都市は膨大な量の熱と光を放出しています。それは、太陽の光に照らされている昼の側ではなく、夜の側で認識できます。そのエネルギーは大半が化石燃料や原子力によって得られたものです。都市は、現在の太陽からのエネルギーだけでなく、生物が蓄えた過去の太陽エネルギーや、地球形成時に取り込んだウランなどの放射性物質の核エネルギーを利用して維持されています。

　46億年という地球の歴史のなかで、ここ百年余りを除いたほとんどの期間、地球の夜は暗黒でした。都市が夜、明るく輝くようになって、人々は以前よりも健康な、安全な、そして豊かな生活を享受できるようになりました。しかし、一方では汚染が広がり、貧富の格差が拡大し、人口問題や南北問題、温暖化、オゾンホールや砂漠化など、地球環境の問題が顕在化してきました。夜の地球が都市の光で明るくなった裏には、文字通り光と陰の歴史があるのです。

10-2　現代都市の立地条件

10-2-1　都市の自然環境

　現代の都市が形成される場所には、以下のような共通条件があります（**図10-2**）。

① **広い面積を持つ平坦な土地**：大陸地域では、平地は至るところにあるため、特に都市の成立条件として取り上げるまでもありませんが、日本のような変動帯では、広く平坦な土地は海岸平野や大河川の河岸段丘など限られた場所しかないため重要な条件になります。

② **豊富な水の供給**：都市は大量の水を消費します。その水源が近くにないと都市の人口を支えることはできません。さらに、一時的にではなく年間を通して安定した水の供給が確保されていることが重要です。

③ **物資・食糧・エネルギーの供給**：都市の人口を支える食料の調達はもちろん、都市機能を支える様々な物資を運び込まなくてはなりません。電気や石油、石炭などエネルギーの供給も重要です。都市の出す廃棄物の行き先も問題ですが、都市成立後の段階で意識されることが多く後追いになってしまいがちです。

④ **交通の便**：人と物資の移動には、海港や空港、道路、鉄道などの社会基盤・大量輸送システムが不可欠です。

⑤ **産業の発達（地下資源、農産物、特産物、工業製品）**：人口が集中し経済的繁栄をもたらすことは、都市が成立する原因でもあり結果でもあります。

⑥ **政治・文化の中心地**：都市は普通自然発生的にでき成長していきますが、

学園都市や首都とすることを目的として計画的に開発された都市もあります。

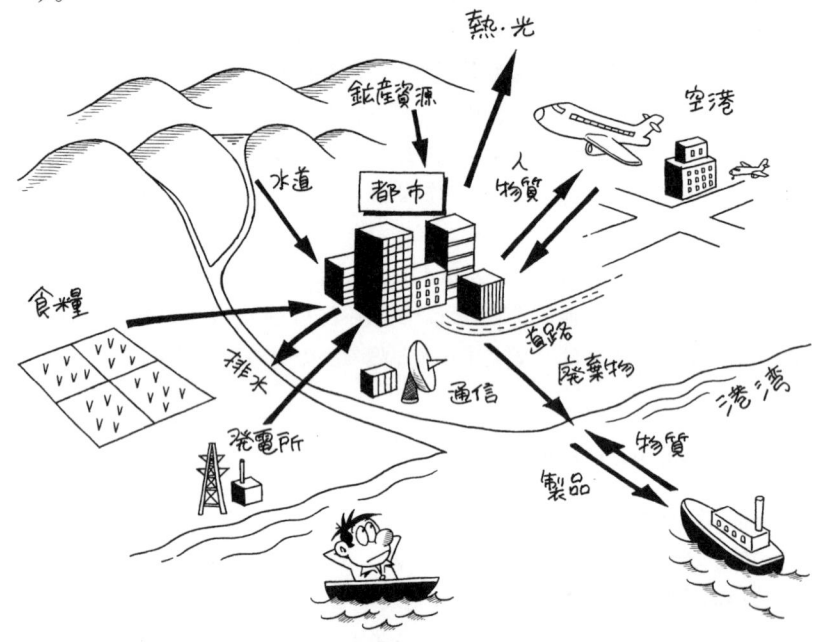

図10-2　都市の形成される場所

　都市の分類の仕方は様々です。しかし、どのような都市であっても、宇宙から眺めるという広い視点で見直すと、地形や気候などの自然条件に大きな影響を受けて成立していることがわかります。都市機能の維持に自然の資源が不可欠なことからもわかるように、都市の成立と自然環境には強い結び付きがあります。自然災害も都市の成立に影響を及ぼしますが、地震や火山噴火などのように再現期間が長い場合は、休止期の間に都市が発達するため、自然環境以外の要因が優先されることが多く、「災害は忘れたころにやってくる」ということになってしまいます。

10-2-2　地球のテクトニクスと都市
(1)　安定大陸と変動帯
　地球の表面には凹凸があり、低いところには海水が溜まり海洋を形成しています。海洋の面積は地球表面の70％を占め、その平均水深は3,600mにもなります。都市はいうまでもなく陸上に形成されます。陸域の面積は地球表面の30％を占

めますが、その1/3は砂漠気候やステップ気候の乾燥地域です。都市が形成される場所の候補地は意外に少ないのです。

　広く平坦な土地ができる地球のプロセスと都市の立地条件とは関係があります。陸域は安定大陸と変動帯に分けることができます（図10-3）。安定大陸を構成する岩石や地層は平均で約20億年の形成年代をもち、長期間にわたる侵食により比較的平坦な土地が形成されています。地形としては、楯状地やプラットフォームとして分類されます。安定大陸では、平坦な土地を見つけることはそう難しいことではありません。都市の形成は、地形よりもむしろ交通や産業といった要因の影響を大きく受けます。ニューヨーク、ロンドン、パリといった欧米のほとんどの都市はこのタイプです。

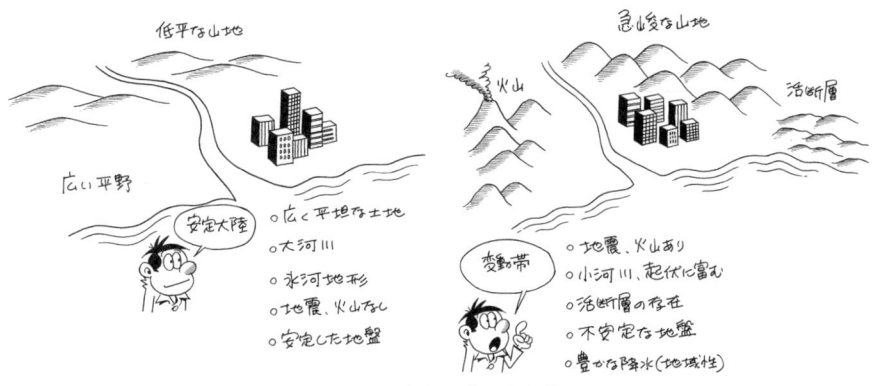

図10-3　安定大陸と変動帯

　一方、変動帯とは地殻が形成されつつある場所で、安定大陸の周囲に発達します。地震や火山が集中し、地層や岩石の年代は数億年以内と若くなっています。このような場所では、水平方向にも垂直方向にも地殻の変動が急速で、ヒマラヤ、アルプス、アンデスなどの大山脈が形成されたり、火山帯が連なった起伏の多い地形になったりします。変動帯で平坦な地形ができるのは急速な隆起域の近くの沈降地帯です。隆起する地域や火山からは、侵食によって大量の土砂が供給されます。それらは河川や風によって運ばれ、その下流側に堆積します。海岸を埋め立てて海岸平野をつくったり、河川に沿って河岸段丘をつくったりします。沈降域があれば、そこに運ばれた土砂は安定して溜まり続け、広い平野が形成されます。東京や大阪をはじめ、日本のほとんどすべての都市がこのタイプです。環太平洋地域の大都市の大半もまた同様な条件の場所にあります。

　安定大陸と変動帯の違いにより都市が抱える問題の性質は異なってきます。変

動帯の都市では、地震災害や火山災害が多くなります。厚い堆積物のために地盤も一般に弱くなっています。都市が高密度化・高層化した20世紀後半になって、その危険性は特に強く意識されるようになっています。

(2) 大陸移動と都市

　安定大陸と変動帯の違いは大陸移動と関係があります。地球の表面は、十数枚のプレートと呼ばれる単位に分かれており、それぞれが相互にゆっくりと移動しています（図10-4）。プレートは、地殻・マントル・核で構成される固体地球の層構造のうち、地殻と上部マントルの一部で、表面に近い冷えた部分です。地球は内部ほど高温であり、その熱を地球の表面から少しずつ宇宙空間に放射しています。地球内部の熱を表面に運ぶプロセスの一つが火山活動であり、プレート運動とともに一種の対流として熱を運んでいます。熱伝導で地表に達する熱もあります。地下深くまで井戸を掘ると、出てくる地下水の温度は高くなります。これは熱伝導の間接的な証拠です。プレートは形成されてから時間が経つと熱伝導で地表に熱を放出し、冷えて厚くなっていきます。放射、対流、熱伝導の三つは放熱プロセスとして重要ですが、地球の場合、対流と熱伝導によって熱が表面に運ばれ、宇宙空間に放射されています。

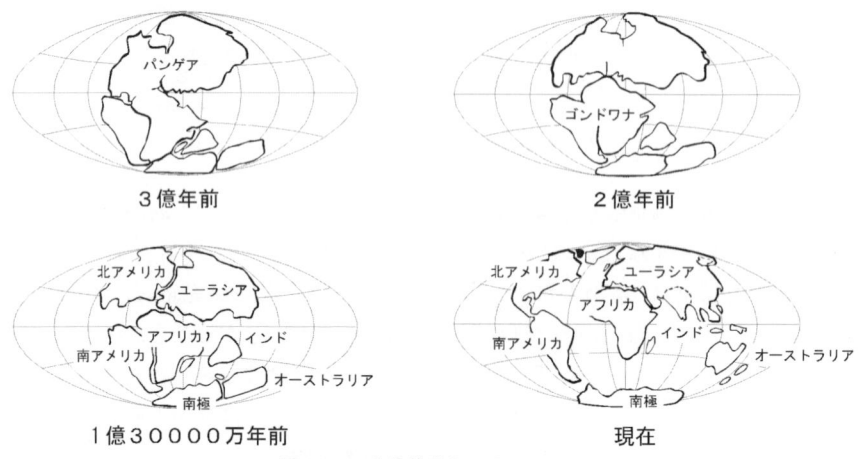

図10-4　大陸移動とテクトニクス

　大陸は厚さ平均35kmの大陸地殻を持ち、大陸地殻は花崗岩や変成岩などの比較的密度の低い岩石でできています。大陸はプレートの上に浮いて乗っているので、プレートの動きによって運ばれ、千切れたりぶつかったりしています。その速度は年間数cmというゆっくりしたものなので、私たちは大陸が動いているこ

とを実感することはありません。しかし、数千万年、数億年というスケールでは、大陸の移動は無視できない大きさになります。

　かつてウェゲナーは、様々な動植物や化石の証拠や各大陸の海岸線の類似から大陸移動説を主張しました。大陸移動の原動力がその時点では説明できず、大陸と大陸の間の海底に関しての情報も当時はほとんどなかったため、彼の存命中に大陸移動説が広く受け入れられることはありませんでした。第二次大戦後、各大陸の地質時代における地球磁場の記録が明らかになり、大西洋、太平洋、インド洋などの大洋底で海嶺と呼ばれる大山脈が発見されました。このような証拠に基づき、海洋底が拡大しているという海洋底拡大説が発表され、実際に大陸が移動したことが事実として受け入れられるようになり、研究成果はプレート・テクトニクスとしてまとめられました。一種のマントル対流が引き起こすプレートの生成と消滅というプロセスの中で、大陸の分裂や移動や衝突が理解されるようになり、大陸移動説は完全に復活したのです。

　1980年代以降、遠方の天体から届く電波の到着時間の差を原子時計で精密に測る手法（VLBI）により地球上の遠く離れた2点間の距離が測定できるようになり、地球表面が年間数cmのスピードで動いていることが実測されました。ついで、1990年代にはGPS衛星を利用した地球表面の精密測量が可能になり、精密に地球表面の動きが観測されるようになって、プレートの運動をほとんどリアルタイムで追跡できるようになりました。

　プレート・テクトニクスの弱点の一つとして、大陸が分裂を開始する原動力の説明が不充分だという点が指摘されていました。1990年代になって、地震波による地球内部の精密解析と地球内部の高温高圧状態を再現する実験に基づいて、新たにプルーム・テクトニクスという考えが発表されました。これにより、下部マントルまで含めた大規模で非定常な対流が、大陸の分裂や大規模な火山活動の開始につながることが説明されたのです。

　都市の成立はこの大陸移動と無関係ではありません。今から約3億年前に、地球上の大陸は一つにまとまり、パンゲアと呼ばれる超大陸を形成していました。現在の北米とヨーロッパの間には、パンゲア形成の際の大陸衝突でできた大山脈があり、北米東岸とヨーロッパには、現在のアンデス山脈とアマゾンの湿地のような関係で、大規模な湿地帯が形成されていました。そこで堆積した森林の植物が地下に埋もれ、石炭となって北米とヨーロッパ北部の大規模な炭田のもとになりました。イギリスでの産業革命以降、蒸気機関の燃料となったのはこの炭田で得られた石炭です。もし3億年前の超大陸形成がなければ、石炭は得られず、産

業革命も成立しなかったかもしれないし、ロンドンなどの大都市の発展もなかったかもしれません。酸素の多い地球の大気は、化石燃料の形成が生み出したものです。石炭の形成がなければ、そもそも酸素を大量消費する私たちを含む脊椎動物の進化はなかったかもしれません。

　燃料資源だけでなく、鉄鉱石や銅鉱石、金やダイヤモンドなど、地下資源の形成は、大陸移動のプロセスと深い関係があります。現代文明を支える様々な資源は、地球表面で繰り返すプレートの移動、大陸の分裂や衝突、それにともなう隆起、浸食、火山活動によって形成されたのです。大陸の分裂や衝突によって、大規模な地形の変化が生じます。北米とヨーロッパが分離して大西洋が形成されていなければ、大山脈の形成、大陸を刻む湾や入り江の形成、河川の形成などもなく、北米東岸の諸都市は成立しなかったはずです。

　気温と風向きは緯度に依存し、海流は大陸配置に影響されます。気候は地形の影響を大きく受け、例えば山脈の風上と風下では降水量が大きく異なります。気候は植生にも影響を与え、その土地の生態系を形づくります。オーストラリアの有袋類にみられるように、動植物の進化や分布は大陸移動に支配されています。人類の拡散の歴史も大陸配置と無縁ではありません。大陸移動を引き起こした数億年スケールでの地球の変動が、現代の都市の成立基盤となっているのです。

(3) 氷期―間氷期サイクルと都市

　過去数百万年にわたって、地球はおよそ10万年の周期で、寒冷な時期（氷期）と温暖な時期（間氷期）を繰り返してきました。氷期には、高緯度の大陸地域に氷床と呼ばれる万年雪が固まった巨大な氷の塊が形成され、海水面は低下し、氷は自重で大陸を削りながら少しずつ海に流れ込んでいました。最後の氷期は約12万年前に始まり、1万年前に終了しました。氷期の最盛期である約2万年前には、地球の陸域の1/3が雪と氷で覆われていました。現在も残る南極やグリーンランドの氷床は今よりも厚く、北米大陸の大半、スカンジナビア半島やシベリアの一部、イギリスを含む北部ヨーロッパなど、高緯度地域と山岳地域の多くの場所で氷床が形成されていました（図10-5）。

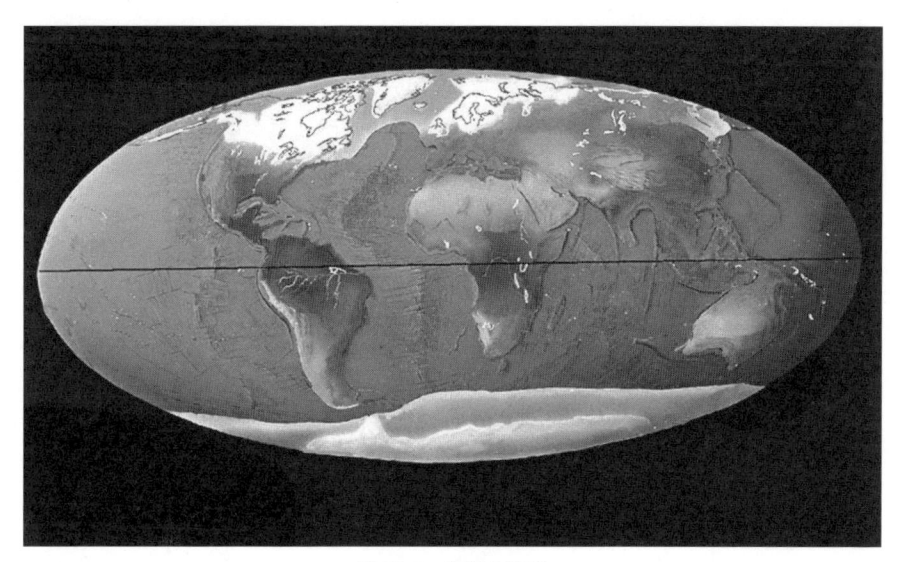

図10-5　氷期の地球

　この寒冷な時期に、海面が低下し大陸棚が陸化したこともあって、アフリカで出現したとされる現生人類は生活域を広げ、オーストラリアや東アジア、シベリア、そして南北アメリカへと移動していきました。約1万年前から現在までは、間氷期の温暖な気候が続いています。特に約6000年前頃には現在よりも温暖な時期（ヒプシサーマル）があって、日本では縄文人が豊かな自然を利用しながら独自の生活文化を形成していました。四大文明の成立もこの頃です。

　気候の変動・温暖化は、採集・狩猟の生活から農耕・牧畜の生活へと変化をもたらしました。氷期においては気候が不安定で、農作物を同じ場所で確実に収穫できるという保証はありませんでしたが、温暖で安定した気候は周期的な耕作活動を可能にしました。穀物の栽培は人口増加をもたらし、人口の集中は国家の形成につながりました。そして、間氷期の温暖な気候のもとで都市が形成されたのです（図10-6）。

世界人口の増加

(グラフ：8000BC〜2000年、矢印で1650年、1800年、1920年、1970年を示す)

世界のエネルギー消費

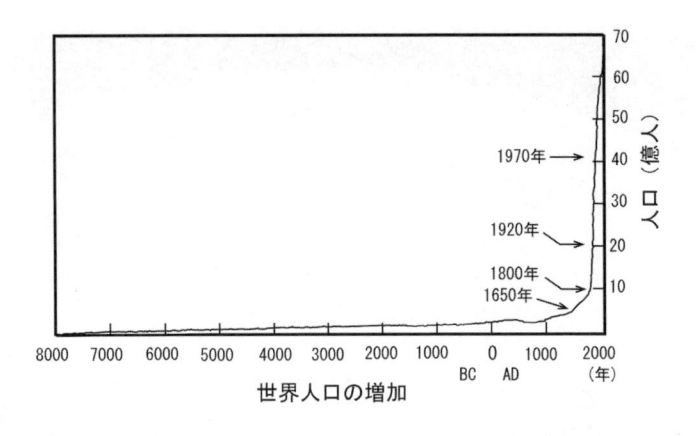

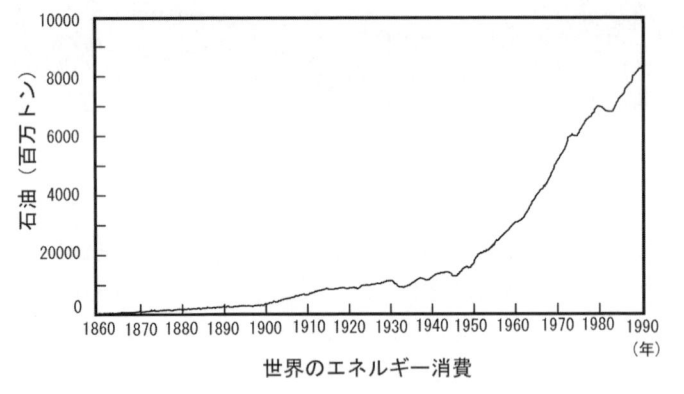

(グラフ：1860〜1990年、石油（百万トン）)

図10-6　人口増加とエネルギー消費

　北米や北ヨーロッパの都市は、氷期の氷床の消長により形成された土地の上に成立しています。ニューヨークも氷期には氷の下でした。五大湖は北米氷床が削り込んだ窪地の跡です。その出口はセントローレンス川の流路になっていますが、この谷も氷河と融解した水によって削り込まれた地形です。北ヨーロッパに肥沃な土壌がないのは、氷床により表土を削り去られたためであり、氷床が消滅して過去1万年の間に植物が生えても、貧弱な土壌しか形成する時間がなかったためです。氷床の発達しなかった地域には肥沃な土壌が残り、農業生産が盛んです。

　このように、わずか1〜2万年で地球の表面は大規模にその様相を変えます。私たちはたまたま安定した温暖な気候の1万年のなかを生きているわけですが、地球の歴史のなかで、それは非常に幸運であったといえるかもしれません。そして今、私たちはそのバランスを崩しかねない危険を冒しつつあるのです。

10-3　地球の水と空気の循環システム

(1)　気候帯

　都市は地球の表面に発達し、その地球の生態系や表面環境は太陽の光によって支えられています。地球は酸素の多い大気に覆われ、活発な水循環と熱輸送が行われています。都市もまた、光、大気、水といった惑星地球を取り巻く構成要素の中に位置し、その恵みを受けて成立しています。

　地球が太陽系の他の惑星と異なっているのは、地球の表面に大量の液体の水と窒素―酸素を主とする大気があって、太陽放射の熱を吸収し、大気の流れ、海流、水蒸気の蒸発と凝結によって熱を地球表面に再配分している点です（図10-7）。このために、極地や内陸でも生物が生息できる環境が保たれており、また表面の変化に富む環境とその環境に適応した生物の生態系が維持されているのです。

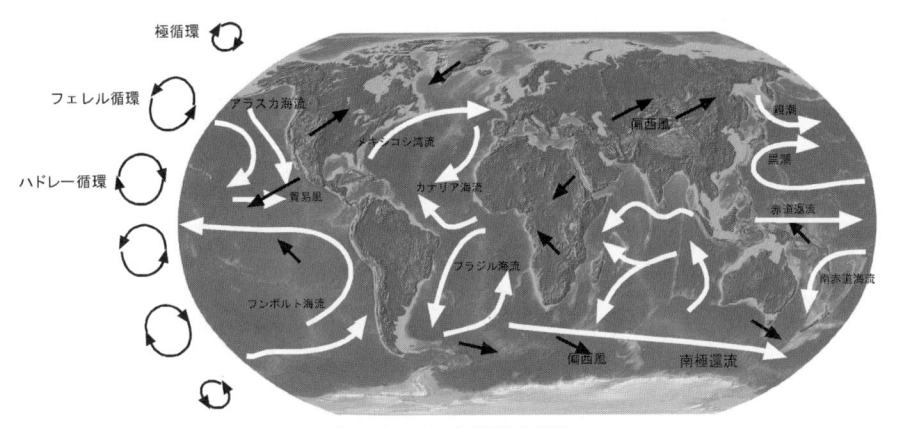

図10-7　大気と海洋の循環

　気候を決定する要因は気温と降水量です。太陽放射が地面に当たる角度によって単位面積当たりの熱量が異なるので、太陽から受ける熱量は赤道付近で最大、極域で最小になります。当然、赤道に近い低緯度が高温になり、極地方は低温になりますが、大気や海洋がないと想定した場合に比べると、地球の赤道地方はそれほど高温にならず、極地方も極端に寒冷になっているわけではありません。例えば、月では太陽の当たっている側では地表は100℃に達し、太陽の反対側では−100℃になりますが、地球では砂漠でも最高気温が50℃、南極でも−80℃程度です。多くの地域はこれよりも温度幅の狭い範囲に存在しています。

　地球は太陽からのエネルギーを主に可視光で受けて、赤外線の形で熱を宇宙空

間に放出しています。物体は、その表面温度に応じた波長と強度の電磁波を出し、熱を放射します。太陽表面のガスは約6,000℃、地球表面の平均温度は15℃です。太陽は6,000℃に相当する電磁波の可視光線を主に放出し、それを受けた地球は15℃に相当する赤外線のかたちで宇宙空間に熱を逃がしています。地球の昼の面が可視光で見えるのは、太陽の光を反射しているからであって地球が自力で光っているわけではありません。

　太陽からの可視光の受光量（熱量）と地球表面からの赤外放射（熱量）を緯度別に示したのが**図10-8**です。赤道では太陽から受ける熱よりも、その場所で放射する熱量が少なくなっています。一方、両極では太陽から受ける熱よりも、その場所で放射する熱量の方が多くなっています。つまり、何かが媒体となって赤道で過剰な熱を不足する両極へ輸送していることになります。その媒体が、大気の流れであり、海洋の流れであり、そして水蒸気の蒸発と凝結―降水のプロセスなのです。

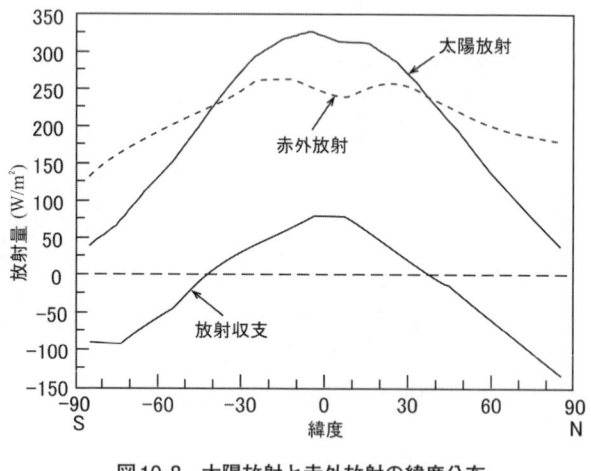

図10-8　太陽放射と赤外放射の緯度分布

　緯度別で見た放射のバランスをみると、日本の位置する北緯35度付近で太陽から受ける熱量と放射量が等しくなります。これは、そこでの熱輸送が止まっているということではなく、反対に最も低緯度から高緯度への熱の輸送が激しいところだということです。変化に富んだ日本の四季は、この位置に日本の大部分があることに大きな原因があります。

(2) 大気大循環

　大気による熱の輸送は、様々な気象現象とみることができます。北半球に住む

私たちにとって、南風が暖かいのは、風が低緯度の高温領域から高緯度の低温領域へと熱を運んでいるからです。逆に、北風が冷たいのは、高緯度の冷たい空気で低緯度を冷やす負の熱輸送を行っているからです。

地球の大気は、地表に近いところから、対流圏、成層圏、中間圏、熱圏と区分されています。対流圏と呼ばれる高度10〜15kmの領域では、大気の対流が盛んで大規模な熱輸送が行われています。対流は垂直方向の渦としても、水平方向の渦としても現れます。台風が渦を巻いているように、低気圧や高気圧は水平方向に広がった渦です。北半球では、渦の周りを風が回り、南風が北に熱気を運び、北風は南に冷気を運びます。一方、夏の夕立の雷雲や熱帯地方のスコール雲のように、垂直方向の渦が雲をつくることもあります。この場合、数kmから数十kmの範囲で、上昇する空気と下降する空気が入れ代わり、上昇する空気から水蒸気が凝結し強い雨をもたらします。雷雲といえば上昇流ばかりに目がいきがちですが、ダウンバーストと呼ばれる下降流もあり、航空機の離発着の際に事故を起こす原因として知られています。

春や秋の日本付近は、移動性高気圧と温帯性低気圧が交互に通過し、周期的な天気の変化をもたらします。これも水平方向の対流の現れであり、低緯度から高緯度へと熱輸送が行われています。

台風は熱帯・亜熱帯域から高緯度側への熱輸送の一つの姿です（図10-9）。台風のエネルギー源は、低緯度の高温の海水であり、台風は海上で発生します。太陽放射により海面からはつねに水が蒸発しています。平均すると、1年間に海洋表面の1m分が蒸発する計算になります。蒸発した水は大気に含まれて移動し、どこかで雨や雪として地球表面に戻ってきます。陸地に降った雨や雪は地表を削り、物質を運びながら最終的に海に還ってきます。約4000年で海洋の水は入れ替わっている計算になります。

水蒸気は蒸発する際に熱を奪います。プールから上がった際に濡れた身体が寒く感じるのは、身体の表面の水が蒸発するときに体温を奪うからです。この熱は

図10-9　熱帯低気圧・台風（衛星写真）

水蒸気の中に潜熱として含まれていますが、水蒸気がもとの液体の水や固体の氷に戻るときに周囲に熱を吐き出します。大気は動いているので、蒸発したところと異なる場所に水と熱を運ぶことになります。こうして内陸にも雨がもたらされ熱が運ばれることになるのです。

　台風は巨大な水蒸気の渦です。低緯度の高温の海水から蒸発した水蒸気は、台風の上昇気流の中で凝結して熱を放出し、より強力な上昇流をつくります。台風は大気の流れに乗って高緯度側に移動し、そこに雨を降らせ、同時に低緯度の熱を運びます。台風が通過した後、一般にその土地の気温が上昇するのは台風が運んだ熱の影響です。

　日本においては、台風は災害をもたらす悪玉であると同時に、田畑を潤す善玉でもあります。日本の年間平均降水量は1,500mm程度ですが、その1/3は台風がもたらしたものです。台風の発生や上陸の少ない年は、都市が水不足に悩まされることになります。

(3) 海流大循環

　海流は地球全体の熱の循環を担っています。暖流は低緯度の熱を高緯度に運び、寒流は極地方の冷たい海水を低緯度に運んで冷やしています。海流は海岸沿いの地域の気候をコントロールしています。日本付近では黒潮や対馬暖流が低緯度の海水を運び、沿岸に温暖な気候をもたらし、また日本の湿潤な気候を支えています。一方、親潮はオホーツク海方面から冷たい海水を運び、低温で酸素量が多く栄養塩も多いために、日本近海の漁業の基盤になっています。

　大西洋のメキシコ湾から北海に至る北大西洋海流（メキシコ湾流）は、世界的にも重要な海流の一つです。低緯度の温暖な海水を北極圏まで運び、このために西ヨーロッパの温暖な気候が維持されています。霧の都・ロンドンの霧も北大西洋海流がもたらすものです。

　目に見える表層海流の流れとは別に、海洋の深層を流れる深層流が地球環境をコントロールしている大きな要因であることが近年わかってきました（**図10-10**）。深層流は2000年で地球の海を一周する大規模な流れであり、それ自体の熱輸送量はそう大きくはありません。しかし、深層流の存在が表層の海流のパターンを決めており、深層流が停止すると高緯度への熱輸送が滞って、極端な気候の寒冷化と不安定化を招くことが知られています。約1万3000年前に、温暖化に向かっていた気候が寒冷気候に逆戻りした時期（ヤンガードライアス期）があり、それは深層流の停止が原因であると考えられています。深層流が支える微妙なバランスの上に、過去1万年の温暖な気候が維持され文明が発達してきたのです。

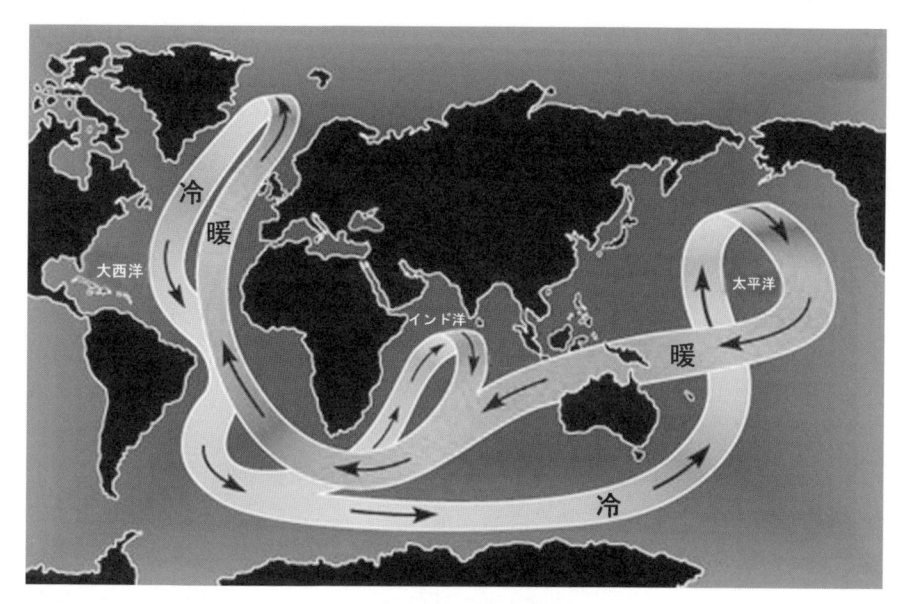

図10-10 深層水循環と気候変動

(4) 河川水

陸上に降った水は、表層を流れて河川に合流する場合もありますが、多くの場合はいったん地下にしみ込み、地下水となって蓄えられます。地下水はゆっくりと移動し、あるところで地表に湧出し、河川水となって流れ下ります。

地上に降った水は、基本的には蒸留水であり、気体成分が溶け込んでいるほかは純粋な水に近くなっています。しかし、地下を通過する間に岩石をつくる鉱物の風化で放出された様々な無機イオンが溶け込みます。いわゆるミネラル分で、カルシウム、マグネシウム、カリウム、ナトリウムといったものが主なものです。これらは生物にとって必要不可欠な成分です。海水には豊富に含まれていますが蒸留水にはありません。陸上に住む生物にとって、植物が根から吸い上げた水にこれらの成分が含まれていることは本質的に重要です。植物を食べる草食動物、そして草食動物を食べる肉食動物と、これらのミネラル分は引き継がれていきます。生物の世界は水と水の溶存成分によって維持されているのです。

都市は水と密接な関係にあります。都市を支えるのは、第一に食料の供給です。食料生産と豊富な水（淡水）とは切り離すことができません。都市の規模は利用できる水の量によって決まるといってもよいくらいです。水は物資の輸送の上でも重要です。貿易港として栄えた都市や、農産物や鉱産資源などの物資の集散地

として発展した都市もあります。鉄道や航空機が発達する以前から、バイキングや大航海時代にみるように、船による水上交通は大量の物資の輸送手段として確立していました。水上交通の要衝が都市として栄え、貿易が世界地図を塗り替え、水上交通の覇権争いが国の盛衰を左右してきました。

(5) 地下水─地盤の問題

都市の急速な発展と工業化は、水の需要を急速に高めました。東京や大阪では工業用水の不足を補うために、昭和30年代を中心に大量の地下水を汲み上げました。その結果、地層を形成する砂やシルトの粒子の間隙水が失われ、地盤沈下を引き起こしてしまいました（図10-11）。東京や大阪のように大河川の河口部や海岸平野、三角州の地域には、最近1万年間に堆積した未固結の地層が厚く分布しています。この地層は、氷期終了後に海面が上昇し、現在に近い水位に達したとき、河川あるいは沿岸流によって運ばれてきた砕屑粒子（主に砂、シルトや粘土）によって構成されました。荷重が加わっていないために粒子間の隙間が大きく、水を含む割合も大きくなっています。いわゆる軟弱地盤はこのような地層によって構成されています。地盤沈下だけでなく、地震の際の液状化による地盤災害を引き起こす原因にもなります。このように、河川や海水による物質輸送により日本の大都市は成立しているのです。都市の地盤を知ることは、災害に対して備える上でも重要なことです。

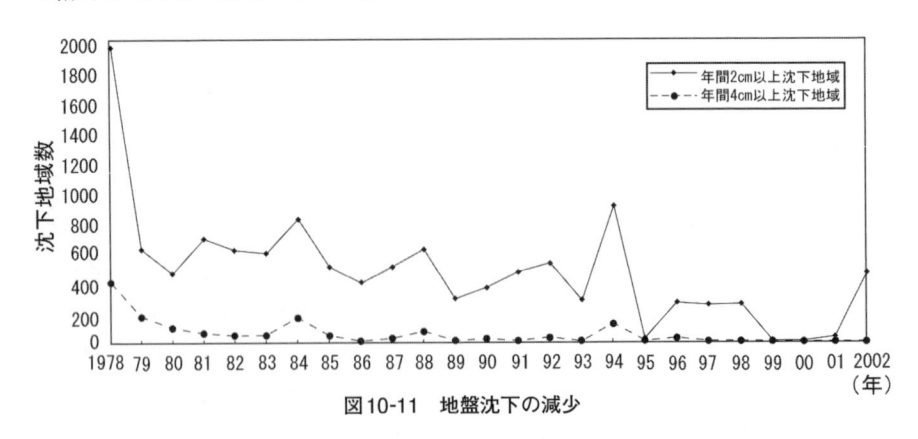

図10-11　地盤沈下の減少

近年、東京では、地下水の汲み上げにより下がっていた地下水位が、汲み上げの停止により復活しつつあります。地下水位の上昇とともに、地下鉄や地下駅の構内に湧出する地下水量が増加して問題になっています。現在の大都市は深く広い地下空間を持っていますが、地表水だけでなく地下水の分布や移動を考慮に入

(6) 水がつなぐ都市

　大都市における河川水は水利用が極限まで進み、いまや自然の河川とは切り離されています。都市河川では処理場の二次処理水がその流量の大部分を占めている場合も少なくありません。東京では、目黒川や、かつて豊富な多摩川の水を多摩地域に分水していた玉川上水も、現在では自然の水ではなく処理場の水を流しています。ヨーロッパの場合、ライン川のように複数の国を流れる国際河川があり、上流域で利用された水が処理水として河川に流され、その水が下流域の国で再利用されています。このような場合、上流域の処理水が河川の水質を決めることになり、汚染は大きな国際問題となります。幸か不幸か日本は豊富な水に恵まれ、また周囲を海に囲まれて、汚染の問題が他国との問題になることはほとんどなく、国際問題としての汚染を意識することがありませんでした。しかし、最近は漂着物のゴミの問題や、オゾン層破壊や地球温暖化などの地球環境問題により、もはや自国の基準や都合だけではすまされない時代になっています。

10-4　太陽からの光の流れ

(1)　太陽放射と気候変動

　地球表面には、場所や条件による違いはありますが、太陽からの光が降り注いでいて、そのエネルギーが地球の気候をつくり、水の蒸発と降水をもたらし、変化に富んだ生態系を維持するもととなっています。地球内部からの熱は、海底熱水噴出口などで局所的な生態系を支えていますが、そのエネルギー量は太陽放射の$1/1,000$程度にすぎません。地球の表面の温度や降水量などの気候の特性は、ほとんどすべてが太陽放射とその大気や海洋による再分配のプロセスによって決定されています。

　太陽放射の量は、過去数千年の間、極めて安定していますが、1％以下の範囲では変動しています。太陽放射の強弱は太陽表面の黒点数と連動しており、黒点数は11年周期で増減を繰り返していることが知られています（図10-12）。太陽表面近くの高温のガスが磁場により上昇を妨げられ、その部分が低温になって黒く見えるのが黒点です。黒点は太陽表面の磁場活動のバロメーターともいえます。黒点が多く見えるときほど、太陽全体としては逆に高温の白斑領域が多く、太陽放射量は増加しています。

図10-12 太陽黒点数の変動

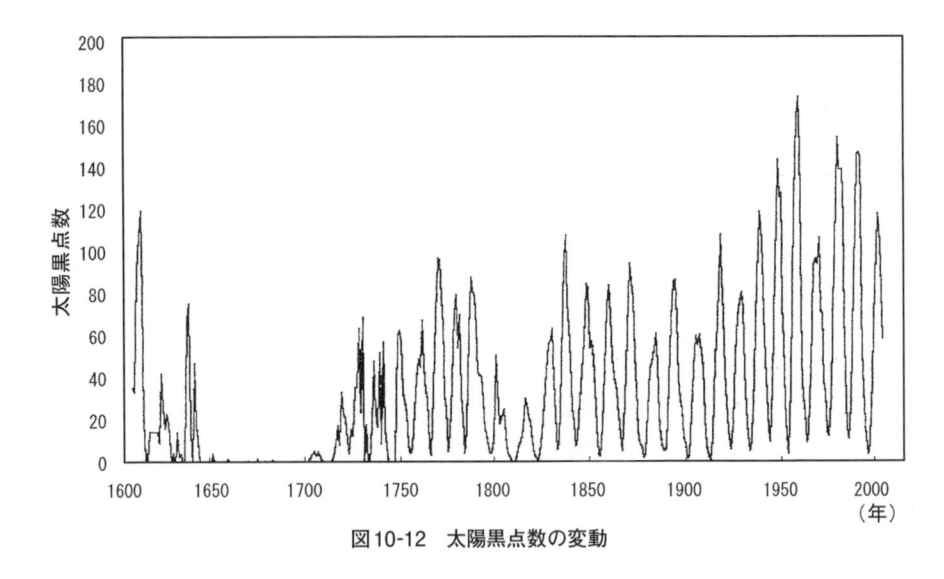

　17世紀から18世紀前半にかけて、黒点がほとんど出現しない時期が続きました。これをマウンダー極小期と呼んでいます。この期間、地球の表面は寒冷化しました。ロンドンのテムズ川が凍ったり、日本で飢饉が起きたりしたのもこの時期です。このとき、太陽放射量は平均よりわずかに0.5％低下しただけだと推定されています。逆に、10世紀頃には太陽放射の増加した時期がありました。この頃には北ヨーロッパのバイキングが、現在は寒冷すぎて農業が成り立たないグリーンランド南部に入植して農業を営んでいた形跡があります。
　このような太陽放射の変化は、日々の気象や数年単位での気候変動には現れてきません。しかし、数十年以上の長期的なスケールで起こる太陽放射強度の変化が地球の気候に大きな影響を与えていることは確かです。

(2)　地球温暖化問題
　1970年代以降、地球温暖化の危険性が叫ばれています。太陽から受ける熱量と宇宙空間に放出する熱量が等しければ、地球の表面の温度は一定に保たれるはずです。地球表面の温度が高くなるほど放出する熱量は大きくなり、低くなるほど放出する熱量は小さくなります。どの温度で受け取る熱量と放出する熱量が等しくなるか（＝平衡に達するか）ということが問題です。実際は、大気中の二酸化炭素や水蒸気などの赤外線を吸収する気体により温室効果が生じて、地球の表面温度は大気がない場合に比べてかなり高い温度で平衡を保っています。
　産業革命以降、人類は化石燃料を大量に消費してきました。そのため、それま

で地下に埋もれ、大気、海洋、生命圏には存在しなかった炭素、すなわち、過去に生物が大気から固定した炭素が、大量に二酸化炭素として大気に排出されています。排出された炭素の約半分は海洋が吸収していると考えられていますが、残り半分は大気に残り、地球の大気中の二酸化炭素濃度を高めています。二酸化炭素は地球表面から排出する赤外線の熱を通さない働きがあるため、大気中の二酸化炭素が増えると地球は全体として気温が高くなるのです。

　二酸化炭素以外にも、人類の産業活動で排出される温室効果に寄与する気体は数多くあります。そのなかで問題となっているのは、フロンガスやメタンなどです。フロンガスはオゾン層破壊による紫外線増加の原因にもなります。メタンは天然ガスの主成分であるほか、牧畜や熱帯雨林の破壊によっても大量に発生します。

　地球史を通してみると、現在の二酸化炭素濃度は特別に高い状態とはいえません。恐竜が生きていた今から約1億年前の白亜紀には、二酸化炭素濃度は現在の約6倍に達し、地球全体が温暖な状態を保っていたと推定されています（**図10-13**）。ある推定では、当時の熱帯は30℃前後、北極や南極でも年間平均気温は15℃程度あったとされています。極地域に植物が繁茂し、恐竜が生活していた証拠もあります。そうならば、温暖化は地球システムにとって特別なことではないという解釈も可能です。しかし、自然のプロセスによる場合と異なり、人類は産業活動により、産業革命以降のわずか数百年で数万年、数十万年分の変化を引き起こしてしまいました。この急速な変化は、地球がかつて経験していない速度です。その新しい条件のもとでの安定な気候システムや生態系への移行は、私たちの経験範囲を超える大きな変動をともないます。地球システムにおいても、従来の予測範囲を超える変化を引き起こし、地域によっては、洪水、渇水、台風の増加や極端な寒冷化、温暖化などの異常気象をもたらすことになりかねません。

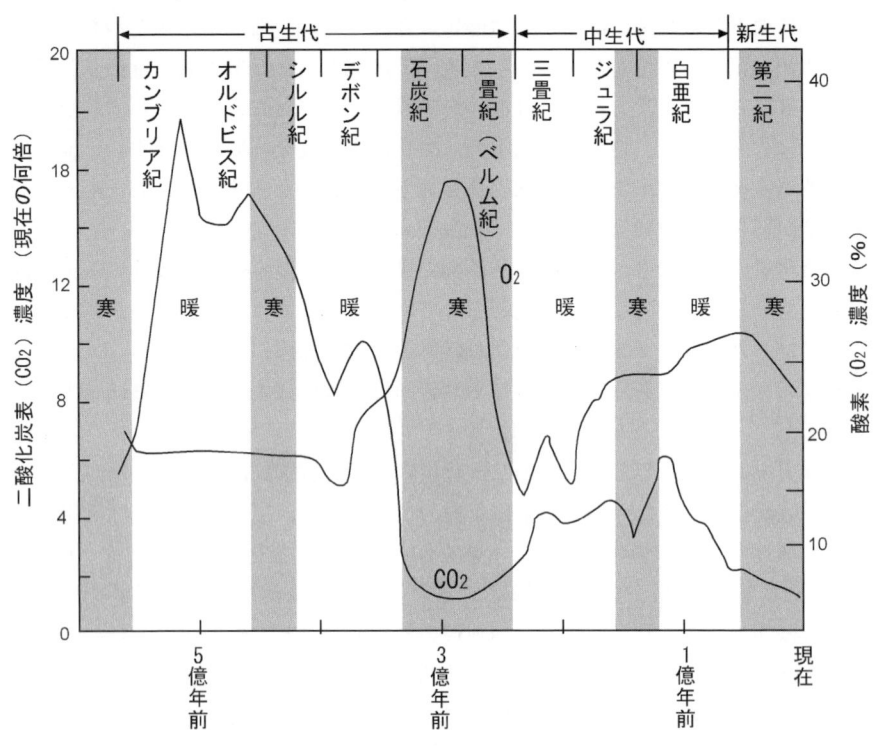

図10-13 地球史における大気中の酸素・二酸化炭素濃度

(3) ヒートアイランド現象

　最後に、ヒートアイランド現象に触れておきたいと思います。ヒートアイランド現象とは、都市部のコンクリートやアスファルトで覆われた地表が太陽放射の熱を吸収・保持し、周囲の非都市部に対して著しく高温の状態が生じることです。**図10-14**は関東地方における30℃を超えた延べ時間数の分布を、1980〜84年と2000〜04年の各5年間の年間平均時間数として比較したものです。20年の間に急激に都市のヒートアイランド現象が進行していることがわかります。都市部においては様々な排熱や排気ガスの効果も高温化に寄与します。また、都市の高層建築物の集中により、海陸風による熱の移動が妨げられたり、樹木による蒸散の効果が失われたりすることもあります。地球全体の温暖化とは異なり、ヒートアイランド現象は都市域の限られた範囲で起きる問題ですが、地球全体の温暖化とあいまって都市部の住環境を悪化させています。都市機能を維持するために、直接間接に大量の化石燃料が消費されていることを考えると、ヒートアイランド現

象は、熱と光に満ちた都市が抱える構造的な問題であるということができるでしょう。

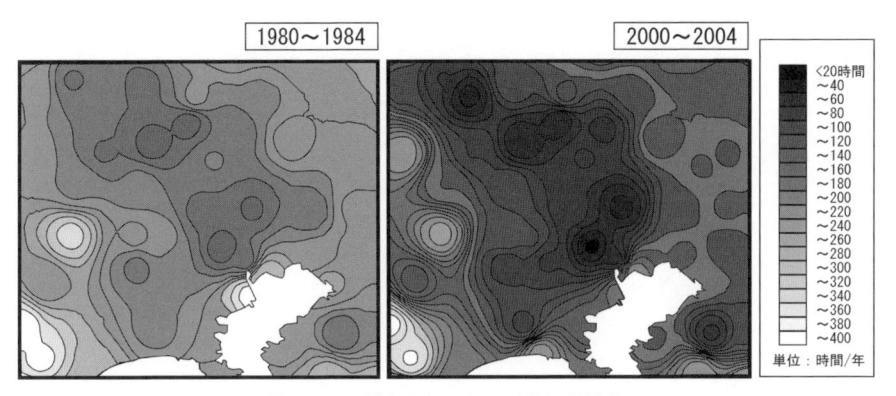

図10-14　都市のヒートアイランド現象

（萩谷　宏）

むすび

　「都市の流れ（Urban flow）」には「自然の流れ（Natural flow）」と「人工の流れ（Artificial flow）」があります。都市の利便性にしか目が向かなければ、都市の流れは「人工の流れ」としてしか目に映りません。しかし、都市ができる前からその場所には「自然の流れ」がすでにありました。私たちはその「自然の流れ」をある時期を境に見失ってしまったようです。ひたすら「人工の流れ」のみを追求し、気づいてみたらそれまで豊かに流れていた「自然の流れ」が至るところで分断され遮断されズタズタになっていました。

　このような状況のもとで、これからの建築と都市インフラはどうあるべきかというガイドライン作りを始めようというのが私たちグループの目標であり、現在も活動は続いています。本書は、このような目標を目指して設定した私たちの方法論を紹介したものであり、まだ真のゴールは遠くにあります。しかし、これまでの活動を通じて、おぼろげながらゴールへ向けての道筋だけは見えてきたような気がします。そして、この道筋を見つけ出すまでの作業と同様に、今後の具体的なガイドライン作りにおいても、多分野にわたる真のコラボレーションが不可欠であることを改めて深く認識させられました。

　地上にいる私たちの目からは、「自然の流れ」としての水の流れ、空気の流れ、光（熱）の流れは無色透明で見ることができません。「人工の流れ」のうち人と「もの」の流れは見えますが、エネルギーと情報の流れは見えません。本書を通じての私たちのメッセージは、要約すると、「これからは目に見えない流れ（Invisible flow）を読み取り、建築と都市という目に見えるかたち（Visible form）をつくることが重要だ」、ということになるでしょう。私たちのメッセージに対する読者諸氏のご意見・ご批判をいただければ幸いです。

　なお、本書は著者らの所属する東京都市大学の工学部建築学科および都市工学科の1年生共通科目「建築・都市環境論」の教科書としても使用しています。

2009年7月

自然共生フォーラム21

コーディネーター　濱本　卓司

索　引

A〜V
ADSL　*164*
ATP　*88*
CASBEE　*64*
CATV　*164*
CO_2　*123*
FTTH　*164*
GIS　*20*
GPS　*20, 127*
HDTV　*167*
IBI（Index of Biological Integrity）　*38*
visivle flow　*14*
IPネットワーク　*167*
ISDN　*163*
MRSA　*70*
Na-Kポンプ　*92*
PHS　*163*
RFIDタグ　*167*
SARS　*70*
Visible form　*14*

あ
アクティブシステム　*86*
汗　*94*
新しい構造システム　*23*
安心のネットワーク　*11*
安定大陸　*229*
暗反応　*88*

い
生きものの行動　*206*
育成管理　*216*
生垣　*193*
居酒屋のチェーン店　*135*
石垣　*193*

一括物流　*136*
移動性高気圧　*237*
インターネット　*163*

う
海風　*76*
ウルトラ・ブロードバンド　*167*

え
液状化　*240*
エクセルギー　*97*
エコロジカル・ネットワーク　*9*
エネルギー
　――の流れ　*19*
　――保存則　*83*
　――消費　*122*
　――の消費　*134*
　交通機関の――　*153*
　雪氷――　*157*
　電気製品の――　*155*
　冷暖房の――　*154*
煙突効果　*72*

お
オオサンショウウオ　*36*
奥岳　*190*
汚染質濃度　*73*
汚染物質　*67*
落合川　*39*
落合下水処理場　*45*
オープン水面　*51*
親潮　*238*
温室効果　*242*
温帯性低気圧　*237*

か

海岸平野　240
海水淡水化施設　49
概日律動　101
開放型住居　66
開放水面　131
回遊魚　36
海洋温度差発電　159
海陸風　244
重ね暦　187
火山災害　230
可視化　176
可視光の受光量　236
ガス交換　54
ガス状物質　68
化石燃料　146, 244
化石燃料の形成　232
風散布型種子　60
風通し　56, 71
風の制御　63
風の塔　72
風の道　76
風の向き　206
河川敷　33
河川法　39
カーナビゲーションシステム　127
河畔林　40
カラス　140
火力発電　147
カワラニガナ　33
換気経路　73
環境共生住宅　182
環境共生住宅のモデル団地　205
環境資源　203
換気量　71
間接照明　99
環太平洋地域　229
間氷期　232
冠毛　60

き

気温　235
機械換気設備　69
気孔　54
北大西洋海流　238
気密性能　69
吸収　83
共同集配　137
共用地「コモン」　196
許容濃度　68

く

空間情報システム　176
空気環境　67
空気の流れ　17
郡上八幡　50
暮らしの空間構造　190
グラナ　87
クリマアトラス　64
グリーンネットワーク　76
グルコース　88
クールペイブメント　109
クールルーフ　107
グレア　110
黒潮　238

け

携帯電話　163
下水処理場　39, 43
結露　86
建材の使用規制　69
原子力　146
『建築家なしの建築』　182
建築物の総合環境性能評価　64

こ

公園緑地　58
高温の放射　82
公共の利益　110
光合成　54, 88
恒常性　14

索　引　251

降水量　235
交通手段の安全確保　126
交通のシステム化　122
後得性　103
高度浄水処理　47
高反射率塗料　108
光量子　83
高齢化　125
小口輸送　134
黒点数　241
ココセコム　127
コジェネレーシション　156
個人の利益　110
固定系通信　163
ゴミ収集車　139
コンビニエンスストア　135

さ
サーカディアンリズム　101
最終処分場　139
再生可能エネルギー　147
砂塵　58
サステイナブル建築　182
三角州　240
産業革命　231, 242

し
地震災害　230
次世代都市　27
自然エネルギー　146
自然換気　70
自然環境　203
自然災害のリスク　6
自然素材　24
自然ネットワーク　12
自然の流れ　17
自然破壊のリスク　6
持続発展可能な社会　173
シックハウス　69
シックビル症候群　69
自動車工場　137

地盤沈下　240
シミュレーション　176
シュツットガルト　75
常温の放射　84
蒸散作用　54
少子化　125
少子・高齢化　173
浄水場　43
蒸発　85, 89
商品の流通　134
情報化　163
情報通信ネットワーク　163
情報の流れ　19
静脈物流　139
少量・高頻度の輸送　136
食物連鎖　91
視力　98
人為災害のリスク　6
新型肺炎　70
人工照明　95
飛行機内の人工照明　99
人工素材　24
人工ネットワーク　10
人工の流れ　18
人工排熱量　112
深層流　238
新素材の開発　23

す
水生昆虫　37
垂直方向の渦　237
水平方向の渦　237
水力発電　159
数値解析　75
スギ花粉　59
スギ材　187
スクラップ・アンド・ビルド　202
ストリート・キャニオン　131
ストロマ　87
住まいのビオトープの創出　208
スモールワールド　162

せ

生活圏の分断　129
生活阻害のリスク　6
生活のネットワーク　11
清掃工場　139
生体工学的な発想　23
生態学的モデリング　21
生態資源の保全・再生・再編　208
生得性　103
生物保全度指数　38
生分解性プラスチック　143
生命の宿る住まい・まちづくり　208
赤外放射　236
石炭　149
脊椎動物の進化　232
石油　149
絶滅危惧種　33
背割りコモン　196
戦災復興　201
センサネットワーク　20, 171
センサ・ノード　172
全地球測位システム　20

そ

騒音　134
創成川　47
空の道　62

た

台風　237
太陽電池　156
太陽熱　155
太陽放射　241
大陸移動説　231
大陸配置　232
対流　84
対流圏　237
大量の雨　190
卓越風　190
岳おろし　190
多孔質な空間　211
多自然型川づくり　39
たたら製鉄　191
建て替え　201
田の字形の平面プラン　191
多摩川　33
玉川上水　44
多様なライフサイクル　173
炭素の固定　88
炭田　231
短波長放射　82
タンポポ　60

ち

地下資源の形成　232
地下水位　240
地下ダム　50
地球温暖化　242
治水　32
地熱の利用　158
昼光照明　95
潮汐発電　159
長波長放射　82
潮流発電　159
直接照明　98
直達日射　82
清渓川　132
チラコイド　87
地理情報システム　20

つ

対馬暖流　238
鶴見川　41

て

デザイン　184
天然ガス　149
天空日射　82
典型七公害　7
電磁波　83
電灯照明　95
天然照明　96

電力　151

と
透過　83
東京外環緑地帯計画　64
動脈物流　134
時の重層　212
都市ガス　151
都市の自然環境　227
都市の「流れ」　12
都市のリスク　5
都市の利便性　4
土地柄　205
土地利用率　36
土間　191
鳥インフルエンザ　70

な
永田の集落　189
流れ
　——の解明　14
　「——」のシミュレーション　22
　——のデザイン　14, 25
　「——」の評価　26
　「——」のモデリング　21
　「——」のモニタリング　16
生ゴミ燃料電池　143
軟弱地盤　240

に
二酸化炭素の固定　65
24時間営業　135
日射反射率　107
人間・社会環境　203

ね
熱環境改善　56
熱伝導　84
熱輸送　236
熱力学的モデリング　21
燃料電池　157

は
バイオマス　157
排気ガス　134, 244
排気ガス量　122
廃棄物発電　158
配送センター　137
ハイ・テクノロジー　15
排熱　244
ハイブリッド換気　70
パーク・アンド・ライド　130
場所性　186
パッシブシステム　86
パッシブ・デザイン　193
パッシブな要素技術　208
バナキュラー　182
パーベイシブ化　167
葉面境界層　56
波力発電　159
パンゲア　231
反射　83
パンティング　94

ひ
フィールド・サーヴェイ　208
ビオトープ　210
ビオトープ・ネットワーク　9
干潟　62
光環境　99
光庭　72
光の流れ　17
ヒートアイランド　8, 107
ヒートアイランド現象　244
人が出会える街路　130
人柄　205
人の流れ　18
ヒプシサーマル　233
氷河　234
氷期　232
氷床　234
ビル衛生管理法　68

ふ

ファミリーレストラン　135
風媒花　59
風力発電　158
風楼　193
フェノロジー・ガイド　187
深沢環境共生住宅　201
藤前干潟　62
豚インフルエンザ　70
不要物の運搬　134
ブロードバンド　165
プルーム・テクトニクス　231
プレ・デザイン　183
プレート・テクトニクス　231
フロンガス　243
雰囲気照明　97

へ

閉鎖型住居　67
変動帯　229

ほ

放射　83
暴風　190
ポスト・デザイン　185
ホメオスタシス　14
ホルムアルデヒド　68

ま

マイクロコンピュータ　167
マウンダー極小期　242
前岳　190
丸石河原　33
満潮・干潮　102

み

水供給・処理システム　43
水再生利用施設　46
水の流れ　17, 207
ミトコンドリア　88
「緑」の効用　210

緑の多機能性　65
ミネラル分　239
ミルクラン方式　137

む

無線ICタグ　128
無線系通信　163
無線LAN　163

め

名視照明　97
明反応　88
メキシコ湾流　238
メタボリズム　182
メタン　243
メチシリン耐性黄色ブドウ球菌　70
メンテナンス費用　108

も

モダン・テクノロジー　15
モデリング　176
「もの」の流れ　18

や

屋久島環境共生住宅　195
屋久島の伝統的住宅　191
屋敷林　193
山風　76, 190
ヤンガードライアス期　238

ゆ

有毒ガス　123
ユビキタス化　167
輸送力　122
豊かな緑　207
ユニバーサル社会　129

よ

葉緑素　87
葉緑体　87
ヨシズ　195

淀川　47

ら
ライトシェルフ　98

り
リサイクル　140
利水　32
リターナブル容器　140
利便性のネットワーク　10
リモートセンシング　20, 175
粒子状物質　68
流体力学的モデリング　21
リユース　140
緑陰効果　56
緑地計画　76
緑被　58

れ
レジオネラ菌　70

ろ
ロー・テクノロジー　15

わ
ワイヤレス技術　167
ワイヤレス・センサネットワーク　174
涌き水　40
渡り鳥　61

著者紹介 (執筆順)

編著者

濱本卓司(1章、5章:5.1、5.6、8章:8.1、8.6)
専門領域:建築構造学、地震工学、海洋工学。1981年:早稲田大学大学院博士課程修了・工学博士。1982年:大林組。1986~1988年:イリノイ大学客員研究員。1990年:武蔵工業大学工学部建築学科助教授。1996年:同教授。1999年:日本建築学会賞(論文)。

著者

小堀洋美(2章:2.1)
専門領域:保全生物学、環境保全学、環境教育学。1972年:日本女子大学大学院修士課程修了。同年東京大学海洋研究所。1979年:農学博士(東京大学)。1980~1983年:南カリフォルニア大学客員研究員。1984年:日本女子大学生物農芸学科講師。1997年:武蔵工業大学環境情報学部環境情報学科助教授。2003年:同教授。

長岡　裕(2章:2.2)
専門領域:水環境工学。1988年:東京大学大学院博士課程修了・工学博士。同年:東京大学工学部助手。1990年:武蔵工業大学工学部土木工学科(現　都市工学科)講師。1995年:同助教授。2006年:同教授。

吉﨑真司(3章:3.1)
専門領域:緑地環境学、乾燥地緑化工学。1979年:静岡大学大学院修士課程修了。同年:環境アセスメントセンター。1994年:アラブ首長国連邦大学JICA研究員。1995年:博士(農学)(岩手大学)。1998年:武蔵工業大学環境情報学部環境情報学科助教授。2006年:同教授。

近藤靖史(3章:3.2、トピック)
専門領域:建築・都市環境工学。1983年:神戸大学大学院修士課程修了。同年:日建設計。1992年:博士(工学)(東京大学)。1994年:武蔵工業大学工学部建築学科助教授。2000~2001年:カリフォルニア大学客員研究員。2002年:同教授。

宿谷昌則(4章:4.1、4.2)
専門領域:建築環境学、エクセルギー理論。1982年:早稲田大学大学院博士課程修了・工学博士。1983年:日建設計。1985年:武蔵工業大学工学部建築学科講師。1988年:同助教授。1988~1989年:カリフォルニア大学客員研究員。1995年:同教授。1998年:同大学環境情報学部環境情報学科教授。2001年:日本建築学会賞(論文)。

史　中超(5章:5.2~5.5)
専門領域:空間情報工学。1988年:中国・武漢測絵科技大学修士課程修了。1996年:東京大学大学院博士課程修了・博士(工学)(東京大学)。1998年:東京大学空間情報科学研究センター客員助教授。2003年:武蔵工業大学環境情報学部環境情報学科助教授(現准教授)。

吉田真史（6章、7章：7.3、7.4）
専門領域：物理化学、分析化学、計算化学。1992年：東京大学大学院博士課程修了・博士（学術）。1992年：凸版印刷。1997年：武蔵工業大学工学部教育センター（化学）講師。2001年：同助教授。2007年：同大学知識工学部教授。

田口　亮（7章：7.1、7.2）
専門領域：信号処理、画像工学。1989年：慶応義塾大学大学院博士課程修了・工学博士。同年：武蔵工業大学工学部電気電子工学科助手。1992年：同講師。1993〜1994年：タンペレ工科大学客員研究員。1996年：同助教授。2001年：同教授。2006年：同学部生体医工学科教授。

諏訪敬祐（8章：8.2〜8.5）
専門領域：情報通信、無線システム。1978年：慶応義塾大学大学院修士課程修了。同年：日本電信電話公社（NTT）。1999年：NTT移動通信網（NTTドコモ）。1988年：博士（工学）（慶應義塾大学）。2003年：武蔵工業大学環境情報学部情報メディア学科教授。

岩村和夫（9章）
専門領域：建築設計、環境共生住宅。1973年：早稲田大学大学院修士課程修了。1973年：フランス政府給費留学。1980年：岩村アトリエ主宰。1990年：武蔵工業大学環境情報学部環境情報学科教授。2003年：日本建築学会賞（業績）。2008年：UIA（国際建築家連合）副会長。

萩谷　宏（10章）
専門領域：地学（岩石学、地球史）。1997年：東京大学大学院博士課程単位取得退学。1998年：NHKジュニアスペシャル・番組アドバイザー。2003年：武蔵工業大学工学部教育研究センター講師。2007年：同大学知識工学部講師。2008年：同准教授。

注：本書を執筆終了後、著者らの所属していた「武蔵工業大学」は「東京都市大学」（2009年4月）に大学名称を変更しました。

建築・都市環境論
水・空気・光が流れる都市づくり

2009年9月10日　第1刷発行

編　者	自然共生フォーラム21
発行者	鹿島　光一
発行所	鹿島出版会

107-0052　東京都港区赤坂6丁目2番8号
Tel.03(5574)8600　振替 00160-2-180883
無断転載を禁じます。
落丁・乱丁本はお取替えいたします。

装幀：伊藤滋章　　DTP：田中文明　　©2009
印刷・製本：創栄図書印刷

ISBN 978-4-306-04534-7 C3052　　Printed in Japan

本書の内容に関するご意見・ご感想は下記までお寄せください。
URL：http://www.kajima-publishing.co.jp
E-mail：info@kajima-publishing.co.jp